普通高等教育"十二五"规划教材

数学建模方法与 CUMCM 赛题详解

主编 黄静静 王爱文
参编 盛炎平 雷纪刚

机械工业出版社

本书共分为正文和附录两部分，正文以介绍数学建模方法和软件实现过程为主，共分为 7 章，内容包括数学建模概述、初等建模方法、数据的描述与处理方法、计算机模拟方法、微分方程建模方法、数学规划建模方法、图与网络建模方法等。在每章内容的最后一节都选择全国数学建模竞赛（CUMCM）赛题，并进行了详细解答。附录部分主要内容为 MATLAB 软件使用入门、LINGO 软件使用简介、数学建模论文范例。

本书所选案例求解步骤详细，并附有详细的程序实现过程。既重视基础建模方法与技巧的训练，又重视对软件求解模型能力的培养。

本书可作为普通本、专科院校或高职院校的数学建模课程教材及数学建模竞赛培训教材，同时也可供高等院校技师生及各类科技、工程工作者参考。

图书在版编目（CIP）数据

数学建模方法与 CUMCM 赛题详解/黄静静、王爱文主编. —北京：机械工业出版社，2014.9（2025.2 重印）
普通高等教育"十二五"规划教材
ISBN 978-7-111-47593-4

Ⅰ.①数… Ⅱ.①黄… ②王… Ⅲ.①数学模型 – 高等学校 – 题解
Ⅳ.①O141.4-44

中国版本图书馆 CIP 数据核字（2014）第 180982 号

机械工业出版社（北京市百万庄大街 22 号　邮政编码 100037）
策划编辑：李永联　责任编辑：李永联　陈崇昱
版式设计：赵颖喆　责任校对：肖　琳
封面设计：马精明　责任印制：单爱军
北京虎彩文化传播有限公司印刷
2025 年 2 月第 1 版·第 7 次印刷
169mm×239mm · 16.5 印张 · 315 千字
标准书号：ISBN 978-7-111-47593-4
定价：46.00 元

电话服务　　　　　　　　网络服务
客服电话：010-88361066　机 工 官 网：www.cmpbook.com
　　　　　010-88379833　机 工 官 博：weibo.com/cmp1952
　　　　　010-68326294　金 书 网：www.golden-book.com
封底无防伪标均为盗版　　机工教育服务网：www.cmpedu.com

前　言

　　数学建模就是通过深入了解实际问题的背景，明确所要解决问题的目标，经过对实际问题的合理抽象、假设以及简化，根据事物特有的内在规律，运用适当的数学工具建立变量与参数之间的数学结构（模型），并借助于数学知识或软件来求解模型，最后根据所求的结果去解释、检验以及指导实际问题。由于数学建模过程几乎模拟了科学研究的全过程，因而对于培养学生的科研能力、创新意识和应用数学的能力具有特殊的作用，这些能力也正是大学数学素质教育所要努力追求的。

　　但是，由于数学建模课所讨论问题的实践性、涉猎范围的广泛性、解决问题方法的多样性及其与计算机软件联系的紧密性等特点，所以数学建模主要采用案例教学的方式，这与传统数学教学不同。本书编者结合自身十多年从事数学建模课程教学、数学建模竞赛培训辅导以及科研工作中积累的经验和体会，并参考国内外大量相关教材，精选了大量具有一定代表性、规模适当且模块完整的数学建模案例。本书主要由正文和附录两部分组成。正文部分主要内容包括数学建模概述、初等建模方法、数据的描述与处理方法、计算机模拟方法、微分方程建模方法、数学规划建模方法、图与网络建模方法等，附录部分主要内容为 MATLAB 软件使用入门、LINGO 软件使用简介、数学建模论文范例，涵盖了数学建模常用的基本方法和工具。本书首先简要阐明各数学建模方法的原理，然后通过案例介绍各数学建模方法在解决实际问题时的具体应用。

　　本书的主要特色如下：

　　● 所选案例一部分是数学建模课程中经常选用的经典案例，每个案例体现了一种基本的数学建模方法；另一部分则是由近年来全国大学生数学建模竞赛题简化改编而来，并结合所在章节的知识点做重点剖析；每章介绍完基本建模方法后，都选择同类型的往年全国数学建模竞赛题目，并结合专家的解题思路，对该赛题进行详细求解。

　　● 案例求解步骤详细，每个案例均附有详细的程序实现过程，可帮助读者较快地掌握数学建模的基础知识。

　　● 既重视基础建模方法和技巧的训练，又重视使用 MATLAB 及 LINGO 软件求解模型的能力培养，且各章所选习题与教学内容紧密配合。各部分内容之间具有相对独立性，有利于教师在教学中根据不同的需求以及教学时数的不同进行取舍。

本书第1、2、6、7章及附录A由黄静静编写，第3、4、5章由王爱文编写，附录B、C由盛炎平编写，全书由雷纪刚校稿。本书可作为普通本、专科院校或高职院校的数学建模课程教材及数学建模竞赛培训教材，同时也可供高等院校师生及各类科技、工程工作者参考。

本书在编写过程中得到了北京信息科技大学理学院各级领导的关心和支持，得到了教育教学-人才培养模式创新试验-应用型人才培养模式试点改革（项目号：pxm2013_014224_000076）和北京市教委面上项目（KM201311232019），北京信息科技大学教改项目（2012JGYB60），以及教学提高-课程立项-数学建模项目（5028023918）的资助，此外，机械工业出版社的编辑们对本书的出版也付出了大量辛勤的劳动，在此一并表示衷心的感谢。

由于编者水平有限，书中不妥之处在所难免，恳请读者不吝赐教，编者将认真吸取合理化建议，使本书不断得到完善和提高。谢谢！

编　者

目 录

前言
第1章 数学建模概述 1
　1.1 数学模型与数学建模 1
　1.2 数学模型的分类与数学建模
　　　方法 6
　1.3 建立数学模型的步骤 7
　1.4 数学建模论文的写法 16
　习题1 18
第2章 初等建模方法 20
　2.1 量纲分析法 20
　2.2 层次分析法 25
　2.3 应用案例——医疗体系
　　　评价（ICM2008C）......... 35
　习题2 40
第3章 数据的描述与处理方法 ... 44
　3.1 数据的描述性分析 44
　3.2 数据的插值 59
　3.3 回归分析 66
　3.4 聚类分析 77
　3.5 判别分析 80
　3.6 应用案例——城市表层
　　　土壤重金属污染分析
　　　（CUMCM2011A）......... 81
　习题3 89
第4章 计算机模拟方法 92
　4.1 蒙特卡罗法 93
　4.2 库存系统的计算机模拟 94
　4.3 排队模型的计算机模拟 99
　4.4 应用案例——眼科病床的合理
　　　安排（CUMCM2009B） ... 103

习题4 107
第5章 微分方程建模方法 109
　5.1 几种常见微分方程的建模
　　　方法 109
　5.2 微分方程的数值解法 112
　5.3 传染病传播的常微分方程
　　　模型 120
　5.4 应用案例——重金属污染
　　　物传播偏微分方程模型
　　　（CUMCM2011A）........ 125
　习题5 127
第6章 数学规划建模方法 128
　6.1 线性规划建模方法 129
　6.2 整数规划建模方法 133
　6.3 多目标规划建模方法 139
　6.4 非线性规划建模方法 142
　6.5 应用案例——DVD
　　　在线租赁问题
　　　（CUMCM2005B）........ 150
　习题6 153
第7章 图与网络建模方法 160
　7.1 图与网络的基本概念 160
　7.2 最短路径问题 163
　7.3 树 175
　7.4 最大流问题 178
　7.5 最小费用流及其求法 184
　7.6 应用案例——"乘公交，看
　　　奥运"问题（CUMCM2007B）
　　　............................ 185
　习题7 189

附录 ………………………………… 193
 附录 A MATLAB 软件使用入门 ………………………………… 193
  A.1 MATLAB 简介 ……………… 193
  A.2 MATLAB 中的变量与函数 … 198
  A.3 MATLAB 的数值计算功能 … 201
  A.4 MATLAB 的图形功能 ……… 204
  A.5 MATLAB 程序设计 ………… 211
  A.6 MATLAB 解（微分）方程（组） …………………… 213
  A.7 MATLAB 在概率统计中的应用 ………………………… 215
  附录 A 习题 …………………… 217
 附录 B LINGO 软件使用简介 ………………………………… 220
  B.1 LINGO 操作界面简介 ……… 221
  B.2 LINGO 模型的程序框架 …… 224
  B.3 LINGO 的运算符和函数 …… 226
  B.4 LINGO 软件使用案例 ……… 230
  附录 B 习题 …………………… 234
 附录 C 数学建模论文范例 ……… 236
参考文献 ………………………………… 256

第 1 章　数学建模概述

数学的应用在当今世界已经渗透到一切领域。从科学的角度来看，目前出现的很多交叉学科都是在数学基础上建立起来的，如数学化学、数学生物学、数学地质学、计量经济学等；从高科技产品来看，数字化产品越来越多，特别是数学在计算机上的应用推动了计算机的发展。然而，无论应用数学解决哪一类实际问题，都需要经过数学建模这个阶段。那么什么是数学建模呢？数学建模就是从定性和定量的角度去分析所遇到的实际问题，通过抽象和简化，明确实际问题中最重要的变量和参数，通过某些"规律"建立变量和参数之间的数学联系，再用精确的或近似的数学方法求解，把数学的结果"翻译"成普通易懂的语言，并用现有实验数据或历史记录数据或其他手段来验证结果是否符合实际，从而达到解决实际问题的目的。日常生活中的这类问题很多，例如：公司员工应如何合理安排，才能获得最大效益；在网络发展的信息时代，DVD 应如何租赁，才能在保证利润的同时又使客户的满意度最大；传染病以及土壤中的重金属污染物是如何传播的？交巡警平台应如何设置才使得遇到突发事件时，警察在 3min（分钟）内到达等等。所有这些都需要建立数学模型来加以论证，从而为决策者提供理论依据。对以上举例，我们在后面的章节中会一一给予解答。

1.1　数学模型与数学建模

通过下面三个简单的应用实例，读者会对数学建模有所体会，之后，我们再介绍数学模型的定义。

例 1.1　包汤圆

通常，1kg 面，1kg 馅，包 100 个汤圆。现在，1kg 面不变，馅比 1kg 多了，试问是包小些多包几个，还是包大些少包几个？

1. 模型准备

考虑两个极端的情况：包 1 个大的和包无穷多个小的。这里需要找一个合适的量来刻画汤圆的大小。汤圆是立体的，自然想到用体积来表示。汤圆的大小与面皮的大小有关，面皮的大小用面积来表示。

2. 模型假设

1）面皮是圆形的，且厚度一样；

2）汤圆的形状一样（即都是球形的）。

3. 符号与变量说明

R：大面皮半径；
r：小面皮半径；
S_1：大面皮面积；
S_2：小面皮面积；
V_1：大面皮汤圆体积；
V_2：小面皮汤圆体积；
n：小汤圆的个数；
k_1：面积系数；
k_2：体积系数。

4. 模型建立

如图 1-1 所示，圆面积为 S_1 的一个面皮，包成体积为 V_1 的汤圆；若分成 n 个面皮，每个圆面积为 S_2 的面皮，包成体积为 V_2 的汤圆，问：V_1 和 nV_2 哪个大，大多少？

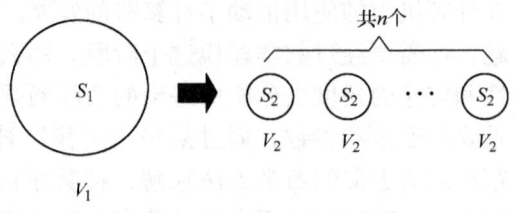

图 1-1 汤圆面皮示意图

5. 模型求解

由

$$S_1 = k_1 R^2, \quad V_1 = k_2 R^3 \Rightarrow V_1 = k S_1^{3/2}$$
$$S_2 = k_1 r^2, \quad V_2 = k_2 r^3 \Rightarrow V_2 = k S_2^{3/2}$$
$$S_1 = n S_2$$

解得

$$V_1 = n^{3/2} V_2 = \sqrt{n} \cdot n V_2 \geq n V_2$$

6. 模型应用

在面的数量一定的情况下，若 100 个汤圆包 1kg 馅，则 50 个汤圆可以包 1.4kg 馅。

例 1.2 红绿灯模型

在一个由红绿灯管理下的十字路口，如果绿灯亮 15s，问：最多可以有多少辆汽车通过这个交叉路口？

1. 模型分析

这个问题提得笼统含混，因为交通灯对十字路口的控制方式很复杂，特别是车辆左、右转弯的规则，不同的国家都不一样。通过路口车辆的多少还依赖于路面上汽车的数量以及它们行驶的速度和方向。这里我们在一定的假设之下把这个问题简化。

2. 模型假设

1) 十字路口的车辆穿行秩序良好，不会发生交通阻塞；

2）所有车辆都是直行穿过路口，并且仅考虑马路一侧或者单行线上的车辆；

3）所有的车辆长度相同，并且都是从静止状态均加速起动；

4）红灯下等待的每相邻两辆车之间的距离相等；

5）前一辆车起动后，下一辆车起动的延迟时间相等；

6）在红灯下等待的车队足够长，以至于排在队尾的驾驶员看见绿灯又转为红灯时仍不能通过路口；

7）用 x 轴表示车辆行驶的道路，原点 o 表示交通灯的位置，x 轴的正向是汽车行驶的方向；

8）以绿灯开始亮为起始时刻，在红灯前等待的第 1 辆汽车刚起动时应该按照匀加速的规律运动；

9）绿灯亮后汽车将起动一直加速到可能的最高速度，并以这个速度向前行驶。

3. 符号与变量说明

L：车辆长度（m）；

D：相邻车辆间距（m）；

T：起动延迟时间（s）；

a：汽车起动时的加速度；

$S_n(t)$：t 时刻第 n 辆车在 x 轴上的位置；

t_n：第 n 辆车的起动时刻；

v_*：最高时速（m/s）；

t_{n*}：汽车加速的时间。

4. 模型建立与求解

由假设 3）~5）可知
$$S_n(0) = -(n-1)(L+D), \quad t_n = (n-1)T$$

由加速度公式，得
$$S_1(t) = \frac{at^2}{2}$$
$$\vdots$$
$$S_n(t) = S_n(0) + \frac{a(t-t_n)^2}{2}$$
$$t_{n*} = v_*/a + t_n$$

绿灯亮后汽车行驶的规律是
$$S_n(t) = \begin{cases} S_n(0) & 0 < t < t_n \\ S_n(0) + a(t-t_n)^2/2 & t_n < t < t_{n*} \\ S_n(0) + v_*^2/(2a) + v_*(t-t_{n*}) & t_{n*} < t \end{cases} \quad (1.1)$$

对于模型的参数值，取 $L=5\text{m}$，$D=2\text{m}$，$T=1\text{s}$，在城市的十字路口，汽车的最高速度一般是 40km/h，折合 $v_*=11.1\text{m/s}$。下一步需要估计加速度，经调查，大部分驾驶员声称：10s 内车子可以由静止加速到大约 26m/s 的速度。这时可以算出加速度应为 2.6m/s^2，保守一些，取汽车的加速度为 $a=2\text{m/s}^2$，$v_*/a=5.5\text{s}$。

根据这些参数可以计算出绿灯亮至 15s 红灯再次亮时每辆汽车的位置如表 1-1 所示。

表 1-1 绿灯亮至 15s 汽车的位置

车 号	1	2	3	4	5	6	7	8	9
最终位置/m	135.7	117.6	99.5	81.4	63.3	45.2	27.1	9	-9.1

从表 1-1 可见，当绿灯亮至 15s 时，第 8 辆汽车已驶过红绿灯 9m，而第 9 辆车还距交通灯 9.1m，不能通过。

思考

1）在上述模型中，若要第 9 辆车通过路口，它的加速度和最终速度将如何考虑？

2）你能继续组建行进当中的汽车遇到红灯时的数学模型吗？假设驾驶员见到红灯后的反应时间是 0.35s，制动（非紧急制动）后的加速度平均为 -6.5m/s^2，试给出红灯亮后停车距离的模型，并进一步讨论第 9 辆车通过路口的问题。

例 1.3 长江未来水质污染预测分析

长江是我国第一、世界第三大河流，长江水质的污染程度日趋严重，已引起了政府相关部门和专家们的高度重视。2004 年 10 月，由全国政协与中国发展研究院联合组成"保护长江万里行"考查团，从长江上游宜宾到下游上海，对沿线 21 个重点城市做了实地考查，揭示了一幅长江污染的真实画面，其污染程度让人触目惊心。依照过去 10 年的主要统计数据，对长江未来水质污染的发展趋势做出预测分析，比如研究未来 10 年的情况。表 1-2 为 1995—2004 年长江的排污量，根据表中数据，预测 2005—2014 年长江的排污量。

表 1-2 1995—2004 年长江排污量

年 份	1995	1996	1997	1998	1999	2000	2001	2002	2003	2004
排污量/亿 t	174	179	183	189	207	234	220.5	256	270	285

1. 模型分析

如果能够找到一个合理的函数形式来表示数据的增长趋势，函数的自变量为年份，因变量为预测量，就可以完成预测工作。一旦找到了这样的函数，只需要将预测的年份代入函数表达式，就可以做预测了。

2. 模型建立

针对 1995—2004 年长江排污量的数据，运用最小二乘法拟合方式，便可以确定函数的系数，预测过程如下：

1）绘制 1995—2004 年长江排污量的散点图（见图 1-2），从图 1-2 可以看出，数据类似以二次函数的形式增长；

2）假定排污量 y 与年份 t 的数据符合二次函数关系，通过最小二乘拟合确定二次函数的系数（可用 MATLAB 实现），得到与实际数据最接近的二次函数表达式为

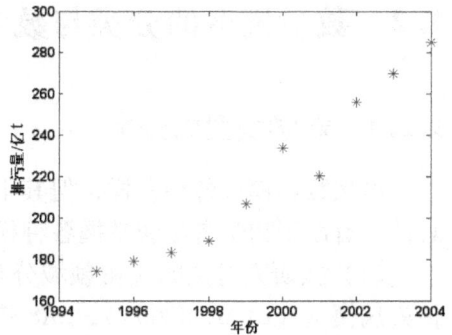

图 1-2 长江排污量散点趋势图

$$y = 0.8352(t-1995)^2 - 5.3466(t-1995) + 171.8864 \tag{1.2}$$

实现程序如下：

```
t1 = 1995:2004;
y = [174 179 183 189 207 234 220.5  256  270 285]';
t1 = t1 - 1995;
t1 = t1';
t = [ones(10,1),t1,t1.^2];
[b,beta,r,rint,stats] = regress(y,t)
```

3. 模型验证

上述模型的相关系数是 0.9660，从而可以确定拟合效果很好。

4. 模型应用

利用函数关系，即式（1.2）对未来 10 年的预测结果如表 1-3 所示。

表 1-3　2005—2014 年排污量预测　　　　　　　　（单位：亿 t）

年　份	2005	2006	2007	2008	2009	2010	2011	2012	2013	2014
排污量	309	332	356	383	410	440	471	504	539	575

例 1.1 的数学模型是一个数学问题，例 1.2、例 1.3 的数学模型则是表达式。那么什么是**数学模型**？

数学模型就是对实际问题的一种数学表述。具体来说，数学模型是在现实世界中为达到某种目的而建立的一个抽象的简化的数学结构。更确切地说，数学模型就是对于一个特定的对象，为了一个特定的目的，根据特有的内在规律，做出一些必要的简化假设，运用适当的数学工具，得到的一个数学结构。数学结构可以是数学公式、算法、表格、图示等。数学建模是一种数学的思考方法，它是运用数学的语言和方法，通过抽象、简化来建立能近似刻画并"解决"实际问题的一种强有力的数学手段。

1.2 数学模型的分类与数学建模方法

1.2.1 数学模型的分类

虽然数学模型各种各样，但其中有着内在的相似之处，对数学模型进行分类总结，有助于初学者尽快掌握各种模型。常采用的分类方法如下。

（1）按研究对象的应用领域分类，有：生态模型（人口模型、种群模型）、传染病模型（CUMCM2003A，SAS 传播）、基因模型（CUMCM2000A，DNA 序列分类）、交通模型（CUMCM2001B，公交车调度问题）等。

（2）按是否考虑随机因素分类，有：确定性模型（CUMCM2008A，数码相机定位问题）、随机性模型（CUMCM 2009A，眼科病床的合理安排问题）。

（3）按应用离散方法或连续方法分类，有：离散模型（CUMCM2007A，乘公交看奥运）、连续模型（CUMCM2006B，艾滋病疗法的评价）。

（4）按建立模型的数学方法分类，有：微分方程模型（CUMCM2003A，SAS 传播；污染扩散问题）、图论模型（CUMCM1998B，灾情巡视最佳路线问题）、优化模型（CUMCM2011B，交巡警平台的设置；CUMCM2012B，太阳能小屋的设置）、马氏链模型（遗传问题）。

（5）按人们对事物发展过程的了解程度分类，有：白箱模型（指那些内部规律比较清楚的模型，如力学、热学、电学以及相关的工程技术问题）、灰箱模型（指那些内部规律尚不十分清楚，在建立和改善模型方面都还不同程度地有许多工作要做，如气象学、生态学和经济学等领域的模型）和黑箱模型（指一些其内部规律还很少为人们所知的现象，如生命科学、社会科学等方面的问题。但由于因素众多、关系复杂，也可简化为灰箱模型来研究）。

1.2.2 数学建模的基本方法

数学建模的基本方法有机理分析法、统计分析法和计算机仿真等。

1. 机理分析法

机理分析法是根据对客观事物特性的认识，找出反映内部机理的数量规律。

1) 比例分析法——建立变量之间函数关系的最基本最常用的方法。

2) 代数方法——求解离散问题（离散的数据、符号、图形）的主要方法。

3) 逻辑方法——是数学理论研究的重要方法，对社会学和经济学等领域的实际问题，在决策、对策等学科中得到广泛应用。

4) 常微分方程——解决两个变量之间的变化规律，关键是建立"瞬时变化率"的表达式。

5）偏微分方程——解决因变量与两个以上自变量之间的变化规律。

2. 统计分析法

统计分析法是将对象看做"黑箱"，通过对测量数据的统计分析，找出与数据拟合最好的模型。

1）回归分析法——由函数$f(x)$的一组观测值(x_i, f_i)（其中，$i=1, 2, \cdots, n$）确定函数的表达式，由于处理的是静态的独立数据，故也称为数理统计方法；

2）时序分析法——由于处理的是动态的相关数据，因此又称为过程统计方法。

3. 计算机仿真和其他方法

1）计算机仿真（模拟）——实质上是统计估计方法，等效于抽样试验。

① 离散系统仿真——有一组状态变量。

② 连续系统仿真——有解析表达式或系统结构图。

2）因子试验法——在系统上作局部试验，再根据试验结果进行不断的分析与修改，最终求得所需的模型结构。

3）人工实现法——基于对系统过去行为的了解和未来预期所达到的目标，并考虑系统有关因素的可能变化，人为地组成一个系统。

1.3 建立数学模型的步骤

由1.1节中的实例读者可以体会到，实际问题并不等同于数学课本上的应用题，而是要复杂得多。问题假设的不同，答案也就不一样；即使模型假设相同，所用的建模方法不同，答案也不会一样。数学建模没有固定的模式，按照建模过程，一般采用的步骤如图1-3所示。

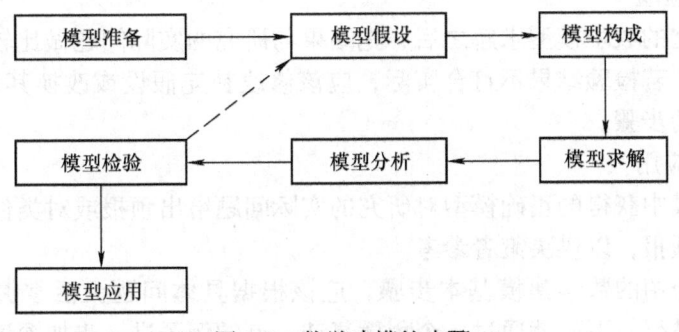

图1-3 数学建模的步骤

1. 模型准备

首先要了解问题的实际背景，明确建模目的，搜集与问题相关的各种信息，尽量弄清对象的特征。

2. 模型假设

根据对象的特征和建模目的，对问题进行必要与合理的简化，用精确的语言作出假设，这是建模至关重要的一步。如果对问题的所有因素一概考虑，无疑是一种有勇气但方法欠佳的行为，所以高超的建模者能充分发挥想象力、洞察力和判断力，善于辨别主次，而且为了使处理方法简单，应尽量使问题线性化、均匀化。

3. 模型构成（建立）

根据所作的假设分析对象的因果关系，利用对象的内在规律和适当的数学工具，构造各个量间的等式关系或其他数学结构。这时，我们便会进入一个广阔的应用数学天地，图论、排队论、线性规划、对策论等都是有用的数学工具。不过我们应当牢记，建立数学模型是为了让更多的人明了并能加以应用，因此，工具越简单越有价值。

4. 模型求解

模型建立后，模型的求解也是一个重要问题。可以采用解方程、画图形、证明定理、逻辑运算、数值运算等各种传统的和近代的数学方法，特别是计算机技术。一个实际问题的解决往往需要纷繁的计算，许多时候还得将系统运行情况用计算机模拟出来，因此，编程和熟悉数学软件的能力便举足轻重，常用的求解软件有MATLAB，MATHEMATIC，LINGO，SPSS等数学软件，以及C或C++等编程语言。

5. 模型分析

对模型解答进行数学上的分析。细致、恰当地对模型结果进行分析，决定了这个模型能否达到更高的层次。还要记住，不论哪种情况，都需要对模型的结果进行定性和定量的误差分析、数据稳定性分析等。

6. 模型检验

对所建立的数学模型求解之后，把结果与研究的实际问题做比较，来检验模型的合理性。若检验结果不符合实际，应该修改补充假设或改换其他数学方法，并重复上面的步骤。

7. 模型应用

利用建模中获得的正确模型对研究的实际问题给出预报或对类似问题进行分析、解释和预报，以供决策者参考。

对上面介绍的数学建模基本步骤，应该根据具体问题灵活掌握，或交叉进行，或平行进行。下面就通过一个稍微复杂一点的例子进一步加深读者对数学建模的理解。

例 1.4　中国人口预测

人口与社会、经济、资源、环境都有着紧密的联系，对人口状况及发展过程进行系统的分析与评价是进行战略研究和政策评估的重要依据,中国是一个人口大国,人口问题始终是制约我国发展的关键因素之一。

认识人口数量的变化规律,建立人口模型,作出较准确的预报,是有效控制人口增长的前提。长期以来人们在这方面做了不少工作,下面基于中国人口发展情况的统计数据(表1-4),介绍两个基本的人口模型。

表1-4 中国人口发展情况统计表(1971~2011年)(单位:万人)

年 份	1971	1972	1973	1974	1975	1976	1977	1978
人口	85229	87177	89211	90859	92420	93717	94974	96259
年份	1979	1980	1981	1982	1983	1984	1985	1986
人口	97542	98705	100072	101654	103008	104357	105851	107507
年份	1987	1988	1989	1990	1991	1992	1993	1994
人口	109300	111026	112704	114333	115823	117171	118517	119850
年份	1995	1996	1997	1998	1999	2000	2001	2002
人口	121121	122389	123626	124761	125786	126743	127627	128453
年份	2003	2004	2005	2006	2007	2011		
人口	129227	129988	130756	131448	132129	137053		

1. 人口指数增长模型(Malthus 模型)

人口指数增长模型是最简单的人口增长模型,几个世纪前英国人口学家马尔萨斯(Malthus,1766—1834)调查了英国一百多年的人口统计资料,得出了人口增长率不变的假设,并据此建立了著名的人口指数增长模型。

1)符号与变量说明

x_0:初始时刻人口数量;

x_k:第 k 年人口数量;

r:人口年相对增长率;

x_m:自然资源和环境条件所能容纳的最大人口数量,也称人口容量;

$x(t)$:t 时刻的人口数量。

2)模型假设

① 人口年相对增长率 r 是常数;

② $x(t)$ 视为连续、可微的函数。

3)模型建立与求解

最简单的人口增长模型是人所共知的

$$x(t+\Delta t) - x(t) = rx(t)\Delta t \qquad (1.3)$$

令 $\Delta t \to 0$,得到 $x(t)$ 满足微分方程

$$\frac{dx}{dt} = rx, x(0) = x_0 \tag{1.4}$$

由方程（1.4）很容易解出

$$x(t) = x_0 e^{rt} \tag{1.5}$$

当 $r>0$ 时，式（1.5）表示人口将按指数规律随时间无限增长，所以称为**指数增长模型**。

4）参数估计

式（1.4）的参数 r 和 x_0 可以用表 1-4 的数据估计，为了利用简单的线性最小二乘法，将式（1.5）取对数，可得

$$y = rt + a, \quad y = \ln x, \quad a = \ln x_0 \tag{1.6}$$

以 1971 年至 1990 年的数据拟合式（1.6），Matlab 程序如下：

```
t=1971:1990;                          % 1971 年到 1990 年每隔一年的时间数据
x=[85299 87177 89211 90859 92420 93717 94974 96259 97542 98705 …
100072 101654 103008 104357 105851 107507 109300 111026 112704 114333];
                                      % 1971 年到 1990 年的实际人口数据
y=log(x);                             % 对 x 取对数
p=polyfit(t-1971,y,1)                 % 多项式拟合,求参数
x0=exp(p(2))                          %
```

得 $r=0.0147, x_0=85232$。

5）模型分析

将上面的参数 r 和 x_0 代入式（1.5），得

$$x(t) = 85232 e^{0.0147(t-1970)} \tag{1.7}$$

将计算结果与实际数据（见表 1-5）作比较，如图 1-4 所示。

表 1-5 实际人口与 Malthus 模型计算人口比较　　（单位：万）

年　份	实际人口	计算人口	相对误差/%
1971	85229	86490	1.48
1976	93717	93090	−0.67
1981	100072	100190	0.12
1986	107507	107830	0.3
1990	114333	114360	0.03
1991	115823	116060	0.2
1993	118517	119520	0.85
1996	122389	124910	2.06
1997	123626	126760	2.53
1999	125786	130540	3.78

(续)

年 份	实际人口	计算人口	相对误差/%
2001	127627	134430	5.33
2004	129988	140050	8.08
2005	130756	142580	9.04
2006	131448	144690	10.07
2007	132129	146830	11.13
2011	137053	155720	13.62
2016	—	167600	
2021	—	180380	
2030	—	205900	

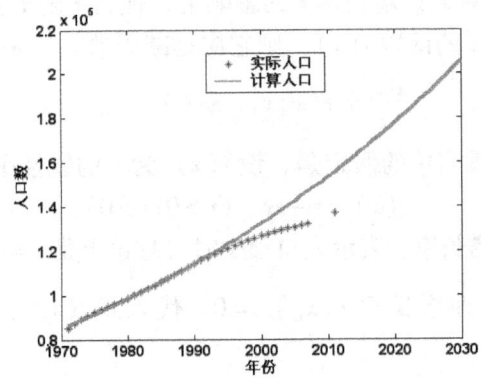

图 1-4 指数增长模型拟合图形

附：1971—2030 数据拟合前后画图 1-4 的 MATLAB 程序

```
t1 = [1971:2007,2011];
p1 = [ 85229  87177  89211  90859  92420  93717  94974  96259…
       97542  98705  100072 101654 103008 104357 105851 107507…
       109300 111026 112704 114333 15823  117171 118517…
       119850 121121 122389 123626 124761 125786 126743…
       127627 128453 129227 129988 130756 131448 132129…
       137053];                    % 1971 到 2011 年的实际人口数据
plot(t1,p1,'*')
t2 = 1971:2030;
p2 = 85232* exp(0.0147* (t2-1970));  % Malthus 模型预测数据
hold on
plot(t2,p2,'r','linewidth',2)        % 对预测人口画图
legend('实际人口','计算人口')          % 加图例
```

```
xlabel('年份','fontsize',12,'fontweight','bold')      % x 坐标轴标注'年份'
ylabel('人口数','fontsize',12,'fontweight','bold')    % y 坐标轴标注'人口数'
set(gca,'fontsize',12,'fontweight','bold')            % 对当前坐标轴字体加黑
```

由表 1-5 和图 1-4 可知，用 Malthus 模型基本上能够预测 21 世纪以前中国人口的增长，但是进入 21 世纪以后，中国人口增长趋势明显变慢，且趋于平缓，这个模型就不合适了。由此可见，Malthus 模型仅适合短期内的人口增长预测，这是因为短期内模型的基本假设（人口增长率是常数）大致成立。

2. 阻滞增长模型（Logistic 模型）

人口达到一定数量后其增长率会下降，并且随着人口的增长，阻滞作用也越来越大。所谓阻滞增长模型就是考虑到这个因素，对指数增长模型的基本假设进行修改后得到的。

1）模型建立

阻滞作用体现在对人口增长率 r 的影响上，使得 r 随着人口数量 x 的增加而下降。若将 r 表示为 x 的函数 $r(x)$，则它应是减函数。于是方程（1.4）写为

$$\frac{dx}{dt} = r(x)x, \quad x(0) = x_0 \tag{1.8}$$

对 $r(x)$ 的一个最简单的假定是，设 $r(x)$ 为 x 的线性函数，即

$$r(x) = r - sx \quad (r>0, s>0) \tag{1.9}$$

这里 r 称为**固有增长率**，表示人口很少时（理论上是 $x=0$）的增长率。当 $x = x_m$ 时人口不再增长，即增长率 $r(x_m) = 0$，代入式（1.8），得 $s = \frac{r}{x_m}$，于是式（1.9）为

$$r(x) = r\left(1 - \frac{x}{x_m}\right) \tag{1.10}$$

对式（1.10）的另一种解释是，增长率 $r(x)$ 与人口尚未实现部分的比例 $(x_m - x)/x_m$ 成正比，比例系数为固有增长率 r。将式（1.10）代入方程（1.8）得

$$\frac{dx}{dt} = rx\left(1 - \frac{x}{x_m}\right), \quad x(0) = x_0 \tag{1.11}$$

方程（1.11）右端的分子 rx 体现人口自身的增长趋势，因子 $\left(1 - \frac{x}{x_m}\right)$ 则体现了资源和环境对人口增长的阻滞作用，显然，x 越大，前一因子越大，后一因子越小，人口增长是两个因子共同作用的结果。

2）模型求解

如果以 x 为横轴、dx/dt 为纵轴作出方程（1.11）的图形（见图 1-5），可以分析人口增长速度 dx/dt 随着 x 的增加而变化的情况，从而大致地看出 $x(t)$ 的

变化规律。

实际上，方程（1.11）可以用分离变量法求解得到

$$x(t) = \frac{x_m}{1 + \left(\frac{x_m}{x_0} - 1\right)e^{-rt}} \quad (1.12)$$

画出式（1.12）的图形，它是一条 S 形曲线（见图 1-6），x 增加得先快后慢，当 $t\to\infty$ 时 $x\to x_m$，拐点在 $x = \dfrac{x_m}{2}$。

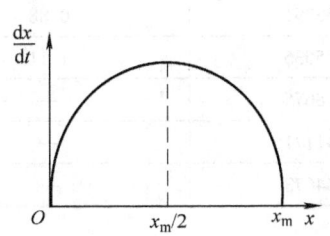

图 1-5　Logistic 模型 $\dfrac{\mathrm{d}x}{\mathrm{d}t}$-$x$ 曲线

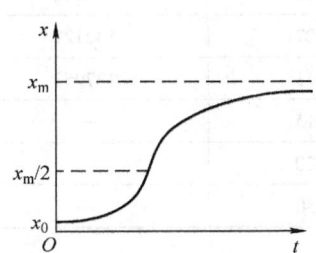

图 1-6　Logistic 模型 x-t 曲线

3）参数估计

选取 1981—2000 年的总人口数据，对式（1.12）中的参数进行估计，用 MATLAB 软件计算得

$$r = 0.0541,\ x_0 = 97598,\ x_m = 149853$$

4）模型的检验与预测

将上面得到的参数 r，x_0，x_m 代入式（1.12），得

$$x(t) = \frac{149853}{1 + \left(\frac{149853}{97598} - 1\right)e^{-0.0541(t-1980)}} \quad (1.13)$$

将计算结果与实际人口作比较，如表 1-6 所示。

表 1-6　结果比较表　　　　　　　　　（单位：万）

年　份	实际人口	计算人口	相对误差/%
1981	100072	99424	0.65
1985	105851	106391	0.51
1989	112704	112754	0.04
1993	118517	118461	0.05
1997	123626	123495	0.11
2000	126743	126837	0.07

（续）

年份	实际人口	计算人口	相对误差/%
2001	127627	127871	0.19
2002	128453	128867	0.32
2003	129227	129824	0.46
2004	129988	130745	0.58
2005	130756	131629	0.67
2006	131448	132477	0.78
2007	132129	133291	0.88
2011	137053	135535	1.11
2015	—	138675	—
2020	—	141171	—
2030	—	144673	—

用 1981—2000 年的实际人口数据估计 Malthus 模型，即式（1.5）中的参数，得

$$x_0 = 99690, \quad r = 0.0128$$

图 1-7 对上述两种模型的预测数据进行了比较。

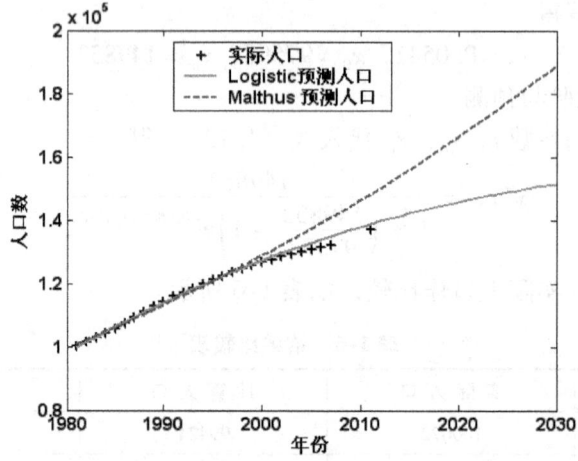

图 1-7　两种模型的预测数据对比图

Logistic 人口模型预测与画图的 MATLAB 程序如下：
- 建立函数文件 logistic.m

```
function f = logistic(x,tdata)
f = x(1)./(1 + (x(1)./x(2)-1)* exp(-x(3).* tdata))
```

- 用 MATLAB 中的非线性拟合命令求参数 x_m, x_0, r

```
tdata = 1981:2000;                                    % 1981 年到 2000 年的时间数据
cdata = [100072  101654  103008  104357  105851  107507  109300…
111026  112704  114333  115823  117171  118517  119850  121121…
122389  123626  124761  125786  126743];              % 1981 年到 2000 年的人口数据
cdata1 = [100072  101654  103008  104357  105851  107507  109300  111026…
112704  114333  115823  117171  118517  119850  121121  122389  123626…
124761  125786  126743  127627  128453  129227  129988  130756…
131448  132129  137053];                              % 1981 年到 2011 年的人口数据
x0 = [200000,50000,0.05];                             % 非线性拟合中 $x_m$, $x_0$, $r$ 的初始数据
x = lsqcurvefit('logistic',x0,tdata-1980,cdata);      % 非线性拟合命令求 $x_m$, $x_0$,, $r$
t2 = [1981:2007,2011];                                % 1981 年到 2007 年的时间数据
t3 = 1981:2030;                                       % 1981 年到 2030 年的时间数据
f = logistic(x,t3-1980);                              % 1981 年到 2030 年的预测人口数据
plot(t2,cdata1,'k+',t3,f,'r','linewidth',2)           % 画出 Logistic 模型的预测数据与
                                                         实际人口数据图形
x2 = 99690*exp(0.0128*(t3-1980));                     % Malthus 模型的预测人口数据
hold on
plot(t3,x2,'b--','linewidth',2)                       % 画出 Malthus 模型的预测人口数据
legend('实际人口','Logistic 预测人口','Malthus 预测人口')   % 图例
xlabel('年份','fontsize',12,'fontweight','bold')
ylabel('人口数','fontsize',12,'fontweight','bold')
set(gca,'fontsize',12,'fontweight','bold')
```

从表 1-5、表 1-6 和图 1-7 可以看出，Logistic 模型非常适合中国人口发展的现状，可以对我国未来人口发展做出短期、中期以及长期的预测。用 Logistic 模型对 2020 年和 2030 年我国总人口数进行了预测，预测值分别为 14.1171 亿人和 14.4673 亿人。这与实际人口发展形势基本吻合。

由方程 (1.11) 表示的阻滞增长模型，是荷兰生物数学家 Verhulst 于 19 世纪中叶提出的。它不仅能够大体上描述人口及许多物种数量（如森林中的树木、鱼塘中的鱼群等）的变化规律，而且在社会经济领域也有广泛的应用，例如耐用消费品的销售量就可以用它来描述。基于这个模型能够描述一些事物符合逻辑的客观规律，人们常称它为 Logistic 模型。

用数学工具描述人口变化规律，关键是对人口增长率作出合理、简化的假定。阻滞增长模型就是将指数增长模型关于人口增长率是常数的假设进行修正后得到的。可以想到，影响增长率的出生率和死亡率与年龄有关，所以，更合乎实际的人口模型应该考虑年龄因素。另外，人口的结构、人口的迁移等都是考虑人口问题的重要因素。

参数估计和模型检验是建模的重要步骤，本书用到的线性最小二乘法是参数

估计（如果是基于数据的，又称数据拟合）的基本方法，算法原理与软件实现方法见第3章。

1.4 数学建模论文的写法

从结构上看，一篇数学建模论文应包含 8 个必要的组成部分，即题名、摘要、关键词、问题重述与分析、正文、结论、参考文献和附录。

1. 题名

题名又称题目或标题，是一篇论文给出的涉及论文范围与水平的第一个重要信息，要求是：简短精练、高度概括、准确得体、恰如其分，既要准确表达论文内容，恰当反映所研究的范围和深度，又要尽可能概括、精练，力求题目的字数少，一般论文题目的字数不要超出 20 个字。不过，当追求字数少与恰当反映论文内容两者发生矛盾时，宁可多用几个字也要力求表达准确。

2. 摘要

摘要是论文内容不加注释和评论的简短陈述，其作用是使读者不阅读论文全文即能获得必要的信息。摘要的三要素是：解决什么问题，应用什么方法，得到什么结论。论文摘要中不要列举例证，不讲研究过程，不用图表，不给化学结果式。论文摘要应注意突出论文的新见解、新方法和特色，陈述客观，不带主观性，不要写自我评价语言。撰写论文摘要常见的问题：一是按照论文正文中的小标题（目录）或论文结论部分的文字；二是内容不够浓缩、概括，以致文字篇幅过长。

3. 关键词

关键词能标示文献的关键内容。一般论文可选取 3~8 个词作为关键词。

4. 问题重述与分析

撰写这部分时不能抄写原题目，把握住问题的实质后，按照对问题的理解，把原问题从数学的角度重新表述。

5. 正文

正文一般可以按照建模的阶段展开，即按模型假设、建立模型、模型求解、分析与检验、模型推广的顺序分段。各段的标题可根据模型的特点设计，对于内容比较多的部分，如建立模型或模型求解，可进一步分层，加上相应的小标题并编上序号，比如：

  2. 问题的提出
  3. 模型假设
    3.1 第一条假设"

对于文章中的章、节、目等各级标题的层次以及图、表、公式进行序号的编排，要做到整篇文章一致，其优点在于很容易达到文章各部分间的相互参照，切记编排序号不可过多，像"3.2.1.5"这样的编号会使读者退避三舍。

论文中经常会用到一些数据资料，为了清楚、准确地表达这些数据，可设计表格或绘制插图，并注明出处，对于信息量过大的数据可置于附录部分。在模型求解时，过于繁杂的代数运算或数字计算，建议也编入附录部分；有时求解出的结果非常简单（一个数字或一句话），有时却可能是长达几页的图表。不管什么情形，表达求解结果都应规范准确，并且醒目。若求解结果过长，最好也编入附录里。尽量避免提供那些用处不大而且繁杂的结果，要达到为读者提供主要证明结论或可利用的信息的目的。另外，为了保证整个建模过程中符号与变量的一致性，最好提前对文章中使用的符号与变量进行说明。本章中的建模案例，符号与变量的说明都单独列出来了；有时候，为了阅读起来方便，这些符号也可以融合在整个建模的过程中。

6. 结论

结论代替或类似于摘要部分，不要忘记在文中分析结果的可靠程度与误差、相对于所用参数值和所做模型假设而得结果的灵敏度、数学模型的稳定性等。另外，要对自己的模型做出客观评价，指出它的优越处和局限性。最后还应指出可能的深化、推广及进一步研究的建议等。

7. 参考文献

对于在正文中提及或直接引用的材料、原始数据等（来自一些公开刊物），可将所引用的这些刊物列在参考文献中，需标明刊物著者的姓名、刊物名称、卷次、页码和出版日期等。

8. 附录

附录就像一个收集箱，与正文相关但不便于编入其中的资料都收集在这里。比如，文章中经常提及的一些插图、表格类的信息、计算机源程序等，它可以为有兴趣的读者提供比正文更为详细的资料，这样会使整篇论文阅读起来完整顺畅，且可以避免繁琐的重复。为了使读者阅读和理解整篇论文，应在源程序中加上足够的注释和说明语句。

以上是对论文写作几个部分的简要介绍。针对完成的初稿，浏览全文并思考以下问题：问题是否已阐述清楚？内容是否明确、富有建设性？摘要是否清楚、简练、准确？整篇文章是否文从字顺、通达流畅？结论的推导是否有逻辑上的谬误？是否遗漏了可能的解答结果？文中各种符号是否恰当、是否保持前后一致？文中是否有意思含混的语句？实例、数值、和插图是否正确？是否有逻辑或拼写错误？从整篇文章的框架来看，还要进行如下检查：层次结构是否分明、清晰？文章中是否充分强调了重点内容？关键性段落是否有遗漏？段落的先后顺序是否合适？标题是否醒目准确？讨论问题的深度是否适当？论文或材料是否完备无缺？多余部分是否已删除？实例的来源是否很清楚？如果以上问题的答案不能令人满意，仔细地修改到满意为止。

对打印稿的校对也极为重要，因为录入和排版的错误很难避免，要特别注意对关键语句、公式、概念和结论部分的检查，这些部分的错误会导致整篇论文的失败。

对参加数学建模竞赛的同学来说，竞赛成功与否很大程度上取决于竞赛论文的质量。竞赛章程规定，对论文的评价应"以假设的合理性、建模的创造性、结果的正确性和文字表述的清晰性为主要标准"。所以，论文中应努力反映出这些特点。

习 题 1

1. 简要叙述建立数学模型的一般步骤。

2. 大家日常生活中用矿泉水瓶喝水时很少洒水，除非被别人逗笑。但是，电影中英雄用海碗喝酒时（比如郭峰与段誉斗酒，武松上景阳冈），我们时常觉着他们其实喝的还没有洒的多。经验也告诉我们，用矿泉水瓶喝水不洒水，用大口径容器喝水易洒水，这是为什么？

3. 两种蠓虫 Af 和 Apf 已由生物学家 W. L. Grogna 和 W. W. Wirth（1981 年）根据它们触角的长度和翅长加以区分。现测得 6 只 Apf 和 9 只 Af 蠓虫的触角长度及翅长的数据如下：

Apf：(1.14, 1.78)， (1.18, 1.96)， (1.20, 1.86)， (1.26, 2.00)，
(1.28, 2.00)， (1.30, 1.96)；

Af：(1.24, 1.72)， (1.36, 1.74)， (1.38, 1.64)， (1.38, 1.82)，
(1.38, 1.90)， (1.40, 1.70)， (1.48, 1.82)， (1.54, 1.82)，
(1.56, 2.08)。

是否可以利用以上已知数据，建立一种正确区分两种蠓虫的简单方法？

4. 椅子能在不平的地面上放稳吗？

5. 利用表 1-7 给出的近两个世纪的美国人口统计数据（以百万人为单位），预测 2020 年美国的人口。

表 1-7 美国人口统计数据 （单位：百万人）

年 份	1790	1800	1810	1820	1830	1840	1850	1860
人口	3.9	5.3	7.2	9.6	12.9	17.1	23.2	31.4
年 份	1870	1880	1890	1900	1910	1920	1930	1940
人口	38.6	50.2	62.9	76	92	106.5	123.2	131.7
年 份	1950	1960	1970	1980	1990	2000		
人口	150.7	179.3	204	226.5	251.4	281.4		

6. 进入20世纪50年代以来，当一部分国家拥有一定数量的核武器之后，其他国家出于自身安全考虑，同时也是为了打破"核垄断""核讹诈"，也必须发展一定数量的核武器，以保证在遭受第一次核打击之后，仍然能有足够的核武器保留下来，给对方以致命的还击。那么，人们非常关心的是，在这场军备竞赛中，是否存在着一个相对稳定的区域，即双方都认为他们各自拥有的核武器数量是可以保证自身安全。

第 2 章 初等建模方法

本章主要讲解几种特定的建模方法,进一步加深对数学建模的理解;同时,读者还可以通过练习题体会到初等数学、微积分、线性代数在实际问题的应用,用很简单的数学方法就可以解决一些饶有兴趣的实际问题。

2.1 量纲分析法

量纲分析法(Dimensional Analysis)是 20 世纪初提出的在物理学领域中建立数学模型的一种方法,它是对所设问题有一定了解,在实验和经验的基础上利用物理定律的量纲齐次原则来确定各物理量之间关系的一种方法。本节首先介绍量纲齐次原理,再通过一个简单的例子,介绍著名的 Buckingham Pi 定理。

在力学中,任一物理量都可以表示为最基本的物理量——质量(M)、长度(L)和时间(T)的组合形式,这种组合形式称为这一物理量的量纲。举例来说,面积的量纲是 L^2,密度的量纲是 ML^{-3}(或 M/L^3)。值得注意的是量纲是独立于单位的,例如,速度的量纲是 LT^{-1}(或 L/T),但它可以用 mile/h 或 m/s 为单位。通常用 dim 表示取量纲的运算,如面积 A 的量纲 $\dim A = L^2$,速度 v 的量纲 $\dim v = LT^{-1}$ 等。

有些物理量的量纲为 1,如角度 α 的量纲 $\dim \alpha = LL^{-1} = L^0$,要特别注意,尽管角度是量纲,但它是有单位的,它的单位可以用弧度(rad)来表示,也可以用另外的一些单位如度(°)、分(′)、秒(″)来表示。

量纲齐次原则是指,任一个有意义的方程必定是量纲一致的,即方程左右两边的量纲应保持一致,即有

$$\dim 左边 = \dim 右边$$

同时,左边或右边的每一项也都必须有相同的量纲。只有量纲相同的项才可以进行比较和相加减。

在叙述定理之前我们先看一个例子。

例 2.1 单摆运动

这是一个熟知的物理现象,质量为 m 的小球系在长度为 l 的线的一端,稍稍偏离平衡位置后小球在重力作用下(g 为重力加速度)做往复摆动。忽略阻力,求摆动周期 t 的表达式。

解 在这个问题中出现的物理量有 t、m、l 和 g,设它们之间有关系式

$$t = \lambda m^{\alpha_1} l^{\alpha_2} g^{\alpha_3} \tag{2.1}$$

式中，α_1、α_2、α_3 是待定系数；λ 是量纲为 1 的比例常数。式（2.1）的量纲表达式为

$$\dim t = \dim m^{\alpha_1} \cdot \dim l^{\alpha_2} \cdot \dim g^{\alpha_3}$$

将 $\dim t = \mathrm{T}$，$\dim m = \mathrm{M}$，$\dim l = \mathrm{L}$，$\dim g = \mathrm{LT}^{-2}$ 代入，得

$$\mathrm{T} = \mathrm{M}^{\alpha_1} \mathrm{L}^{\alpha_2 + \alpha_3} \mathrm{T}^{-2\alpha_3} \tag{2.2}$$

按照量纲齐次原则有

$$\begin{cases} \alpha_1 = 0 \\ \alpha_2 + \alpha_3 = 0 \\ -2\alpha_3 = 1 \end{cases} \tag{2.3}$$

式（2.3）的解为 $\alpha_1 = 0$，$\alpha_2 = 1/2$，$\alpha_3 = -1/2$，将它们代入式（2.1），得

$$t = \lambda \sqrt{\frac{l}{g}} \tag{2.4}$$

式（2.4）与用力学理论得到的结果是一致的。在此例中有一个有趣的现象：一开始我们认为问题的有关物理量包括质量 m 在内，可是最终这个物理量却在模型中消失了。

将上面的推导过程一般化，就是著名的 Buckingham Pi 定理（也叫白金汉 π 定理）。

定理 2.1 设有 m 个物理量 q_1，q_2，$\cdots$，q_m，而

$$f(q_1, q_2, \cdots, q_m) = 0 \tag{2.5}$$

是与量纲单位的选取无关的物理定律。X_1，X_2，$\cdots$，X_m 是基本量纲，$n \leqslant m$，q_1，q_2，$\cdots$，q_m 的量纲可以表示为

$$\dim q_j = \prod_{i=1}^{n} X_i^{\alpha_{ij}} \quad (j = 1, 2, \cdots, m) \tag{2.6}$$

矩阵 $\mathbf{A} = (a_{i,j})_{n \times m}$ 称为量纲矩阵，若 $\mathbf{A}$ 的秩为

$$\mathrm{Rank}(\mathbf{A}) = r$$

设线性齐次方程组（$\mathbf{y}$ 是 m 维向量）$\mathbf{Ay} = 0$ 的 $m - r$ 个基本解为

$$y_s = (y_{s_1}, y_{s_2}, \cdots, y_{s_m})^{\mathrm{T}} \quad (s = 1, 2, \cdots, m - r) \tag{2.7}$$

则

$$\pi_s = \prod_{j=1}^{m} q_j^{y_{sj}} \tag{2.8}$$

为 $m - r$ 个相互独立的量纲为 1 的量，且

$$F(\pi_1, \pi_2, \cdots, \pi_{m-r}) = 0 \tag{2.9}$$

与式（2.5）等价，F 表示一个未定的函数关系。

现按 Buckingham Pi 定理中式（2.5）至式（2.9）的步骤讨论以下问题。

例 2.2　航船阻力

长为 l、吃水深度为 h 的船以速度 v 航行，若不考虑风的影响，那么航船受到的阻力 f 除依赖船的诸变量 l、h、v 以外，还与水的参数——密度 ρ、黏度 μ，以及重力加速度 g 有关。下面用量纲分析法确定阻力与这些物理量之间的关系。

解　1）航船问题中涉及的物理量：阻力 F，船长 l，吃水深度 h，船的速度 v，水的密度 ρ，水的黏度 μ，重力加速度 g。要寻求的物理关系记作

$$\Phi(F,l,h,v,\rho,\mu,g)=0 \tag{2.10}$$

2）这是一个力学问题，基本量纲选为 L、M、T，上述各物理量的量纲可以表示为

$$\begin{cases} \dim F = \text{LMT}^{-2} \\ \dim l = \text{L} \\ \dim h = \text{L} \\ \dim v = \text{LT}^{-1} \\ \dim \rho = \text{L}^{-3}\text{M} \\ \dim \mu = \text{L}^{-1}\text{MT}^{-1} \\ \dim g = \text{LT}^{-2} \end{cases} \tag{2.11}$$

式中，μ 的量纲由基本关系 $p=\mu\dfrac{\partial v}{\partial x}$ 得到，p 是压强（单位面积上所受的力），所以 $\dim p = \text{L}^{-1}\text{MT}^{-2}$；$v$ 是流速，x 是尺度，所以 $\dim \dfrac{\partial v}{\partial x} = \text{LT}^{-1}\text{L}^{-1} = \text{T}^{-1}$。并且有 $n=3<m=7$。

3）由式（2.11）立即可写出量纲矩阵

$$A_{3\times 7}=\begin{pmatrix} 1 & 1 & 1 & 1 & -3 & -1 & 1 \\ 1 & 0 & 0 & 0 & 1 & -1 & 0 \\ -2 & 0 & 0 & -1 & 0 & 0 & -2 \end{pmatrix}\begin{pmatrix} \text{L} \\ \text{M} \\ \text{T} \end{pmatrix} \tag{2.12}$$

上述矩阵中从左到右每一列分别为 F, l, h, v, ρ, μ, g。

可求出

$$\text{Rank}(A)=r=3 \tag{2.13}$$

4）解齐次方程组

$$Ay=0 \tag{2.14}$$

可得 $m-r=7-3=4$，即有 4 个基本解，可取为

$$\begin{cases} y_1=(0,\ 1,\ -1,\ 0,\ 0,\ 0,\ 0\ )^\text{T} \\ y_2=(0,\ 1,\ 0,\ -2,\ 0,\ 0,\ 1)^\text{T} \\ y_3=(0,\ 1,\ 0,\ 1,\ -1,\ 1,\ 0)^\text{T} \\ y_4=(1,\ -2,\ 0,\ -2,\ -1,\ 0,\ 0)^\text{T} \end{cases} \tag{2.15}$$

5）式（2.15）给出4个相互独立的量纲为1的量

$$\begin{cases} \pi_1 = lh^{-1} \\ \pi_2 = lv^{-2}g \\ \pi_3 = lv\rho\mu^{-1} \\ \pi_4 = Fl^{-2}v^{-2}\rho^{-1} \end{cases} \tag{2.16}$$

而式（2.10）与

$$\Phi(\pi_1,\pi_2,\pi_3,\pi_4)=0 \tag{2.17}$$

等价，Φ 是未定的函数。式（2.16）和式（2.17）表达了航船问题中各物理量之间的全部关系。

6）为得到阻力 F 的显式表达式，由式（2.17）和式（2.16）中关于 π_4 的式子可得

$$F = l^2 v^2 \rho \varphi(\pi_1,\pi_2,\pi_3) \tag{2.18}$$

式中，φ 表示一个未定函数。在流体力学中量纲为1的量 $\dfrac{v}{\sqrt{lg}}$ （$= \pi_2^{-1/2}$）称为 Froude 数，π_3 称为 Reynold 数，分别记作

$$F_r = \frac{v}{\sqrt{lg}}, R_e = \frac{lv\rho}{\mu} \tag{2.19}$$

则式（2.18）又表示为

$$F = l^2 v^2 \rho \varphi(l/h, F_r, R_e) \tag{2.20}$$

式（2.20）就是用量纲分析法确定的航船阻力与各物理量之间的关系。这个结果用通常的机理分析法是难以得到的。虽然函数 φ 的形式无从知道，但后面将会看到这个表达式在物理模拟问题中的用途。

仔细回顾上面例子的分析过程，可以体会到应用量纲分析法建立数学模型有两个关键因素，即正确确定模型中所含的物理量和合理选择基本量纲。

面对一个实际问题时，将哪一些物理量包含在基本关系式 $F(\cdot)=0$ 中，对于所得结果的合理性是非常重要的。例如，若在航船问题中忽略了水的密度 ρ 或黏度 μ，则不可能得到正确的结果。各物理量的确定主要靠经验和知识，没有一般的方法可以保证得到的结果是正确或有效的。

基本量纲的作用有些类似于线性代数中有限维空间中基的作用。基本量纲选择过少，无法表示各物理量；选择过多则会使问题复杂化。在一般情况下，力学定律选取 L、M、T 即可。热学问题加上温度量纲 Θ。

应注意，齐次线性方程组的基本解组可以有无穷组，虽然基本解组能够互相线性表出，但是为了特定的建模目的而恰当地构造基本解，能够更直接的得到我们期望的结果。

基本量纲齐次原则和 Pi 定理的量纲分析建模法是相当初等的，是一种具有普适性的方法，它不需要非常专门的物理知识和高深的数学方法，就可以得到用其他复杂方法难以得到的结果，或者类似于用其他复杂方法得到的结果。一般地，从未知定律 $f(q_1, q_2, \cdots, q_m) = 0$ 到用量纲分析法得到的等价形式 $F(\pi_1, \pi_2, \cdots, \pi_{m-r}) = 0$，不仅物理量减少了 r 个，而且原始物理量 $q_1, q_2, \cdots, q_m$ 组合成了一些有用的量纲为 1 的量 $\pi_1, \pi_2, \cdots, \pi_{m-r}$。如航船阻力问题中，我们选定基本物理量为 t、m、l、g，经过量分析后减少了质量 m，并且用其余的三个物理量给出了 4 个相互独立的量纲为 1 的量 $\pi_1, \pi_2, \cdots, \pi_{m-r}$。

另一方面，这个方法也是有局限性的。$F(\cdot) = 0$ 中仍然包含着一些未定函数和参数（量纲为 1 的量），如式（2.20）中函数 φ 仍然是未知函数，而且诸如物理定律中常见的三角函数 $\sin(\cdot)$ 和指数函数 $\exp(\cdot)$ 等都不可能用量纲分析法得到，因为这些函数的自变量和函数值量纲都是 1。

下面我们给出量纲分析法的应用。

物理模拟中的比例模型

物理模型是在物理实验室条件下按照缩小了的比例尺寸构造的，目的是根据相应的比例来研究原型的某些性质。由量纲分析的结果可以推测这种比例关系的确定。

对于单摆运动，已经得到模型中的摆动周期 t 与摆长 l 的关系为

$$t = \lambda \sqrt{\frac{l}{g}} \tag{2.21}$$

记原型中相应的各物理量为 t'、l'、g'，因为 λ 量纲为 1，在模型中与原型中保持不变，又因为 $g = g'$，所以由式（2.21）立即得到

$$\frac{t'}{t} = \sqrt{\frac{l'}{l}} \tag{2.22}$$

这样，如果按比例尺寸 $l : l' = 1 : 4$ 设计并制造模型的摆长，那么测定了模型摆的周期 t 后，就可以知道原型摆的周期 $t' = 2t$。

这里用到量纲为 1 的量在模型和原型中保持不变的性质，可称为量纲不变性。下面利用航船阻力问题的结果讨论怎样构造航船模型，以确定原型航船在海洋中受到的阻力。以 F、l、h、v、ρ、μ、g 和 F'、l'、h'、v'、ρ'、μ'、g' 分别表示模型和原形中的各物理量，由式（2.18）与式（2.19），得

$$F = l^2 v^2 \rho \varphi\left(\frac{l}{h}, \frac{v}{\sqrt{lg}}, \frac{lv\rho}{\mu}\right) \tag{2.23}$$

$$F' = l'^2 v'^2 \rho' \varphi\left(\frac{l'}{h'}, \frac{v'}{\sqrt{l'g'}}, \frac{l'v'\rho'}{\mu'}\right) \tag{2.24}$$

当量纲为 1 的量

$$\frac{l}{h}=\frac{l'}{h'},\quad \frac{v}{\sqrt{lg}}=\frac{v'}{\sqrt{l'g'}},\quad \frac{lv\rho}{\mu}=\frac{l'v'\rho'}{\mu'} \qquad (2.25)$$

成立时，由式（2.23）和式（2.24）可得

$$\frac{F'}{F}=\left(\frac{l'v'}{lv}\right)\frac{\rho'}{\rho} \qquad (2.26)$$

原型航船的阻力 F' 可由模型船的阻力 F 以及其他有关量算出。

考察式（2.25）成立的条件，如果在模型试验中用与海水具有相同密度和黏度的水，$\rho=\rho'$，$\mu=\mu'$，又因为显然有 $g=g'$，所以式（2.25）变为

$$\frac{l}{l'}=\frac{h}{h'},\frac{v}{v'}=\sqrt{\frac{l}{l'}},\frac{v}{v'}=\frac{l'}{l} \qquad (2.27)$$

而要式（2.27）成立必须有 $l=l'$，$h=h'$，即制造和原型一样大小的模型船，这显然排除了物理模型的可能性。

如果考虑改变模型实验所用液体的黏度，即设 $\mu\neq\mu'$，仍设 $\rho=\rho'$，则式（2.25）变为

$$\frac{l}{l'}=\frac{h}{h'},\frac{v}{v'}=\sqrt{\frac{l}{l'}},\frac{v}{v'}=\frac{l'}{l}\cdot\frac{\mu}{\mu'} \qquad (2.28)$$

上式中的第一式容易在建模时实现，而要第二、三式成立，必须有

$$\frac{\mu}{\mu'}=\left(\frac{l}{l\mu'}\right)^{3/2} \qquad (2.29)$$

假如我们构造比例尺寸为 1:20 的模型，则由式（2.29）应该使 $\mu=0.011\mu'$，但技术上很难得到如此小的黏度的液体。

在实际应用中常采用近似的处理方法式，考虑在一定条件下 R_e 数的影响很小（$R_e=lv\rho/\mu$），将其忽略后，式（2.23）近似为

$$F=l^2v^2\rho\varphi\left(\frac{l}{h},\frac{v}{\sqrt{lg}}\right) \qquad (2.30)$$

式中略去了黏度。由类似的分析不难得到

$$\frac{F}{F'}=\left(\frac{l'}{l}\right)^3 \qquad (2.31)$$

于是，在知道了模型船的阻力 F 后就能很容易地确定原型船的阻力了。

2.2 层次分析法

人们在日常生活中经常会遇到一些决策问题，在处理这些决策问题时，要考虑的因素有多有少，有大有小，但是，一个共同的特点是它们通常都涉及经济、社会、人文等方面的因素。在作比较、判断、评价和决策时，这些因素的重要性、影响力或者优先程度往往难以量化，人的主观选择（当然要根据客观实际）

会起着相当重要的作用，这就给用一般的数学方法解决问题带来了本质上的困难。

美国运筹学家 T. L. Saaty 等人在 20 世纪 70 年代提出了一种能有效地处理这类问题的实用方法，称为**层次分析法**（AHP，Analytic Hierarchy Process），这是一种定性与定量分析相结合的多因素决策分析方法。这种方法将决策者的经验判断给予数量化，在目标因素结构复杂且缺乏必要数据的情况下使用更为方便，因而在实践中得到广泛应用。运用层次分析法进行决策，大体上可分为 4 个步骤：

1）分析系统中各因素之间的关系，建立系统的递阶层次结构；

2）对于同一层次的各元素关于上一层次中某一准则的重要性进行两两比较，构造两两比较矩阵；

3）由成对比较矩阵计算被比较元素对于该准则的相对权重，并进行一致性检验；

4）计算各层元素对系统目标的合成权重，并进行排序。

2.2.1　递阶层次结构的建立

复杂问题的决策由于涉及的因素比较复杂，通常是比较困难的，应用层次分析法（以下简称 AHP）的第一步就是将问题涉及的因素条理化、层次化，并构造出一个有层次的结构模型。在这个模型下，复杂问题的组成因素被分成若干组成部分，称为元素。这些元素又按其属性及关系形成若干层次，上一层次的元素对下一层次的有关元素起支配作用，这些层次可以分为以下三类。

最高层：又称目标层，这一层次的元素只有一个，一般它是分析问题的目标或理想结果。

中间层：又称准则层，这一层次包括了为实现目标所涉及的中间环节，它可以由若干层次组成，包括所需考虑的准则和子准则。

最低层：又称方案层。这一层次包括了为实现目标可供选择的各种措施和决策方案等。

上述层次之间的支配关系不一定是完全的，即可以存在这样的元素，它并不支配下一层次的所有元素，而仅支配其中的部分元素，这种自上而下的支配关系所形成的层次结构称为递阶层次结构，一个典型的层次结果如图 2-1 所示。

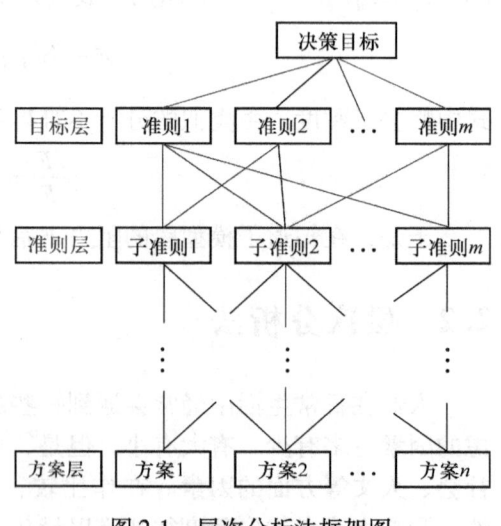

图 2-1　层次分析法框架图

在递阶层次结构中层次数与问题的复杂程度及所需分析的详尽程度有关，一般层次不受限制，每一层次中每个元素所支配的元素不要超过9个。因为支配元素过多会给两两比较判断带来困难，如果超过9个，可以考虑合并一些因素或增加层次数。无论哪种情况，都要在对问题进行深入研究的情况下进行，以便使之具有一定的合理性。递阶层次结构应具有以下特点：

1）从上到下顺序地存在支配关系，并用直线表示。除目标层外，每个元素至少受上一层元素支配。除最后一层外，每个元素至少支配下一层的一个元素，上、下层元素的联系比同一层次强，以避免同一层次中不相邻元素存在支配关系；

2）整个结构中，层次数不受限制；

3）最高层只有一个元素，每个元素所支配的元素一般不超过9个，元素过多时可进一步分组；

4）对某些具有子层次的结构可引入虚元素，使之成为递阶层次结构。

2.2.2 构造成对比较矩阵

涉及社会、经济、人文等因素的决策问题的主要困难在于，这些因素通常不易量化。当因素较少时，人们凭自己的经验和知识进行判断，当因素较多时给出的结果往往是不全面和不准确的，如果只是定性的结果，则常常不容易被别人接受。Saaty等人的作法，一是不把所有因素放在一起比较，而是两两相互对比；二是对比时采用相对尺度，以尽可能地减少性质不同的诸因素相互比较有困难的情况，并提高准确度。比较第 i 个元素与第 j 个元素相对上一层某个因素的重要性时，使用数量化的相对权重 a_{ij} 来描述。设共有 n 个元素参与比较，则 $A = (a_{ij})_{n \times n}$ 称为成对比较矩阵。

在进行定性的成对比较时，人们头脑中通常有五种明显的等级，用尺度 1～9 可以方便地表示（见表 2-1）。

表 2-1 尺度 1～9 的含义

尺度 a_{ij}	含 义
1	C_i 与 C_j 的影响相同
3	C_i 比 C_j 的影响稍强
5	C_i 比 C_j 的影响强
7	C_i 比 C_j 的影响明显的强
9	C_i 比 C_j 的影响绝对的强
2, 4, 6, 8	C_i 比 C_j 的影响之比在上述两个相邻等级之间
1, 1/2, …, 1/9	C_i 比 C_j 的影响之比为上面 a_{ij} 的互反数

成对比较矩阵的特点：$a_{ij}>0$，$a_{ii}=1$，$a_{ji}=\dfrac{1}{a_{ij}}$。

2.2.3 一致性检验

从理论上分析得到：如果 A 是完全一致的成对比较矩阵，则它应该具有如下性质：
$$\forall i, j, k, \quad a_{ij}=a_{ik}\cdot a_{kj}$$

但实际上，AHP 中多数判断矩阵（三阶以上）不满足一致性。因此，要求成对比较矩阵具有一定的一致性，即允许成对比较矩阵存在一定程度的不一致性。事实上，一致性及其检验是 AHP 的重要内容。下面介绍有关层次分析法理论的两个定理。

定理 2.2 正互反阵的最大特征根是正数，特征向量是正向量。

定理 2.3 n 阶正互反阵 A 的最大特征根 $\lambda \leqslant n$。

下面对成对比较矩阵 A 作一致性检验，其检验步骤如下：

1) 计算衡量一个成对比较矩阵 A（$n>1$ 阶方阵）不一致程度的指标 CI

$$CI = \dfrac{\lambda_{\max}(A)-n}{n-1} \tag{2.32}$$

式中，$\lambda_{\max}$ 是矩阵 A 的最大特征值。从有关资料查出检验成对比较矩阵 A 一致性的指标 RI（见表 2-2）：RI 称为平均随机一致性指标，它只与矩阵阶数 n 有关。

表 2-2 随机一致性指标 RI 的数值

n	1	2	3	4	5	6	7	8	9	10	11
RI	0	0	0.58	0.90	1.12	1.24	1.32	1.41	1.45	1.49	1.51

当表中 $n=1$ 和 2 时，$RI=0$，这是因为一阶和二阶的正互反阵总是一致阵。

2) 按式 (2.32) 计算成对比较阵 A 的随机一致性比率 CR

$$CR = \dfrac{CI}{RI} \tag{2.33}$$

3) 判断方法如下：当 $CR<0.1$ 时，判定成对比较阵 A 具有满意的一致性，或其不一致程度是可以接受的；否则就调整成对比较矩阵 A，直到达到满意的一致性为止。

2.2.4 单一准则下元素相对权重的计算

在成对比较矩阵通过一致性检验的基础上，求出被比较元素的排序权重向量，权重的计算方法可用如下的和法近似计算方法。

和法：取成对比较矩阵 n 个列向量（针对 n 阶成对比较矩阵）的归一化后

算数平均值近似作为权重向量,即有

$$\omega_i = \frac{1}{n} \sum_{j=1}^{n} \frac{a_{ij}}{\sum_{k=1}^{n} a_{kj}} \quad (i=1,2,\cdots,n) \tag{2.34}$$

注意:对于阶数比较小的矩阵,可以用 MATLAB 语句求 A 的特征值和特征向量(见附录 A)。

2.2.5 计算各层元素对目标层的总排序权重

通过 2.2.4 小节可以得到一组元素对其上一层次中某元素的权重向量。最终要得到各元素(特别是最低层中各方案)对于目标的排序权重,即所谓总排序权重,从而进行方案选择。总排序权重要自上而下地将单准则下的权重进行合成。

假定已经算出 $k-1$ 层上 n_{k-1} 个元素相对于总目标的排序权重为 $\boldsymbol{\omega}^{(k-1)} = (\omega_1^{(k-1)}, \omega_2^{(k-1)}, \cdots, \omega_{n_{k-1}}^{(k-1)})^{\mathrm{T}}$,以及第 k 层 n_k 个元素对于第 $k-1$ 层上第 j 个元素为准则的单排序向量 $\boldsymbol{p}_j^{(k)} = (p_{1j}^{(k)}, p_{2j}^{(k)}, \cdots, p_{nj}^{(k)})^{\mathrm{T}}$,其中不受 j 元素支配的元素权重为 0。矩阵 $\boldsymbol{p}^{(k)} = (p_1^{(k)}, p_2^{(k)}, \cdots, p_{n_{k-1}}^{(k)})$ 是 $n_k \times n_{k-1}$ 阶矩阵,表示了第 k 层上元素对第 $k-1$ 层上各元素的排序,那么第 k 层上元素对目标的总排序向量 $\boldsymbol{\omega}^{(k)}$ 为

$$\boldsymbol{\omega}^{(k)} = (\omega_1^{(k)}, \omega_2^{(k)}, \cdots, \omega_{n_k}^{k})^{\mathrm{T}} = \boldsymbol{p}^{(k)} \boldsymbol{\omega}^{(k-1)} \tag{2.35}$$

并且一般公式为

$$\boldsymbol{\omega}^{(k)} = p^{(k)} p^{(k-1)} \cdots p^{(3)} \boldsymbol{\omega}^{(2)} \tag{2.36}$$

这里 $\boldsymbol{\omega}^{(2)}$ 是第二层上元素的总排序向量,也是单准则下的排序向量。

综上所述,层次分析法建模的整个过程可归纳如下:

1) **建立层次结构模型**:在深入分析实际问题的基础上,将有关因素按照不同属性自上而下地分解成若干层次。同一层的诸因素从属于上一层的因素或对上层因素有影响,同时又支配下一层的因素或受到下层因素的作用,而同一层的各因素之间应尽量相互独立。最上层为**目标层**,通常只有一个因素,最下层通常为**方案或对象层**,可以有一个或几个层次,通常为**准则或指标层**。当准则过多时(比如多于 9 个)应进一步分解出子准则层。

2) **构造成对比较阵**:从层次结构模型的第二层开始,对于从属于(或影响及)上一层每一个因素的同一层诸因素,用成对比较法和比较尺度 1~9 构造成对比较阵,直到最下层。

3) **计算权向量并做一致性检验**:对于每一个成对比较阵计算其最大特征根及对应特征向量,利用一致性指标、随机一致性指标和一致性比率做一致性检验。若检验通过,则特征向量(归一化后)即为权向量;若不通过,需要重新

构造成对比较阵。

4）计算组合权向量并做组合一致性检验：计算最下层对目标的组合权向量，并酌情作组合一致性检验。若检验通过，特征向量（归一化后）即为权向量，从而得出各因素对于系统目标的总排序权重并决策；若不通过，则需重新构造成对比较阵。

下面通过几个简单的例题来熟悉运用层次分析法求解数学建模问题的过程。

例 2.3 高校学费评价体系分析——CUMCM2008

高等教育事关高素质人才的培养、国家创新能力的增强以及和谐社会的大局，因此受到党和政府及社会各方面的高度重视和广泛关注。培养质量是高等教育的一个核心指标，不同的学科和专业在设定不同的培养目标后，其质量需要有相应的经费保障。高等教育属于非义务教育，其经费在世界各国都由财政拨款、学校自筹、社会捐赠和学费收入等几部分组成。对适合接受高等教育的经济困难的学生，一般可以通过贷款和学费减、免、补等方式获得资助，品学兼优者还能获得国家、学校、企业等给予的奖学金。

学费问题涉及每一个大学生及其家庭，是一个敏感而又复杂的问题：过高的学费会使很多学生无力支付，过低的学费又使学校财力不足而无法保证质量。学费问题近年来在各种媒体上引起了热烈的讨论。

请根据中国国情，收集诸如国家生均拨款、培养费用、家庭收入等相关数据，并据此通过数学建模的方法，就几类学校和专业的学费进行定量分析，得出明确而又有说服力的结论。数据的收集和分析是建模分析的基础和重要组成部分。

解 将层次分析法运用到高校教育收费的评价，以分担教育成本、非义务教育、家庭教育投资收益和贫困为准则层，以收费合理、基本合理和不合理为方案层，建立层次分析模型，如图2-2所示。

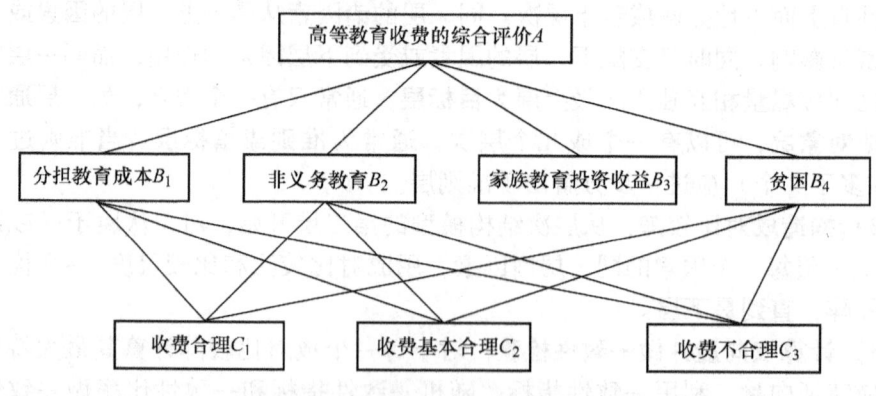

图2-2 高等教育收费层次分析结构图

在确定高等教育收费标准时，主要遵循的是收益原则和负担能力原则。收益原则是指谁受益谁缴费、收益多缴费多。学生个人和家庭是高等教育的直接受益者，因此把受益的权重定为最大。负担能力原则是指能力大者多负担，能力小者少负担。政府是高等教育成本的重要分担者，而受教育个人和家庭则是高等教育成本的重要分担者。高等教育并不是义务教育，支付学费是应当的。而学费的一部分用来分担教育成本。所以把非义务教育所占权重定为第二高，分担教育成本次之，然而，学费标准的确定，不仅是教育经济学的计算问题，更要考虑人民满意、政治稳定以及社会和谐。目前，我国还有很大一部分的贫困家庭，所以需要把贫困这些因素考虑进去。于是准则层 B 的 4 个因素（B_1, B_2, B_3, B_4）其相对应的比较矩阵如下表示

$$A = \begin{pmatrix} 1 & 2/3 & 2/5 & 2 \\ 3/2 & 1 & 3/4 & 5/3 \\ 5/2 & 4/3 & 1 & 8/3 \\ 1/2 & 3/5 & 3/8 & 1 \end{pmatrix}$$

检验比较矩阵 A 一致性的步骤如下：

1) 计算衡量，一个对比矩阵 A（n 阶方阵）不一致性程度的指标 CI 如下所示，其中 $\lambda(A)$ 为矩阵 A 的最大特征值。

$$CI = \frac{\lambda(A) - n}{n - 1} = 0.0173$$

2) 查找相应的平均随机一致性指标 RI，得 4 阶 $RI = 0.90$。计算一致性比率

$$CR = \frac{CI}{RI} = \frac{0.0173}{0.90} = 0.0192 < 0.1$$

一致性比率 CR 说明矩阵 A 的不一致的程度是可以接受的。此时矩阵 A 的最大特征值对应的特征向量为 $U = (-0.3705, -0.5009, -0.7441, -0.2505)^T$。将该特征向量归一化，得到权向量为 $U = (0.1989, 0.2689, 0.3979, 0.1343)^T$。

构造 B-C 层比较矩阵为

$$B_1 = \begin{pmatrix} 1 & 5/6 & 7/4 \\ 6/5 & 1 & 3/2 \\ 4/7 & 2/3 & 1 \end{pmatrix}, B_2 = \begin{pmatrix} 1 & 3/4 & 2 \\ 4/3 & 1 & 7/3 \\ 12 & 3/7 & 1 \end{pmatrix}$$

$$B_3 = \begin{pmatrix} 1 & 2/3 & 3/2 \\ 3/2 & 1 & 7/3 \\ 2/3 & 3/7 & 1 \end{pmatrix}, B_4 = \begin{pmatrix} 1 & 4/5 & 7/3 \\ 5/4 & 1 & 7/4 \\ 3/7 & 4/7 & 1 \end{pmatrix}$$

通过计算可得 B-C 层两两判断矩阵的特征值、特征向量、一致性指标和一致性比率，如表 2-3 所示。

表 2-3 B-C 层次分析法参数表

	B_1	B_2	B_3	B_4
B-C 层权重	0.3687	0.3574	0.3148	0.3902
	0.3955	0.4558	0.4779	0.4114
	0.2357	0.1868	0.2073	0.1983
B-C 层最大特征值	3.0126	3.0020	3.0001	3.0291
B-C 层 CI	0.0063	0.0010	0.00005	0.01455
B-C 层 RI	0.58	0.58	0.58	0.58
B-C 层 CR	0.0109	0.0017	0.0001	0.0251

上述一致性比率 CR 均小于 0.1，可以判断矩阵具有满意的一致性。

对最高目标而言，最高层次的总排序就是其层次总排序。在评价模型中，评价现今高校的收费是否合理是最高层次。为了进行决策，需要计算其组合权向量，结果如表 2-4 所示。

表 2-4 B-C 层次分析权重表

	B_1	B_2	B_3	B_4	总排序 W
C_1	0.3687	0.3574	0.3148	0.3902	0.3471
C_2	0.3955	0.4558	0.4779	0.4114	0.4466
C_3	0.2357	0.1868	0.2073	0.1983	0.2062

于是，最后得到组合权向量为 $\omega^{(3)} = (0.3471, 0.4466, 0.2062)^T$。由此，做出综合评价：$C_1$ 认为收费合理的占 0.3471；C_2 认为收费是合理的占 0.4466；C_3 认为收费是合理的占 0.2062。

从分析所得数据可以看出，当前我国高等教育学费总体来说还是比较合理的。现行的收费政策，只要不发生大改变，即能适应大多数情况，保持教育公平性。虽然现有的高等院校收费体制存在一些缺陷，但大多数人认为现行学费价格还是基本能够接受的。

例 2.4 长江水质的评价和预测（CUMCM2005）

水是人类赖以生存的资源，保护水资源就是保护我们自己，因此，我国大江大河的水资源的保护和治理应是重中之重。专家们呼吁："以人为本，建设文明和谐社会，改善人与自然的环境减少污染。"

长江是我国第一、世界第三大河流，长江水质的污染日趋严重，已引起了相关政府部门和专家们的高度重视。2004 年 10 月，由全国政协与中国发展研究院联合组成"保护长江万里行"考察团，从长江上游宜宾到下游上海，对沿线 21 个重点城市做了实地考察，揭示出一副长江污染的真实面目，其污染程度让人触目惊心。为此，专家指出，"若不及时拯救，长江生态10年内将濒临崩溃"，并发出了"拿什么拯救'癌变'长江"的呼唤。

问题给出了长江沿线17个观测站（地区）近两年主要水质指标的检测数据，以及干流上7个观测站近一年的基本数据（站点距离、水流量和水流速）。通常认为，一个观测站（地区）的水质污染主要来自于本地区的排污和上游的污水。一般来说，江河自身对污染物有一定的自然净化能力，即通过物理降解、化学降解和生物降解等，水中污染物的浓度会降低。反映江河自然降解能力的指标称为降解系数。事实上，长江干流的自然净化能力可以认为是近似均匀的，根据检测可知，主要污染物高锰酸盐指数和氨氮的降解系数通常介于0.1~05之间，比如可以考虑取0.2（单位：1/天）。请对长江近两年的水质情况作出定量的综合评价，并分析各地区水质的污染状况（限于篇幅，原题请参考数学建模官方网站）。

解 随着我国工农业的高速发展，排入长江的污染物种类也在日益增多，若仅用单项指标，往往不能反映水质的污染状况，为此，可以通过层次分析法建立水环境的 ECI 评价标准，即水环境生态综合评价标准。ECI 评价标准为动态指标体系，由总指标和3个一级指标构成。总指标即为生态综合指数 ECI，三个一级指标分别为理化指标 G、营养指标 N 和重金属指标 HM。

在综合评价多种因子时，以权值反映不同评价因子对评价对象的重要程度。建立两两比较矩阵，从而确定归一化权重，如表2-5所示。

表 2-5　ECI 体系权重表

	营养指标	重金属指标	理化指标
权重系数	0.6	0.2	0.2

总指标 ECI 的计算公式如下

$$ECI = (0.6N + 0.2G + 0.2HM) \times 100$$

二级指标的构成如图2-3所示，其中理化指标 G 包括 pH 和溶解氧浓度 DO，营养指标 N 为氨氮浓度 NH_3-N，重金属指标 HM 为高锰酸盐浓度 COD_{Mn}。

为了求得 ECI，还需引入使用较为普遍的单项评价参数用于表示二级指标对水质的影响程度。以 C_i 和 C_{si} 分别表示二级指标 i 的实测浓度和水环境标准中的允许浓度。

pH 评价参数：
$$I_{pH} = \frac{C_i - 7.5}{C_{si}(\max, \min) - 7.5}$$

DO 评价参数：
$$I_{DO} = \frac{C_{i\max} - C_i}{C_{i\max} - C_{si}}$$

查2003年6月到2005年5月 DO 最大值为14.4 mg/L，则取 $C_{i\max}$ = 14.4 mg/L。根据题目所给条件7.5mg/L 的溶解氧相当于饱和溶解氧的90%，得到 C_{si} = 7.5/0.9 mg/L。

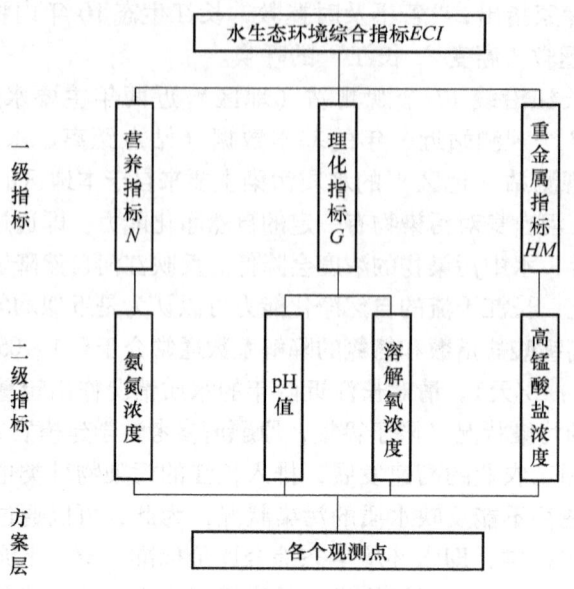

图 2-3　ECI 评价体系层次图

NH_3-N 评价参数：营养指数按照修正的 TSI（卡而森指数）计算，这是在国际上被广泛采用的一种方法。

$$TSI(NH_3\text{-}N) = 10\left(7.77 + \frac{1.5\ln(NH_3\text{-}N)}{\ln 2.5}\right)$$

重金属评价参数：污染物的危害程度随其浓度的增加而增加的评价参数。

$$I_{Mn} = \frac{C_i}{C_{si}}$$

综上所述，ECI 可由这 4 个评价参数加权得到。考虑到二级指标 pH 和 DO 对水质的影响相当，故可近似认为权重相等，所以我们得到

$$ECI = [0.2(0.5I_{pH} + 0.5I_{DO}) + 0.6TSI + 0.2I_{Mn}] \times 100$$

将 2003 年 6 月到 2004 年 9 月的四个主要项目的数据代入模型，得到 ECI 评价结果如表 2-6 所示。

表 2-6　各调查地点 ECI 评价值

指标 调查地点	pH	DO	NH_3-N	COD_{Mn}	ECI
四川攀枝花	0.64	0.628	1.078	1	97.346
重庆朱沱	0.667	0.66	1.174	0.725	98.225
湖北宜昌南津关	0.42	0.839	1.356	0.8	109.933
湖南岳阳城陵矶	0.327	0.34	1.573	1.225	125.571

(续)

指标 调查地点	pH	DO	NH₃-N	COD$_{Mn}$	ECI
江西九江河西水厂	0.013	0.801	0.991	0.575	79.079
安徽安庆皖河口	0.013	0.774	1.288	0.675	98.658
江苏南京林山	0.16	0.885	1.145	0.875	96.68
四川乐山岷江大桥	0.073	0.83	1.498	0.525	109.422
四川宜宾凉姜沟	0.86	0.661	1.114	0.525	92.519
四川泸州沱江二桥	0.453	0.591	1.385	0.925	112.022
湖北丹江口胡家岭	0.78	0.651	1.037	0.5	86.551
湖南长沙新港	0.493	0.886	1.673	0.975	133.689
湖南岳阳岳阳楼	0.047	0.627	1.708	0.65	122.234
湖北武汉宗关	0.367	0.821	1.225	0.575	96.882
江西南昌滁槎	0.74	1.171	1.818	0.275	133.717
江西九江蛤蟆石	0.093	0.746	1.174	0.575	90.354
江苏扬州三江营	0.113	0.761	1.468	0.9	114.839

经过以上分析，溶解氧的浓度越大，ECI 值越低；氨氮含量和高锰酸盐浓度越低，ECI 值也越小。这与《地表水环境质量标准》的等级划分是一致的。ECI 评价标准将多项指标合而为一，用一个综合数值定量表示出来，更有其优越性。

此外，参照国内外各种指数的分组方法，结合长江水环境的具体情况，为 ECI 设计了以下四级标准，如表 2-7 所示。通过对综合指数进一步分级，就能从整体上更为全面地了解和把握各地区的水质状况。

表 2-7　ECI 分类

分级	生态指数 ECI	评语
A	<50	水体生态系统健康状态良好，清洁
B	50~100	水体生态系统健康状态一般，轻污染
C	100~150	水体生态系统健康状态偏差，中污染
D	>150	水体生态系统健康状态差，重污染

综合两年来的数据可以看出湖北、湖南、四川等地区的污染比较严重。

2.3　应用案例——医疗体系评价（ICM2008C）

每个国家都有自己的医疗保健体系，而经常出现在新闻报道中的问题是：什么样的体系更好，以及现有的体系是否可以得到进一步改善？在很多国家，医疗保健体系在很多方面是不同的。应当考虑一些重要因素，例如，它们如何提供资助？是否通过公共、私人或非营利组织来提供服务？是否所有居民都享有公共保险？谁有资格寻求帮助？都有哪些保健项目？最新的医疗措施是否可供使用，以及有多少需要交纳费用？还有一些其他因素，在讨论和判定医疗服务质量时往往也需要考虑，包括补充护理（配镜、牙科、假肢、处方药等）的覆盖率，影响公共健康的最关键因素，国民生产总值中用于医疗保健部分所占的百分比，医疗保健费用中用于劳动、行政、医疗事故保险部分所占的百分比，公共与私人医疗服务支出的比例，人均医疗保健支出及其增长率，参与医师人数，人均病假天数，针对不同年龄、种族、性别、社会经济阶层的保健状况等。除了以上因素，通常还应考虑与健康有关的其他因素的影响，如，个人锻炼、粮食供应、气候、公民就业和吸烟习惯等。

世界卫生组织（WHO, World Health Organisation）具有建立和公布卫生统计报告的重要作用，它是世界卫生因素统计资料的重要来源。世界卫生报告每年针对全球健康因素进行评估（http://www.who.int/whr/en/index.html），世界卫生统计报告提供了联合国各成员的卫生统计数据（http://en.wikipedia.org/wiki/world_health_organisation）。这些数据以及相关的分析通常被认为是针对整个世界医疗保健状况的公正且十分有价值的信息。除此之外，还有许多其他来源可靠的卫生统计数据可用。请描述几个不同的指标，用来有效评估一个国家的医疗保健体系，如居民的平均预期寿命。考虑使用什么指标来比较现有的和潜在的系统？试着将多种衡量标准有机结合，使它们能更好地衡量现行的医疗保健体系的质量。

医疗保健体系越来越受到人们的重视，不同医疗保健体系的建立，将会对社会产生一系列不同的影响，例如公平性、可获得性、效益和效率，以及人们对该体系的满意度等。因此，根据若干个评价标准对不同的医疗保健体系进行评估和比较，即建立医疗保健评估系统，具有深远意义。

为了进一步提高医疗保健系统的水平，很多国家和地区都在进行医疗改革，致力于提高医疗保健系统的效率和公平性，这需要一个合理而又科学的医疗保健体系评估系统。建立一个对医疗保健系统科学合理的评价指标体系和评估方法一直是人们所希望的，因为有了这样一个科学合理的评价指标体系和评估方法，就能得到一个衡量现有医疗保健系统的优劣及医疗改革成功与否的基准，并用它来指导医疗改革方向。然而，针对医疗保健系统的评估一直没有一个让所有人都满意的解决方法。

原因之一是各国国情（尤其是经济方面和文化方面）的不同，因此，要想找到一个放之四海而皆准的标准变得非常困难。另一个原因是关于国民健康的很多指标是否应该纳入评估标准仍是有争议的。关于反映国民健康水平的因素可以在 WHO 的年度世界卫生报告（Annual World Health Report）中找到，而关于世界各国卫生健康的状况可在世界卫生组织信息统计系统（WHOSIS, WHO Statistical Information System）中得到。

人们普遍关注的问题主要是医疗体系以及医疗质量两个方面。关于医疗体系，主要涉及医疗经费、公共和私人医疗、居民医保以及医疗费用等问题。而决定医疗质量的主要因素包括医疗覆盖率、影响人民总体健康水平的主要疾病医疗花费占 GDP 的比重、从事医疗事业人员的数量以及医疗的公平性等。由此可见，对一个国家医疗保健系统的评价需要考虑的因素是很多、很复杂的。因此，首先需要一个较为客观、全面的评价指标体系，用以衡量一个国家的医疗水平。其次，要建立一个科学、公正的评估模型，用于评估一个国家的医疗保健系统。

为了有效地评价不同国家的医疗卫生保健系统，基于层次分析法的灰色关联评估模型将从前期投入、中期表现和后期影响这三个角度来筛选合适而又有效的度量标准，使用层次分析法确定最终评价度量标准及其权重。

评估指标体系的建立

为了客观、全面地评价一个国家的医疗卫生保健系统，通过查阅大量资料和对各个国家的医疗保健系统的细致分析，可列出效率、受益率、适应性、政府作用、基本框架等方向性指标。并根据世界卫生组织一年一度的世界卫生报告和世界卫生统计报告提供的联合国各成员的卫生统计资料及数据，确定以下 20 个评价度量标准：人均总医疗支出、医疗支出总额占 GDP 的比例、政府总体卫生支出占政府总支出的比例、5 岁以下儿童的死亡率、每万人医生（护士）密度、每万人床位、卫生设施可获得率、有医生在场的分娩率、医疗保险覆盖率、65 岁以上人群在总人口中比率的增长率、国民生产总值中医疗费的变化率、个人医疗费比例、卫生费用占国民生产总值之比的变动幅度、人均 GDP、贫穷人口数、城市人口比例、人均预期寿命、安全饮用水的可得率、净入学率、成人吸烟比例等。

为了避免可能的歧义，对部分度量标准的含义作了确切的说明。

- 人均总医疗支出：医疗总费用与人口数之比，反映了一个国家的医疗卫生投入水平。
- 有医生在场的分娩率：指在熟练的医护人员护理下的分娩数占分娩总数的百分比，反映了一个国家妇婴保健的水平。
- 卫生设施可获得率：指能够享用卫生设施的人口占总人口的百分比，说明了基本的生活卫生设施等条件的满足程度。
- 医疗保险覆盖率：指全体国民所能获取的总体医疗保险覆盖率，包括强制的国家、社会基本医疗保险和私人商业保险等各类医疗保险。
- 每万人医生（护士）密度：每万人拥有的医生（护士）数。反映了为一个国家的国民提供医疗服务的卫生人力资源的可及性。

● 每万人床位：即每万人拥有的病床数。代表国民所能得到的医院服务设施可及性。

● 人均预期寿命：可以反映一个社会生活质量的高低。社会经济条件、卫生医疗水平限制着人们的寿命。所以，不同的社会、不同的时期，人类寿命有着很大的差别。同时，由于体质、遗传因素、生活条件等个人差异，也使每个人的寿命长短相差悬殊。因此，虽然难以预测具体某个人的寿命有多长，但可以通过科学的方法计算并告知在一定的死亡水平下，预期每个人出生时平均可存活的年数，它是根据婴儿和各年龄段人口死亡的情况计算后得出的，是指在现阶段每个人如果没有意外，应该活到的一个年龄。

为了全面地分析医疗保健系统的工作及其成果，考虑从前期投入、中期表现、后期影响三个方面来分析一个国家医疗保健体系的有效性。

在前期，要保证一个国家的医疗保健体系能够正常运行，就需要政府和群众投入大量的资金、人力、物力等。一般地，医疗支出总额占 GDP 的比例、政府总体卫生支出占政府总支出的比例、人均总医疗支出这 3 个度量标准能较好地、定量地体现国家的前期投入水平。

在医疗保健系统正常运行之后，人们将得到公平的资源分配来提高自身的健康状况。其具体表现在医生在场分娩率、卫生设施可获得率、医疗保险覆盖率、医生密度、护士密度、每万人床位这几项度量标准上。只有每个人都享受到了更多的医生、护士的护理和更多的医疗设备，卫生状况才能得到较大的改善。

医疗保健系统之所以被重视，原因是其不可忽略的长远利益。到了后期，当个人的医疗条件得到满足时，一个国家的总体指标将得到提升。具体体现在人均预期寿命增长，5 岁以下儿童死亡率减小，15～60 岁人口死亡率也减小。

据此，得到以下度量标准的层次关系（见图 2-4）。

为了进一步精简并优化指标体系，应用层次分析法（AHP），选择尺度 1～9 对上述层次结构构造判断矩阵，得到各度量标准的权重结果如表 2-8 所示。

表 2-8 指标体系中各度量标准的权重

度量标准	权重
医疗支出总体比例	0.0174
政府总体卫生支出占政府总支出比例	0.0349
人均医疗支出	0.0697
医生在场分娩率	0.036
卫生设施的可获得率	0.032
医疗保险覆盖率	0.0202

(续)

度量标准	权重
医生密度	0.0641
护士密度	0.0453
每万人床位	0.032
人均预期寿命	0.4888
5岁以下儿童死亡率	0.1496
15~60岁人口死亡率	0.0499

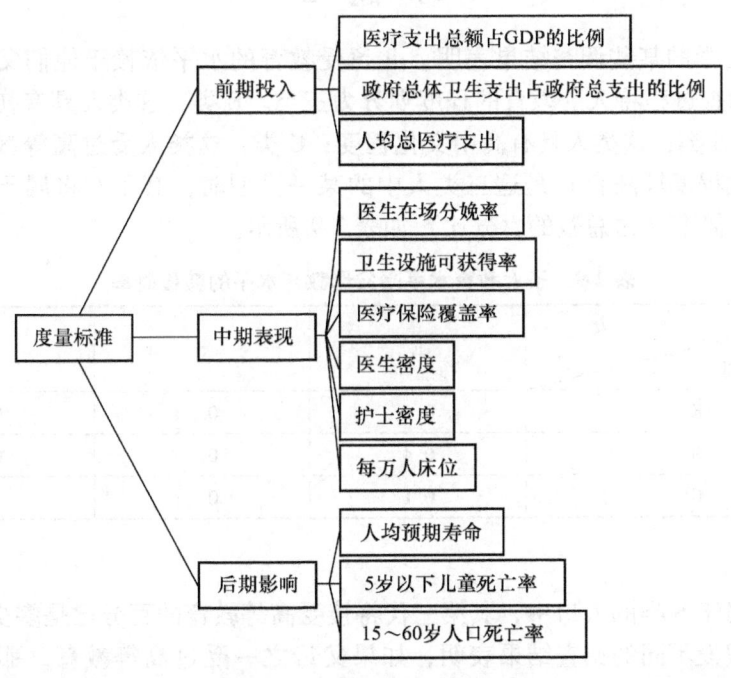

图 2-4 度量标准的层次关系

依据表2-8权重所反映的各指标的重要程度,从大到小选取并确立指标体系。

虽从理论上分析,医生在场分娩率和医疗保险覆盖率这两项度量标准与医疗保健评估系统联系较为紧密,但其权重较小,且由于数据的不完整,不考虑这两项指标的影响。另一方面,评价一个国家医疗保健系统的好坏,并不能直接看政府投入资金的多少,一个好的医疗保健体系,其目标在于投入较少的资金,获得最大的效益。因此,不将该项度量标准纳入最终的评估体系。资金投入的多少与医疗保健系统的有效性并不是简单的正相关关系,应该是资金资源的使用效率,故引入资金使用效率的两个概念,作如下定义:

$$\text{医疗支出总额占 GDP 的比例效率} = \frac{\text{人均预期寿命的增长量}}{\text{医疗支出总额}}$$

$$\text{人均总医疗支出效率} = \frac{\text{人均预期寿命的增长量}}{\text{人均总医疗支出}}$$

据此,最终筛选出的度量标准是人均预期寿命、5 岁以下儿童死亡率(每千人)、15~60 岁人口死亡率(每千人)、人均总医疗支出效率、医疗支出总额占 GDP 的比例效率、卫生设施的可获得率、医生密度(每万人)、护士密度(每万人)、床位(每万人),共 9 个评价度量标准。

习 题 2

1. 社会学的某些调查结果表明,儿童受教育的水平依赖于他们父母受教育的水平。调查过程将人受教育的程度划分为三类。E 类:这类人具有初中或初中以下程度;S 类:这类人具有高中文化程度;C 类:这类人受过高等教育。当父母(指文化程度较高者)是这三类人中的某一类型时,其子女将属于这三类中的任一类的概率(占总数的百分比)如表 2-9 所示。

表 2-9 子女教育水平受父母教育水平的转移概率

父母 \ 子女	E	S	C
E	0.6	0.3	0.1
S	0.4	0.4	0.2
C	0.1	0.2	0.7

问题:

(1) 属于 S 类的人口中,其第三代将接受高等教育的百分比是多少?

(2) 假设不同的调查结果表明,如果父母之一受过高等教育,那么他们的子女总是可以进入大学,修改上面的概率转移矩阵;

(3) 根据 (2),每一类人口的后代平均要经过多少代,最终都可以接受高等教育?

2. 人带着猫、鸡、米过河,船除需要人划外,至多能载猫、鸡、米之一,而人不在场时猫要吃鸡,鸡要吃米。试设计一个安全过河方案,并使渡河次数尽量少。

3. 三个商人各带一个随从乘船过河,已知小船只能容纳 2 人,由他们自己划船。三个商人窃听到随从们密谋,在河的任意一岸上,只要随从的人数比商人多,就杀掉商人。但是乘船渡河的决策权在商人手中,商人们如何安排渡河计划才可以确保自身安全?

4. 小王夫妇要购买一套 60m² 的两居室住房, 共 60 万元, 一次性付清。他们自己设法筹集到 24 万元, 另外 36 万元申请抵押贷款。月利率为 0.005 (每年的利率约为 0.0588), 期限为 25 年。试问小王要付多少钱?

去某家银行办理上述抵押贷款时, 这时另一家银行的一则广告吸引了他们:"我行可以在不增加还款数额的条件下帮您提前还清欠款。"小王夫妇去了该银行, 接待他们的业务员针对他们的情况提出:"您每两星期向我行交 1159.75 元 (2319.5 元的一半), 即可提前一年多还清贷款, 但为了信誉, 要求您先预付三个月的还款。"听着这个确实使他们心动。那这是怎么回事呢? 这能使他们更加受益吗?

5. 洗衣服无论是机洗还是手洗, 漂洗是一个必不可少的过程, 而且要重复进行多次。那么, 在漂洗的次数与水量一定的情况下, 如何控制每次漂洗的用水量, 才能使衣物洗得最干净?

6. 某地区有 12 个气象观测站, 10 年来每个观测站的年降水量如表 2-10 所示。为了节省开支, 想要适当减少气象观测站。问题: 减少哪些气象观测站可以使所得的降水量的信息量仍然足够大?

表 2-10 10 年 12 个观测站的年降水量

年份\地点	x1	x2	x3	x4	x5	x6
1981	276.2	324.5	158.6	412.5	292.8	258.4
1982	251.6	287.3	349.5	297.4	227.8	453.6
1983	192.7	436.2	289.9	366.3	466.2	239.1
1984	246.2	232.4	234.7	372.5	460.4	158.9
1985	291.7	311	502.4	254	245.6	324.8
1986	466.5	158.9	223.5	425.1	251.4	321
1987	258.6	327.4	432.1	403.9	256.6	282.9
1988	453.4	365.5	357.6	258.1	278.8	467.2
1989	158.5	271	410.2	344.2	250	360.7
1990	324.8	406.5	235.7	288.8	192.2	284.9

年份\地点	x7	x8	x9	x10	x11	x12
1981	334.1	303.2	292.9	243.7	159.7	331.2
1982	321.5	451	466.2	307.5	421.1	455.1
1983	357.4	219.7	245.2	411.1	357	353.2
1984	298.7	314.5	256.6	327	296.5	423
1985	401	266.5	251.3	289.9	255.4	362.1

（续）

年份\地点	x7	x8	x9	x10	x11	x12
1986	315.4	317.4	246.2	277.5	304.2	410.7
1987	389.7	413.2	466.5	199.3	282.1	387.6
1988	355.2	288.5	453.6	315.6	456.3	407.2
1989	376.4	179.4	159.2	342.4	331.2	377.7
1990	290.5	343.7	283.4	281.2	243.7	411.1

7. 兔子出生两个月以后就能生小兔，如果每月生一次且恰好一对小兔，且出生的兔子都成活，试问一年以后共有多少对兔子，两年后有多少对兔子？

8. 设一农业研究所植物园中某植物的基因型为 AA、Aa 和 aa。研究所计划采用 AA 型的植物与每一种基因型植物相结合的方案培育植物后代，问：经过若干年后，这种植物的任意一代的三种基因分布如何？

9. 一位大四学生正在从若干个招聘单位中挑选合适的工作岗位，他考虑的主要因素包括发展前景、经济收入、单位信誉、地理位置等。试建立模型给他提出决策建议。

10. 近年来我国淡水湖水质富营养化日趋严重，如何对湖泊水质的富营养化进行综合评价与治理是摆在我们面前的一项重要任务。表 2-11 和表 2-12 分别为我国 5 个湖泊的实测数据和湖泊水质评价标准。

表 2-11 全国 5 个主要湖泊评价参数的实测数据

湖泊\指标	总磷（mg/L）	耗氧量（mg/L）	透明度（mg/L）	总氮（mg/L）
杭州西湖	130	10.30	0.35	2.76
武汉东湖	105	10.70	0.40	2.0
青海湖	20	1.4	4.5	0.22
巢湖	30	6.26	0.25	1.67
滇池	20	10.13	0.50	0.23

表 2-12 湖泊水质评价标准

评价参数	极贫营养	贫营养	中营养	富营养	极富营养
总磷	<1	4	23	110	>660
耗氧量	<0.09	0.36	1.80	7.10	>27.1
透明度	>37	12	2.4	0.55	<0.17
总氮	<0.02	0.06	0.31	1.20	>4.6

11. 企业留成利润的合理使用问题

某工厂在扩大企业自主权后，有一笔企业留成利润要由厂领导和职工代表大会决定如何使用。可供选择的方案有：作为奖金发给职工；扩建职工食堂、托儿所等福利设施；开办职工业余学校和短训班；建立图书馆、职工俱乐部和业余文工队；引进新技术设备等。为进一步促进企业发展，这家企业应如何使用这笔利润？

第 3 章　数据的描述与处理方法

在具体的数学建模过程中，为了解决某一实际问题，有关信息的获取和掌握是必要的。这些信息的具体表现形式往往就是数据。例如，要回答某个城市的居民收入水平如何，就必须对该城市的居民进行关于收入方面的调查；要回答某个地区的大气污染情况如何，必须有相应的观测数据；要知道某种新开发药物的疗效如何，必须有相关的临床试验数据；要度量北京奥运会的举办对北京地区及全国旅游业的影响，必须掌握和旅游有关的一些数据；要研究某种植物叶子面积和叶子质量的关系，必须要有一些观测数据，然后依靠这些数据去挖掘进一步的信息。不难看出，很多情况下，数据分析是实际问题分析的重要组成部分，也是实际问题是否能得到完善解决的关键。

本章介绍如何用简单图表和少数的一些数字来概括数据的某些特征。另外，还将介绍数据的插值、回归分析、判别分析和聚类分析这些常用的数据处理方法。

3.1　数据的描述性分析

当通过某种方式获取了需要的数据后，接下来要做的就是整理和分析数据，从中得出有用的结论。实际问题分析中，我们面对的是一个个具体的数据，比如某个班级 80 个学生的一次高等数学成绩。成绩单上这具体的 80 个数据就包含了所有的成绩信息，然而当我们自己了解或者向别人介绍这个班级的考试成绩情况时，浏览成绩单或者给别人读出这 80 个数据是很难抓住有用信息的，因此有必要对这 80 个数据进行基本的归纳，了解其关键特征。现实中，了解了班级平均分，最高分和最低分，优良中差各有多少人这几个基本信息就对班级的整体考试情况有了相对全面的认识。这几个关键的数字就描述了这 80 个成绩的重要特征，进而获取了最重要的信息。这样就将 80 个具体的数字压缩到几个关键数字，而整个数据所包含的信息绝大部分已经被提取出来。当然，如果用一个图或者一张表，能更直观的描述出这张成绩单。这个分析过程就是对数据进行简单分析的过程，在统计学中称为描述性统计分析。本节介绍如何用简单图表和少数的一些数字来概括数据的某些特征，此外还将介绍常用的概率分布。

3.1.1　常用的统计图形

通过各种渠道将数据收集上来以后，需要对数据进行基本的整理分析，以发现数据中的一些基本特征，为进一步分析提供思路和依据。将数据绘制成统计图形，能够概括性的描述数据，直观而简洁地反映出数据的特性。

例 3.1 表 3-1 是某班级 5 个学生的成绩单，包含了学生的姓名、性别、具体分数和所处的等级。

表 3-1　5 个学生的高等数学成绩

姓　　名	性　别	分　　数	等　　级
张芳	女	76	中
王力	男	83	良
李燕	女	93	优
赵强	男	65	差
刘刚	男	45	不及格

在利用数据进行绘制图形时，首先要弄清所面对的是什么特点的数据，因为对于不同特点的数据，能够有效的反映数据特征的图形是不同的。一般来说，按照所采用的计量尺度的不同，可以将统计数据分为分类数据、顺序数据和数值型数据，其中分类数据和顺序数据属于定性数据，而数值型数据属于定量数据。

分类数据是只能归于某一类别的非数字型数据，它是对事物进行分类的结果，数据表现为类别，是用文字来表述的。比如例 3.1 中学生的性别分为男、女两类，在数据分析中，可以用 1 来表示"男性"，用 0 来表示"女性"，显然这里的 1 和 0 并不是真正意义上的数值。

顺序数据是只能归于某一有序类别的非数字型数据。显然顺序数据也是分类数据，只不过这里的类是有序的。例 3.1 中学生的成绩等级分为优、良、中、差和不及格 5 类，产品可以分为一等品、二等品和三等品三类，一个人的受教育程度可以分为文盲、小学、中学、大学及以上 4 类。同样我们也可以用数字代表类别，比如用 1 代表"优"，2 代表"良"，3 代表"中"，4 代表"差"，5 代表"不及格"。

数值型数据是按数字尺度测量的观察值，其结果表现为具体的数值。比如例 3.1 中学生的具体分数、居民的年龄、家庭的收入等。实际问题中我们处理较多的就是这种数据。

对于数据，可以采用合适的图形将其特点和有用的信息展示出来。常用的统计图形主要包括条形图、饼图、直方图、箱线图、茎叶图、线性图、散点图等。对于分类数据和顺序数据这两类定性数据，采用的图形主要是条形图和饼图；对于定量数据，采用的图形主要是直方图、箱线图、茎叶图、时间序列图和散点图等。

3.1.2 数据的概括性度量

利用统计图形展示数据，可以对数据的分布形态有一个直观的了解，但是要进一步掌握数据的分布特征，还需要找到能够反映数据分布的特征值，即用少量的数字去概括数据。由数据本身无法看出其分布特征，由于特征值是对数据的一种集中概括，所以能够让人们对数据有一个简单而又直接的了解。正如认识一个人，当我们向其他人介绍这个人的形体特征时，说的往往就是高矮胖瘦几个重要的特点，而不需要或者根本不可能介绍其全面情况。

"不患寡，而患不均"，多与寡、均与不均正是我们关心的两个问题。以某个地区的居民收入为例，我们一方面关心大部分居民的收入达到了什么样的水平，比如这个地区的人均 GDP 是否超过了 3000 美元。现实生活中，不仅要关心人均 GDP 是否达到 3000 美元，还要关心就是贫富差距问题，基尼系数经常用来描述贫富差距。很显然，人均 GDP 达到什么样的水平和贫富差距反映的并不是一个问题，二者不能相互代替。从数据角度来说，这两个问题关心的就是能反应数据信息的两个重要特征，一个是集中趋势，另一个是离散程度。

例 3.2 在公司的一次薪酬调查中，得到同部门的 19 个员工的工资（单位：元）如下：

1500，1050，1130，850，1080，2000，1250，1630，1430，1270，1250，1380，1670，1730，1640，1250，1450，1250，1180。

1. 集中趋势的度量

我们常说一班的成绩好，二班的成绩差，也常说这个地区富裕，那个地区贫困。这些结论是怎样得到的呢？一班的成绩好并不意味着它的每一个同学都比二班的所有同学成绩好。不管有没有学过统计学，读者都能体会到这里说的一班的成绩好，其实指的是一班的大部分同学的成绩好，或者平均起来成绩好。为了对一班和二班的成绩做对比，就要找到能衡量班级大部分或者平均学生的成绩情况，如果能用一个具体的数字来表示，那就更便于比较了。以上说法实际上是关于数据中观测值的"中心位置"或者数据分布的中心的某种表述。一般来说，将数据的这种特征称之为集中趋势。集中趋势是指一组数据向某一中心值靠拢的程度，它反映了一组数据中心点的位置所在。根据数据的不同类型，描述集中趋势的统计量主要包括众数、中位数、四分位数和平均数。

众数（Mode）是一组数据中重复出现次数最多的数值。当数据值没有重复的时候（一般出现在连续的定量变量），众数就没有意义了。众数主要用于描述定性数据和离散的定量数据，而且只有在数据较多时才有意义。众数不受数据中极端值的影响。如例 3.2 中，众数为 1250，出现次数为 4（Excel 中可用 Mode 函数求解）。

中位数（Median）是一组数据排序后处于中间的那个数（如果数据个数为奇数）或者中间两个数的平均（如果数据个数为偶数）。中位数将所有的数据分成两部分，一半的数据小于它，一半的数据大于它。中位数主要用于描述定量数据的中心位置，而且不受极端值的影响。如例 3.2 中，将数据从小到大排列后，可以得到中位数为 1270（Excel 中可用 Median 函数求解）。

四分位数（Quartile）是一组数据排序后处于 25% 和 75% 位置上的值。处于 25% 位置的称为下四分位数，处于 75% 位置的称为上四分位数。与众数和中位数一样，四分位数同样也不受极端值的影响。如例 3.2 中，将数据从小到大排序后，可以得到下四分位数为 1180，上四分位数为 1630（Excel 中可用 Quartile 函数求解）。

平均数（Mean）是一组数据相加后除以数据的个数而得到的数值，它是对所有数据综合后得到的结果。相比中位数，平均数更经常被用来描述定量数据的中心位置，但平均数容易受极端值的影响，不如中位数稳定，故在描述存在极端值的数据时，一般用中位数。如例 3.2 中，平均数为 1368，中位数为 1270，若将最高工资 2000 改为 10000，中位数依然为 1270，但平均数则变为 1789（Excel 中可用 Average 函数求解）。

2. 离散程度的度量

离散程度是数据分布的另外一个重要特征，它反映的是各变量值远离其中心值的程度。用来描述离散程度的统计量主要包括极差、方差和标准差。

极差（Range）是一组数据的最大值与最小值之差，是描述数据离散程度的最简单的数值，易于理解，但容易受极端值的影响，而且由于极差只是利用了一组数据两端的信息，不能反映出中间数据的分散状况，因而并不能准确地描述数据的分散程度。如例 3.2 中，最大值为 2000，最小值 850，则极差为两者之差 1150。

方差（Variance）是一组数据中各数据值与其平均数之差的平方的平均数；标准差（Standard Deviation）则是方差的平方根。方差与标准差是实际中应用最广泛的离散程度测度值，它反映了每个数据与其平均数相差的程度，因而能够准确地反映出数据的离散程度。如例 3.2 中，数据的方差为 77895.32，标准差为 279.1（Excel 中可用 Var 函数求解方差，用 Stdev 函数求解标准差）。

3. 偏态和峰态的度量

对于一组实际数据，除了关心前面所说的集中趋势和离散程度以外，经常还要关心数据的偏斜程度和峰的情况。偏态系数和峰态系数主要用于描述一组数据的分布形态。

偏态系数（Coefficient of Skewness）是对数据分布不对称性的度量值，用于测量数据分布的非对称性程度。如果偏态系数为 0，则分布为对称，如果偏态系数明显不同于0,则分布是非对称的。若偏态系数大于1或小于-1,则被认为高度偏态;若偏态系数在0.5~1或者-1~-0.5之间,则被认为是中等偏态;偏态系数越接近0,偏斜程度就越低。偏态系数大于0,则为左偏;偏态系数小于0,则为右偏。如例3.2中,数据的偏态系数为0.418,说明工资的分布有一定的偏斜,且为左偏(Excel中可用Skew函数求解偏态系数)。

峰态系数(Coefficient of Kurtosis)是对数据分布峰态的度量值,用于测度数据分布的平峰或尖峰程度。峰态通常是与标准正态分布相比较的,如果一组数据服从标准正态分布,则峰态系数的值为0;如果峰态系数大于0,则分布比标准正态分布更尖,分布更集中,称为尖峰分布;如果峰态系数小于0,则分布比标准正态分布还平,分布更分散,称为平峰分布。如例3.2中,数据的峰态系数为0.137,说明工资的分布较为集中,为尖峰分布(Excel中可用Kurt函数求解峰态系数)。

3.1.3 常见概率分布

前面两节讲的是对于实际数据如何做描述性分析以获取有关的信息,值得注意的是,前面的分析仅仅针对所拥有的实际数据,那么,在实际问题中,我们关心的问题仅仅是手上的数据吗?要检验某种品牌产品的质量,不可能将该品牌的产品全部进行检查,只能按照某种准则抽取一部分进行检查。要研究某种新开发药物的疗效,也只能通过一部分人进行试验。要了解北京市居民的家庭年收入情况,在时间和经费的限制下,也不可能将北京市所有的家庭全部进行调查,只会抽取一部分家庭(比如5000户)进行调查。显然,可以看到,我们关心的是北京市所有家庭的年收入情况,但是实际上却只拥有5000户家庭的年收入数据。在这里,单个家庭的年收入称之为**个体**,北京市的所有家庭的年收入为一个**总体**,而根据一定的原则抽取出来的5000户家庭的年收入则为该总体的一个**样本**。对于这5000户居民的家庭收入数据,可以利用前面两节介绍的方法进行描述性分析,但是这仅仅是对这5000个样本数据做分析。我们真正关心的问题是研究整个北京市的家庭收入情况,比如北京市居民平均家庭年收入有没有达到10万元,平均家庭年收入在20万元以上的占多大比例等。为了进行这样的研究,必须对总体的情况做研究。下面要讲的就是常用的概率分布。

认识一个随机变量,除了要知道其可能取值或者在哪个区间取值以外,还要知道取这些值的概率是多少。了解了这两个方面,就对随机变量有了一个全面的认识。随机变量取一切可能值或范围的概率或概率的规律称为概率分布(Probability Distribution),简称分布。读者可能会提出疑问,既然已经定义了事件的概率,为什么还要引入概率分布。事件的概率只是表示一次试验某一个结果发生的可能性大小,但是若要全面了解试验,则必须要知道试验的全部可能结果及各种可能结果发生的概率,即必须知道随机试验的概率分布,也就是说,对于随机变量来讲,不仅关心它取哪些值,更关心它以多大的概率取那些值,即研究随机变量的统计规律性——分布函数。下面,简单介绍一些常用的概率分布。根据取值情况的不同,随机变量可以分为离散型和连续型两类。

1. 离散型随机变量的概率分布

离散型随机变量在日常生活中是很常见的。比如,掷一次骰子出现的点数、单位时间内路过某个路口的行人数、打靶100次打中的次数等。显然,这类随机变量的取值是有限个(骰子出现的点数只能是1点至6点中的其中一种)或者可数的(单位时间内路过某个路口的行人数可以是0和任意一个正整数),每一种取值都有与之对应的概率,各种取值点的概率之和应该是1。用符号来表示就是,离散随机变量 X 的所有可能取值是 x_1, x_2, $\cdots$, x_n, $\cdots$, 而且取可能值 x_i 的概率为 $P(X=x_i) = p(x_i)$,且这些概率满足 $\sum_{i=1}^{\infty} p(x_i) = 1$ 且 $0 \leq p_i \leq 1$,则称这组概率 $\{p(x_i)\}$ 为随机变量 X 的分布列,或 X 的概率分布。

只要知道了一个随机变量的概率分布,就知道了该随机变量能以多大概率取什么样的值。在此基础上,我们就可以计算 $P(X=a)$、$P(X>a)$、$P(X<a)$、$P(b<X<a)$ 这类概率值了。

下面是几种常见的离散分布。

(1) 0-1 分布(两点分布)

随机变量 X 只有两种取值,比如,抛一枚硬币只能出现正面或反面两种情形;检查一个产品只有合格和不合格两种可能。我们不妨记 X 为出现硬币正面的次数,或者合格产品的数量,那么 X 的取值就是0或1。如果再知道对应的概率,那么 X 就有如下概率分布 $P(x=1)=p$,$P(x=0)=q$,其中 $0 \leq p \leq 1$,$q=1-p$。具有这类性质的随机变量 X 被称为参数为 p 的两点分布或0-1分布,记为 $X \sim B(1, p)$。

(2) 二项分布(Binomial Distribution)

只有两种可能结果的随机试验称为伯努利(Bernoulli)试验。比如抛掷硬币有正面和反面两种可能,打一次靶有打中和未打中两种可能,每个出生的婴儿在性别上只有男和女两种可能。如果将伯努利独立试验重复进行 n 次,则称这一串重复的独立试验为 n 重伯努利试验。为了方便,我们将试验中的两种结果分别记为"成功"和"失败",显然这是广义上的定义。与伯努利试验相关的问题经常是,对于 n 重伯努利试验,每次成功的概率是 p,那么成功 k 次的概率是多少。比如独立抛100次硬币,感兴趣的是出现70次或80次正面的概率是多大,而对具体的第几次是正面或反面没有兴趣。同样,打靶100次,感兴趣的同样是打中60次或者打中次数不小于60次的概率,而不是具体的第几次是否打中。

一般地，在 n 重伯努利试验中，若以 X 表示成功的次数，则 X 可能的取值为 $0, 1, 2, \cdots, n$，随机变量 X 的分布律 $P(X = x) = C_n^x p^x (1-p)^{n-x}$（其中 $x = 0, 1, \cdots, n$，$0 < p < 1$），称 X 服从参数为 n 和 p 的二项分布（也称伯努利分布），记为 $X \sim B(n, p)$。

(3) 泊松（Possion）分布

另外一个常用的离散型分布就是泊松分布（也叫普阿松分布），它用来衡量某种事件在一定时间或空间上出现的数目。比如，一定时间内光临某超市的顾客人数，打入总机的电话数目，放射性物质放射出来并到达某区域的粒子数，到车站等候公共汽车的人数等。此外，在生物和医学研究中，服从泊松分布的随机变量也是常见的。例如，一定畜群中某种患病率很低的非传染性疾病患病数或死亡数，畜群中遗传的畸形怪胎数，每升饮水中大肠杆菌数，计数器小方格中血球数，单位空间中某些野生动物或昆虫数，医院门诊单位时间内就诊患者数等。

设随机变量 X 可取一切非负整数值，且 $P(X = k) = \dfrac{\lambda^k}{k!} e^{-\lambda}$，$(k = 0, 1, 2, \cdots$，且 $\lambda > 0)$，则称 X 服从参数为 λ 的泊松分布，记为 $X \sim P(\lambda)$。

2. 连续型随机变量的概率分布

与前面的离散型随机变量不同，连续型随机变量是在连续区间上取值。连续性随机变量的定义一般是通过概率密度函数和分布函数来刻画的，本书在此不做介绍。下面介绍几类常见的连续性随机变量。

(1) 均匀分布（Uniform Distribution）

若连续型随机变量 X 具有概率密度

$$f(x) = \begin{cases} \dfrac{1}{b-a}, & a < x < b \\ 0, & \text{其他} \end{cases}$$

则称 X 在区间 (a, b) 上服从均匀分布，记为 $X \sim U(a, b)$。

均匀分布是最简单的连续型分布，它的取值范围是一个区间，比如 (a, b)。均匀分布中随机变量 X 取该区间上一个子区间的概率等于该子区间宽度与区间 (a, b) 的宽度之比。

(2) 正态分布（Normal Distribution）

如果随机变量 X 的概率密度为

$$f(x) = \dfrac{1}{\sqrt{2\pi}\sigma} e^{-\frac{(x-\mu)^2}{2\sigma^2}} \quad (-\infty < x < \infty)$$

其中 μ，σ^2 $(\sigma > 0)$ 为常数，则称 X 服从参数为 (μ, σ^2) 的正态分布（或高斯分布），记为 $X \sim N(\mu, \sigma^2)$。

正态分布是在实际数据分析中应用最为广泛的一种分布,现实生活中许多现象都可以由正态分布来描述。此外,许多统计分析方法都是以正态分布为基础的,还有不少随机变量的概率分布在一定条件下以正态分布为其极限分布。因此在统计学中,正态分布无论在理论研究上还是实际应用中,均占有重要的地位。

(3) 指数分布

指数分布是用于描述等待某一特定事件发生所需时间的一种连续型概率分布。例如,某产品的寿命、两辆汽车先后到达某加油站的间隔时间、某人接到一次错拨号码的电话所等待的时间等。

如果随机变量 X 具有如下的概率密度函数

$$f(x) = \begin{cases} \lambda e^{-\lambda x}, & x \geqslant 0, \\ 0, & x \leqslant 0 \end{cases}$$

其中 $\lambda > 0$ 为常数,则称 X 服从于参数为 λ 的指数分布,记作 $X \sim E(\lambda)$。

3.1.4 分布拟合检验

上一节介绍了常见的概率分布,但在实际的数据处理中,应如何判断一组数据服从概率分布呢,这就需要用到分布拟合检验。分布拟合检验属于非参数假设检验范畴,这里对于具体的计算公式暂不提及,主要介绍分布拟合检验中各种方法的原理以及软件实现。本节主要介绍 χ^2 拟合优度检验、柯尔莫哥洛夫检验和正态分布检验。

1. χ^2 拟合优度检验

χ^2 拟合优度检验是由英国统计学家 K. Pearson 于 1900 年提出的,既可以用于检验总体为离散型的场合,又可用于总体为连续性的场合;既可用于总体的理论分布是完全一致的情形,也可以用于总体的理论分布含有若干个未知参数的情形,因此,有着很广泛的应用。

χ^2 拟合优度检验的原理是将样本数据分组后,将各个分组的样本数据的频数与假定的总体分布落在对应分组的理论频数进行比较,如果差别不大,则可认为样本数据服从该分布,如果差别很大,则认为样本数据不服从于该分布。利用如下统计量进行检验:

$$\chi^2 = \sum \left(\frac{实际频数 - 理论频数}{理论频数} \right)^2$$

式中,求和项为分组数。当样本数据量足够大时,该统计量服从 χ^2 分布。

χ^2 统计量是各分组的实际观测频数与理论期望频数的相对平方偏差的总和,若 χ^2 值充分大,则应认为样本数据提供了理论分布与统计分布不同的显著证据,即假设的总体分布与总体的实际分布不符,从而应否定所假定的理论分布。所以,当给定显著性水平 α 时,就可以给出是否服从假定分布的判断。

2. 柯尔莫哥洛夫检验（K-S 检验）

柯尔莫哥洛夫检验是对 χ^2 拟合优度检验的部分改进。χ^2 拟合优度检验虽然有很多优点，但是从它的具体做法可以知道，这种检验法只是检验了实际分布与假定分布落在指定分组的频数是否相等，而并未真正检验实际分布是否为假定分布；而柯尔莫哥洛夫则会检验在每一点上经验分布函数（它集中了样本的信息）与总体分布函数之间的差异，从而克服了 χ^2 拟合优度检验依赖于区间划分的缺点，但同时柯尔莫哥洛夫检验的适用范围也受到了局限，它只适用于完全已知的连续分布的情形，如完全已知的正态分布、指数分布和均匀分布等。

3. 正态分布检验

由于正态分布的特殊性和重要性，统计学家提出了专门用于正态分布检验的方法。虽然正态分布可以用 χ^2 拟合优度检验和柯尔莫哥洛夫检验，但因为这些检验法是通用的，而不是针对某个具体分布的，所以如果把它们拿来做正态性检验，由于没有充分利用正态分布的特有信息，故效果不够好。本节主要介绍：正态概率图、W 检验和 D 检验。

(1) 正态概率图

正态概率图包括分位数图（Q-Q 图）和百分位数图（P-P 图），两者均为散点图。当图中的样本点基本分布在一条直线周围时，可以认为实际数据近似服从正态分布；如果样本点与直线的位置偏差比较大，则不能认为实际数据近似服从正态分布。

(2) W 检验

W 检验是由夏皮诺（Shapiro）和威尔克（Wilk）在 1965 年提出的，适用于数据量 $n \leqslant 50$ 的正态性检验。

(3) D 检验

D 检验是由达戈斯提诺（D'Agostino）在 1971 年提出的，适用的数据量的 $50 \leqslant n \leqslant 1000$，是一种比较精确的正态分布检验方法。

3.1.5 MATLAB 统计工具箱中的基本统计命令

1. 基本统计量

对随机变量 x，计算其基本统计量的命令如下。

均值：mean(x)　　　　中位数：median(x)
标准差：std(x)　　　　方　差：var(x)
偏　度：skewness(x)　　峰　度：kurtosis(x)

2. 常见概率分布的函数

MATLAB 统计工具箱中有 20 种概率分布，常见的几种分布的命令字符如下。

正态分布：norm　　　指数分布：exp　　　泊松分布：poiss

β 分布：beta　　威布尔分布：weib　　F 分布：F
χ^2 分布：chi2　　t 分布：t

工具箱对每一种分布都提供 5 类函数，其命令字符如下。

概率密度：pdf
概率分布：cdf
逆概率分布：inv
均值与方差：stat
随机数生成：rnd

当需要一种分布的某一类函数时，将以上所列的分布命令字符与函数命令字符连接起来，并输入自变量（可以使标量、数组或矩阵）和参数即可。

3. 密度函数

$$p = \text{normpdf}(x, mu, sigma)$$

当 mu = 0，sigma = 1 时可省略。

例 3.3　画出正态分布 $N(0, 1)$ 和 $N(0, 2^2)$ 的概率密度函数图形。

解　在 MATLAB 中输入以下命令：

```
x = -6:0.01:6;y = normpdf(x);z = normpdf(x,0,2);
plot(x,y,x,z)
```

结果如图 3-1 所示。

4. 概率分布

$$p = \text{normcdf}(x, mu, sigma)$$

例 3.4　计算标准正态分布的概率 $P\{-1 < X < 1\}$。

解　命令：p = normcdf(1) - normcdf(-1)
　　　结果：p = 0.6827

5. 逆概率分布

$$x = \text{norminv}(p, mu, sigma)$$

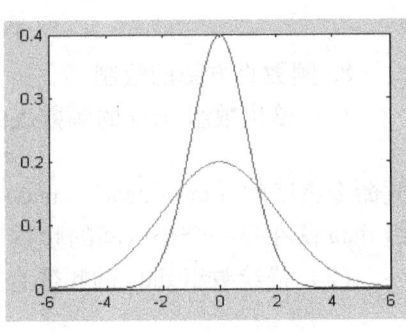

图 3-1　正态分布的概率密度函数

即求出 x，使得 $P\{X < x\} = p$，此类命令可用来求分位数。

例 3.5　取 $\alpha = 0.05$，求 $u_{1-\alpha/2}$。

解　$u_{1-\alpha/2}$ 的含义：$X \sim N(0, 1)$，$P\{X < u_{1-\alpha/2}\} = 1 - \alpha/2$

当 $\alpha = 0.05$ 时，$p = 0.975$，$u_{0.975} = \text{norminv}(0.975) = 1.96$。

例 3.6　计算均值为 594，标准差为 204 的正态分布随机变量的概率 0.01 的分位数。

解　　　　　norminv(0.01,594,204) = 119.4250

6. 均值与方差

$$[m, v] = \text{normstat}(mu, sigma)$$

例 3.7 求正态分布 $N(3, 5^2)$ 的均值与方差。

解 命令：`[m,v] = normstat(3,5)`

结果：m = 3, v = 25

7. 随机数生成

$$\text{normrnd(mu,sigma,m,n)}$$

产生 m × n 阶的正态分布随机数矩阵。

例 3.8

解 命令：`M = normrnd([1 2 3;4 5 6],0.1,2,3)`

结果：M = 0.9567　2.0125　2.8854
　　　　　3.8334　5.0288　6.1191

此命令产生一个 2×3 阶正态分布随机数矩阵，第一行三个数分别服从均值为 1、2、3 的正态分布，第二行三个数分别服从均值为 4、5、6 的正态分布，标准差均为 0.1。

应当注意，不同的分布其参数是不同的。正态分布的参数是均值 mu 和标准差 sigma，而 χ^2 分布和 t 分布的参数都是自由度 n，F 分布的参数是自由度 n_1 和 n_2。例如，χ^2 分布的分布函数为

$$P = \text{chi2cdf}(x, n)$$

8. 频数直方图的绘制

(1) 给出数组 data 的频数表的命令

$$[N,X] = \text{hist(data,l)}$$

此命令将区间 [min(data), max(data)] 分为 k 个小区间（默认为 10），返回数组 data 落在每一个小区间的频数 N 和每一个小区间的中点 X。

(2) 描绘数组 data 的频数直方图的命令

$$\text{hist(data,k)}$$

9. 参数估计

(1) 正态总体的参数估计

设总体服从正态分布，则其点估计和区间估计可同时由以下命令获得

$$[\text{muhat,sigmahat,muci,sigmaci}] = \text{normfit(X,alpha)}$$

此命令在显著性水平 alpha 下估计总体 X 的参数（alpha 默认时设为 0.05）；返回值 muhat 是 X 的均值的点估计值；sigmahat 是标准差的点估计值；muci 是均值的区间估计值；sigmaci 是标准差的区间估计。

(2) 其他分布的参数估计

若无法保证总体服从正态分布，则有两种处理办法：一是取容量充分大的样本（n > 50），按中心极限定理，它近似服从正态分布，仍可用上面的估计公式计算；二是使用 MATLAB 工具箱中具有特定分布总体的估计命令。常见的命令有：

1) [muhat,muci] = expfit(X,alpha)——在显著性水平 alpha 下，求指数分布的总体 X 的均值的点估计和区间估计。

2) [lambdahat,lambdaci] = poissfit(X,alpha)——在显著性水平 alpha 下，求泊松分布的总体 X 的参数 λ 的点估计和区间估计。

3) [phat,pci] = weibfit(X,alpha)——在显著性水平 alpha 下，求 Weibull 分布的总体 X 的参数的点估计和区间估计。

10. 假设检验

在总体服从正态分布的情况下，可用以下命令进行假设检验。

（1）总体方差 $sigma^2$ 已知时总体均值的检验用 z-检验

$$[h,sig,ci] = ztest(s,m,sigma,alpha,tail)$$

检验总体 x 的关于均值的某一假设是否成立，其中 sigma 为已知方差，alpha 为显著性水平，究竟检验什么假设取决于 tail 的取值：

tail = 0,检验假设"x 的均值等于 m";
tail = 1,检验假设"x 的均值大于 m";
tail = -1,检验假设"x 的均值小于 m";
tail 的默认值为 0,alpha 的默认值为 0.05。

返回值 h 为一个布尔值，h = 1 表示可以拒绝假设，h = 0 表示不可以拒绝假设，sig 为假设成立的概率，ci 为均值的 1 - alpha 置信区间。

例 3.9 MATLAB 统计工具箱中的数据文件 gas.mat 中提供了美国 1993 年 1 月份和 2 月份的汽油平均价格（price1 和 price2 分别是 1、2 月份的油价，单位：美分），它是容量为 20 的双样本。假设 1 月份油价的标准差是每加仑 4 美分 ⊖（sigma = 4），试检验 1 月份的均值是否等于 115。

解 首先假设 m = 115，取出总体，用以下命令：

$$load\ gas$$

然后用以下命令检验

$$[h,sig,ci] = ztest(price1,115,4)$$

返回 h = 0,sig = 0.8668,ci = [113.3970 116.9030]

检验结果：

1）布尔变量 h = 0，表示不能拒绝零假设，说明提出的假设均值 115 是合理的；

2）95% 的置信区间为 [113.4，116.9]，它完全包括 115，且精度很高；

3）sig 的值为 0.8668，远超过 0.5，不能拒绝零假设。

因此可以认为平均油价是 115。

（2）总体方差 $sigma^2$ 未知时总体均值的检验用 t-检验

⊖ 加仑（gal）是非法定计量单位。1US gal（美加仑）= 3.78541dm³。——编辑注

$$[h,sig,ci] = ttest(x,y,alpha,tail)$$

检验总体 x 的关于均值的某一假设是否成立,其中 alpha 是显著性水平,究竟检验什么假设取决于 tail 的取值:

tail = 0,检验假设"x 的均值等于 m";
tail = 1,检验假设"x 的均值大于 m";
tail = -1,检验假设"x 的均值小于 m";
tail 的默认值为 0,alpha 的默认值为 0.05。

返回值 h 为一个布尔值,h = 1 表示可以拒绝假设,h = 0 表示不可以拒绝假设,sig 为假设成立的概率,ci 为均值的 1 − alpha 置信区间。

例 3.10 试检验例 3.9 中 2 月份油价 Price2 的均值是否也是 115。

解 首先假设 m = 115,price2 为 2 月份的油价,由于不知其方差,故用以下命令检验

$$[h,sig,ci] = ttest(price2,115)$$

返回   h = 1,sig = 4.9517e − 004,ci = [116.8   120.2]

检验结果:

1) 布尔变量 h = 1,表示拒绝零假设。说明提出的假设均值 115 是不合理的;

2) 95% 的置信区间为 [116.8, 120.2],它不包括 115,即不能接受假设;

3) sig 的值为 4.9517e − 004,远小于 0.5,不能接受零假设。

所以认为平均油价不是 115。

(3) 两总体均值的假设检验使用 t-检验

$$[h,sig,ci] = ttest2(x,y,alpha,tail)$$

检验总体 x 和 y 的关于均值的某一假设是否成立,其中 alpha 为显著性水平,究竟检验什么假设取决于 tail 的取值:

tail = 0,检验假设"x 的均值等于 y 的值";
tail = 1,检验假设"x 的均值大于 y 的均值";
tail = −1,检验假设"x 的均值小于 y 的均值";
tail 的默认值为 0,alpha 的默认值为 0.05。

返回值 h 为一个布尔值,h = 1 表示可以拒绝假设,h = 0 表示不可以拒绝假设,sig 为假设成立的概率,ci 为均值的 1 − alpha 置信区间。

例 3.11 试检验前两个例题中 1 月份的油价 Price1 与 2 月份的油价 Price2 的均值是否相同。

解 用以下命令检验:

$$[h,sig,ci] = ttest2(price1,price2)$$

返回   h = 1,sig = 0.0083,ci = [−5.8   −0.9]

检验结果:

1) 布尔变量 h = 1,表示拒绝零假设。说明提出的假设"油价均值相同"是

不合理的;

2) 95% 的置信区间为 [-5.8, -0.9], 说明 1 月份油价比 2 月份油价低 1 至 6 美分;

3) sig 的值为 0.0083, 远小于 0.5, 即不能接受"油价均值相同"的假设。

所以认为 1 月份与 2 月份油价的均值不同。

11. 非参数检验:总体分布的检验

MATLAB 统计工具箱提供了两个对总体分布进行检验的命令

(1) h = normplot(x)

此命令显示数据矩阵 x 的正态概率图。如果数据来自于正态分布,则图形显示出直线性形态,而其他概率分布函数则会显示出曲线形态。

(2) h = weibplot(x)

此命令显示数据矩阵 x 的 Weibull 概率图,如果资料来自于 Weibull 分布,则图形显示出直线性形态,而其他概率分布函数则会显示出曲线形态。

下面举一个综合的实例。

例 3.12 一道工序用自动化车床连续加工某种零件,由于刀具损坏等原因会出现故障。故障是完全随机的,并假设生产任一零件时出现故障的机会均相等。工作人员是通过检查零件来确定工序是否出现故障的。现积累有 100 次故障记录,故障出现时该刀具完成的零件数如下:

```
459  362  624  542  509  584  433  748   815  505
612  452  434  982  640  742  565  706   593  680
926  653  164  487  734  608  428  1153  593  844
527  552  513  781  474  388  824  538   862  659
775  859  755  49   697  515  628  954   771  609
402  960  885  610  292  837  473  677   358  638
699  634  555  570  84   416  606  1062  484  120
447  654  564  339  280  246  687  539   790  581
621  724  531  512  577  496  468  499   544  645
764  558  378  765  666  763  217  715   310  851
```

试观察该刀具出现故障时完成的零件数属于哪种分布。

解

(1) 数据输入

x1 = [459 362 624 542 509 584 433 748   815 505];
x2 = [612 452 434 982 640 742 565 706   593 680];
x3 = [926 653 164 487 734 608 428 1153 593 844];
x4 = [527 552 513 781 474 388 824 538   862 659];

```
x5 = [775  859  755  49   697  515  628  954  771  609];
x6 = [402  960  885  610  292  837  473  677  358  638];
x7 = [699  634  555  570  84   416  606  1062 484  120];
x8 = [447  654  564  339  280  246  687  539  790  581];
x9 = [621  724  531  512  577  496  468  499  544  645];
x10 = [764 558  378  765  666  763  217  715  310  851];
x = [x1  x2  x3  x4  x5  x6  x7  x8  x9  x10];
```

（2）绘制频数直方图

```
hist(x,10)
```

从图 3-2 可以看出，该刀具寿命近似服从正态分布。

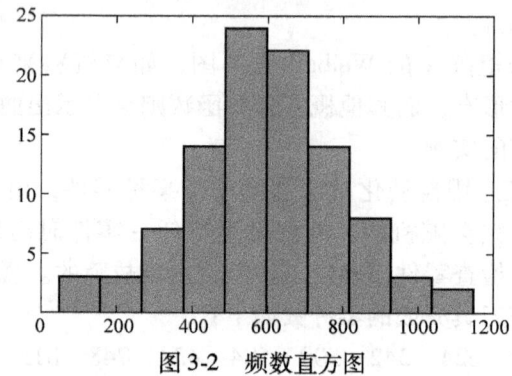

图 3-2 频数直方图

（3）分布的正态性检验

```
normplot(x)
```

从图 3-3 可以看出，数据基本分布在一条直线上，故初步可以断定刀具寿命为正态分布。

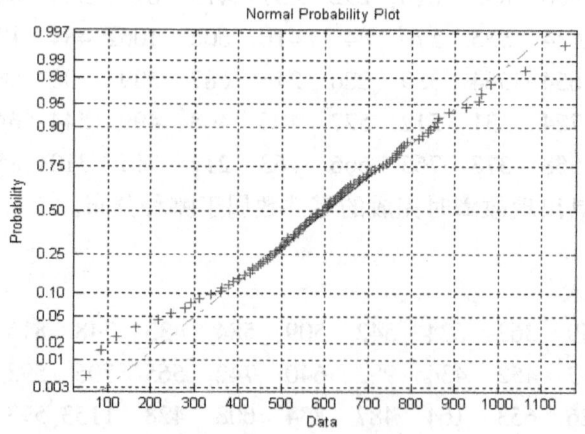

图 3-3 正态概率图

(4) 参数估计

在基本确定所给数据,即总体 x 的分布后,就可以估计该总体的参数。

$$[muhat,sigmahat,muci,sigmaci] = normfit(x)$$

结果:

muhat = 594,sigmahat = 204.1301,muci = [553.4962 634.5038],sigmaci = [179.2276 237.1329]

估计出该刀具的均值为 594,标准差为 204,均值的 95% 置信区间为 [553.4962, 634.5038],标准差的 0.95 置信区间为 [179.2276, 237.1329]。

(5) 假设检验

已知刀具的寿命服从正态分布,现在方差未知的情况下,检验其均值 m 是否等于 594。

$$[h,sig,ci] = ttest(x,594)$$

结果: h = 0,sig = 1,ci = [553.4962 634.5038]

检验结果:

1) 布尔变量 h = 0,表示不拒绝零假设,说明提出的假设寿命均值 594 是合理的;

2) 95% 的置信区间为 [553.4962, 634.5038],它完全包括 594,且精度很高;

3) sig 的值为 1,远超过 0.5,不能拒绝零假设。

因此可以认为刀具平均寿命为 594。

3.2 数据的插值

在解决实际问题的生产(或工程)实践和科学实验过程中,通常需要通过研究某些变量之间的函数关系来认识事物的内在规律和本质属性,而这些变量之间的未知函数关系又常常隐含在通过试验或观测所得到的某组数据之中。因此,能够根据某组试验观测数据找到变量与变量之间相对准确的函数关系就成为了解决实际问题的关键。

数据的插值是函数逼近或者数值逼近的重要组成部分。在数学建模的某些问题中,通常要处理由实验或测量得到的大批量的数据。处理这些数据的目的是为进一步研究该问题提供数学手段。这些数据有时是某一类已知规律(函数)的测试数据,有时是某个未知函数的离散数据,数据插值就是通过这些已知数据去确定某类函数的参数或寻找某个近似函数,使所得函数与已知数据具有较高的拟合精确度,并且能够使用数学的工具分析出数据所反映对象的性质。

3.2.1 一维插值

已知离散点上的数据集 $[(x_1, y_1), (x_2, y_2), \cdots, (x_n, y_n)]$,求得一解

析函数连接自变量相邻的两个点 (x_i, x_{i+1})，并求得两点间的数值，这一过程就叫插值。下面给出其 MATLAB 实现方法。

格式一： $\quad y_i = \text{interp1}(x, y, x_i, \text{'method'})$

该命令用指定的算法对数据点之间计算内插值，它找出一元函数 f(x) 在中间点的数值，其中函数 f(x) 由所给数据决定，算法 'method' 取以下值：

'nearest'：最近邻点插值，直接完成计算。

'linear'：线性插值（缺省方式），直接完成计算。

'spline'：三次样条函数插值。

'cubic'：三次函数插值。

对于超出 x 范围的 x_i 的分量，使用其他的方法，interp1 将对超出的分量执行外插值算法。

格式二： $\quad y_i = \text{interp1}(x, y, x_i, \text{method}, \text{'extrap'})$

对于超出 x 范围的 x_i 的分量，将执行特殊的外插值法 extrap。

$$y_i = \text{interp1}(x, y, x_i, \text{method}, \text{'extrapval'})$$

确定超出 x 范围的 x_i 的分量的外插值 extrapval，其值通常取 NAN 或 0。

例 3.13 在 1~12 这 11 个小时内，每隔 1 小时测量一次温度，测得的温度（单位：℃）依次为 5，8，9，15，25，29，31，30，22，25，27，24。试估计每隔 1/10 小时的温度值。

解 输入以下 MATLAB 代码，插值前后的温度数据图如图 3-4 所示。

```
hours=1:12;
temps=[5 8 9 15 25 29 31 30 22 25 27 24];
h=1:0.1:12;
t=interp1(hours,temps,h,'spline');        % 直接输出数据很多
plot(hours,temps,'+',h,t,hours,temps,'r:')  % 作图
xlabel('Hour'),ylabel('Degrees Celsius')
```

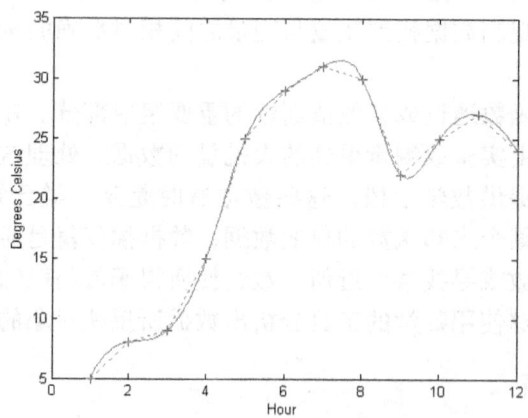

图 3-4 插值前后的温度数据图

3.2.2 二维插值

格式: $z_i = \text{interp2}(x, y, z, x_i, y_i, '\text{method}')$

用指定的算法 method 计算二维插值, 返回矩阵 z_i, 其元素对应于参量 x_i 与 y_i 的元素。用户可以输入行向量 x_i 和列向量与 y_i, 此时, 输出向量 z_i 与矩阵 meshgrid (x_i, y_i) 是同型的。参量 x 与 y 必须是单调的, 且有相同的划分格式, 就像由命令 meshgrid 生成的一样。算法 'method' 取以下值:

'linear':双线性插值算法(默认算法)。
'nearest':最近邻点插值。
'spline':三次样条插值。
'cubic':双三次插值。

例 3.14 山区地貌(CUMCM1994A)

在某山区测得一些地点的高程如表 3-2 所示。平面区域为

$$1200 \leqslant x \leqslant 4000, 1200 \leqslant y \leqslant 3600$$

试作出该山区的地貌图和等高线图,并对几种插值方法进行比较。

表 3-2 山区站点观测表

x y	1200	1600	2000	2400	2800	3200	3600	4000
1200	1130	1250	1280	1230	1040	900	500	700
1600	1320	1450	1420	1400	1300	700	900	850
2000	1390	1500	1500	1400	900	1100	1060	950
2400	1500	1200	1100	1350	1450	1200	1150	1010
2800	1500	1200	1100	1550	1600	1550	1380	1070
3200	1500	1550	1600	1550	1600	1600	1600	1550
3600	1480	1500	1550	1510	1430	1300	1200	980

解 输入以下 MATLAB 代码

```
x=1200:400:4000;
y=1200:400:3600;
[x1,y1]=meshgrid(x,y);
z=[1130  1250  1280  1230  1040   900   500   700
   1320  1450  1420  1400  1300   700   900   850
   1390  1500  1500  1400   900  1100  1060   950
   1500  1200  1100  1350  1450  1200  1150  1010
   1500  1200  1100  1550  1600  1550  1380  1070
   1500  1550  1600  1550  1600  1600  1600  1550
   1480  1500  1550  1510  1430  1300  1200   980];
subplot(2,2,1)
```

```
meshz(x1,y1,z)
xlabel('X'),ylabel('Y'),zlabel('Z')
xi=1200:50:4000;
yi=1200:50:3600;
subplot(2,2,1)
meshz(x1,y1,z)
xlabel('X'),ylabel('Y'),zlabel('Z')
xi=0:50:5600;
yi=0:50:4800;
subplot(2,2,2)
z1i=interp2(x,y,z,xi,yi','nearest');
[XI,YI]=meshgrid(xi,yi);
surfc(XI,YI,z1i)
xlabel('X'),ylabel('Y'),zlabel('Z')
subplot(2,2,3)
z2i=interp2(x,y,z,xi,yi');
surfc(xi,yi,z2i)
xlabel('X'),ylabel('Y'),zlabel('Z')
subplot(2,2,4)
z3i=interp2(x,y,z,xi,yi','cubic');
surfc(xi,yi,z3i)
xlabel('X'),ylabel('Y'),zlabel('Z')
```

得到的图像如图 3-5 所示。

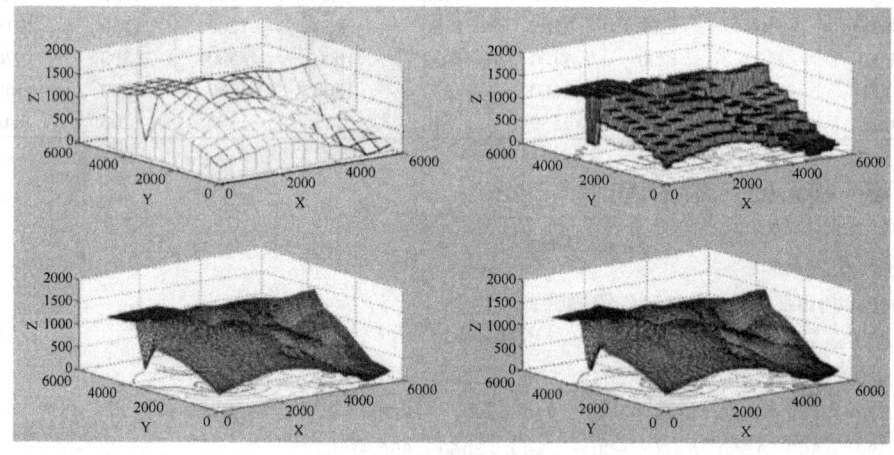

图 3-5　山区地貌图像

3.2.3　散点数据 Shepard 插值

某一点的函数值受周围各点的影响，较近的点影响比较大，较远的点影响比较小,其影响的权数与距离的平方成反比,因而又称为距离平方反比律。

记采样点为 $p_i(x_i, y_i)$,其高度为 $h_i(i=1, \cdots, n)$,设地形高度函数为 $h(x, y)$,则对任一点 $P(x, y)$,其高度为

$$h(x,y) = \begin{cases} h_j, & \text{当某个 } r_j = 0 \text{ 时} \\ \sum_{i=1}^{n} \frac{h_i}{r_i^2} \bigg/ \sum_{i=1}^{n} \frac{i}{r_i^2}, & \text{其他} \end{cases}$$

其中,r_i 为点 p 与点 p_i 之间的距离。

例 3.15 雨量预报的评价(CUMCM2005C)

雨量预报对农业生产和城市工作以及生活有重要作用,但准确、及时地对雨量作出预报是一个十分困难的问题,广受世界各国关注。我国某地气象台和气象研究所正在研究 6 小时雨量预报方法,即每天晚上 20 点预报从 21 点开始的 4 个时段(21 点至次日 3 点,次日 3 点至 9 点,9 点至 15 点,15 点至 21 点)在某些位置的雨量,这些位置位于东经 120 度、北纬 32 度附近的 53×47 的等距网格点上。同时设立 91 个观测站点实测这些时段的实际雨量,由于各种条件的限制,站点的设置是不均匀的。

气象部门希望建立一种科学评价预报方法好坏的数学模型与方法。气象部门提供了 41 天的用两种不同方法得到的预报数据和相应的实测数据。预报数据在文件夹 FORECAST 中,实测数据在文件夹 MEASURING 中。FORECAST 中的文件 lon.dat 和 lat.dat 分别包含网格点的纬度和经度,如表 3-3 和表 3-4 所示,其余文件名的形式为 "<f 日期 i>_dis1" 和 "<f 日期 i>_dis2",例如 f6181_dis1 中包含 2002 年 6 月 18 日晚上 20 点采用第一种方法预报的第一时段数据(其 2491 个数据为该时段各网格点的雨量),而 f6183_dis2 中包含 2002 年 6 月 18 日晚上 20 点采用第二种方法预报的第三时段数据,如表 3-5 和表 3-6 所示。

MEASURING 文件夹中包含了 41 个文件名形式为 "<日期>.SIX" 的文件,如文件名 020703.SIX 表示 2002 年 7 月 3 日晚上 21 点开始的连续 4 个时段各站点的实测数据(降雨量),如表 3-7 所示。具体数据详见 http://www.mcm.edu.cn/html_cn/node/ce966e3cd21e07274a27819807e51806.html。

表 3-3 各网格点的纬度数据

序 号	1	2	3	4	…	47
1	28.0000	28.0000	28.0000	28.0000	…	27.6000
2	28.1000	28.1000	28.1000	28.1000	…	27.7000
3	28.3000	28.3000	28.2000	28.2000	…	27.8000
4	28.4000	28.4000	28.4000	28.4000	…	28.0000
⋮	⋮	⋮	⋮	⋮		⋮
53	35.0000	35.0000	35.0000	35.0000	…	34.6000

表 3-4 各网格点的经度数据

序号	1	2	3	4	⋯	47
1	117.0000	117.2000	117.3000	117.5000	⋯	124.0000
2	117.0000	117.2000	117.4000	117.5000	⋯	124.0000
3	117.1000	117.2000	117.4000	117.5000	⋯	124.0000
4	117.1000	117.2000	117.4000	117.5000	⋯	124.0000
⋮	⋮	⋮	⋮	⋮		⋮
53	117.3000	117.4000	117.6000	117.8000	⋯	124.9000

表 3-5 采用第一种预报方法，在各网格点处所预测的 7 月 3 日第一时段的降雨量

序号	1	2	3	4	⋯	47
1	0.0283	0.0277	0.0278	0.0277	⋯	0.0289
2	0.0276	0.0277	0.0272	0.0285	⋯	0.0289
3	0.0270	0.0275	0.0283	0.0293	⋯	0.0287
4	0.0260	0.0262	0.0264	0.0281	⋯	0.0292
⋮	⋮	⋮	⋮	⋮		⋮
53	0.0200	0.0188	0.0195	0.0194	⋯	0.0254

表 3-6 采用第二种预报方法，在各网格点处所预测的 7 月 3 日第一时段的降雨量

序号	1	2	3	4	⋯	47
1	0.0284	0.0272	0.0279	0.0278	⋯	0.0275
2	0.0291	0.0285	0.0277	0.0272	⋯	0.0297
3	0.0260	0.0264	0.0268	0.0279	⋯	0.0297
4	0.0276	0.0281	0.0270	0.0284	⋯	0.0295
⋮	⋮	⋮	⋮	⋮		⋮
53	0.0185	0.0204	0.0179	0.0195	⋯	0.0254

表 3-7 2002 年 7 月 3 日晚上 21 点开始的连续 4 个时段各站点的实测数据（降雨量）

站号	纬度	经度	第一时段	第二时段	第三时段	第四时段
58138	32.9833	118.5167	0.0000	0.0000	64.4000	1.6000
58139	33.3000	118.8500	0.0000	0.0000	31.1000	2.0000
58141	33.6667	119.2667	0.0000	0.0000	0.0000	0.0000
58143	33.8000	119.8000	0.0000	0.8000	6.2000	0.0000
⋮	⋮	⋮	⋮	⋮	⋮	⋮
58562	29.9667	121.7500	0.0000	2.1000	10.1000	17.2000

雨量以 mm 为单位，小于 0.1mm 的视为无雨。

请建立数学模型来评价两种 6 小时雨量预报方法的准确性。

解 对两种预报数据方法的评价，实际是对 91 个站点位置的预报数据值与相应站点实测值的比较。观察图 3-6 可以发现，大多数观测点与预报点不同。通过 Shepard 插值方法，由实测站点的实值推算出预报网格点上的实测值，或者由预报网格点上的预报值推算出实测站点处的预报值，再与两段预报值求误差，误差小的越好。

记 $Q_{ij}(i=1,2,\cdots,m, j=1,2,\cdots,n)$ 为预报网格点，g_{ij} 为 Q_{ij} 处的预报值。利用插值方法，得到 Q_{ij} 上的实测值，记为 f_{ij}，这样便可定义两者之间误差的绝对值。

对问题提供的 41 天共 164 个时段的数据分别求出相对误差绝对值的和，作为评价预报方法优劣的依据。和越小，则与实际值相差越小，预报值越准确，预报方法越好。反之误差绝对值的和越大，预报方法越差。

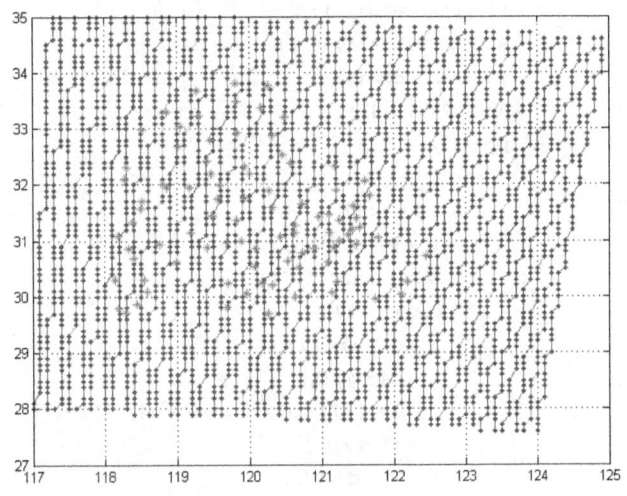

图 3-6 预报点（实心圆点）与观测站点（星号）位置示意图

通过以下程序，得出第一种预报方法的权值为 $1.4486e+05$，第二种预报方法的权值为 $1.4488e+05$。第一种预报方法的误差为 $1.1208e+06$，第二种预报方法的误差为 $1.1214e+06$。说明方法一优于方法二。

以文件名中日期为 618~628 的数据为例，程序如下：

```
P = zeros(53,47);
dd = 0;
ff = 0;
s1 = 0;                         % 方法一预报的误差
s2 = 0;                         % 方法二预报的误差
load FORECAST\lat.dat;
load FORECAST\lon.dat;
load MEASURING\020618.SIX;
weidu = lat;                    % 预报点纬度
jingdu = lon;                   % 预报点经度
wp = X020618(:,2);              % 观测点纬度
jp = X020618(:,3);              % 观测站点经度
```

```
for m = 18:28
    x = num2str(m);
    y = strcat('MEASURING\','0206',x,'.SIX');        % 观测站点文件名
    z = textread(y);
        for t = 1:4
            x1 = num2str(t);
            y1 = strcat('FORECAST\','f6',x,x1,'_dis1');   % 方法1预报文件名
            y2 = strcat('FORECAST\','f6',x,x1,'_dis2');   % 方法2预报文件名
            z1 = textread(y1);                             % 读取文件
            A1 = z1(:,1:47);                               % 方法一预报的数据复制给变量A1
            z2 = textread(y2);
            A2 = z2(:,1:47);                               % 方法二预报的数据复制给变量A2
            p = z(:,t+3);                                  % 各时段的实际降雨量
                for i = 1:53
                    for j = 1:47
                        d1 = weidu(i,j);
                        d2 = jingdu(i,j);
                        for k = 1:91
                            d3 = wp(k);
                            d4 = jp(k);
                            d = ((d1-d3)^2 + (d2-d4)^2);   % 预报点和观测站点的距离
                            if d > 0
                                d = 1/d;
                                dd = dd + d;
                                f = p(k)* d;
                                ff = ff + f;
                            end
                        end
                        P(i,j) = ff/dd;
                        tt1 = P(i,j) - A1(i,j);
                        tt2 = P(i,j) - A2(i,j);
                        s1 = s1 + abs(tt1);
                        s2 = s2 + abs(tt2);
                    end
                end
        end
end
s1
s2
```

3.3 回归分析

变量之间的关系是现实世界中普遍存在的。变量之间的关系一般来说可以分

为两类,一类是确定性关系(称之为函数关系),比如物体作自由落体运动时,下落高度和下落时间之间有精确的数学关系;另一类是非确定性关系,比如,人的血压(记为 Y)与年龄(记为 X)是有关的,一般而言,随着人的年龄的增加,血压要增高,但是同龄人的血压又不尽相同,也就是说,当 X 的值确定时,Y 的值却是不确定的,这就是变量之间的不确定关系,又称为相关关系。又如,一个人的消费水平和收入状况有很大的关系,收入水平高的人一般消费也高;相反,收入很低的人的消费水平一般也很低。但是我们不能由收入水平准确地判断出消费水平,因为同样的收入水平,由于性别、年龄以及个人兴趣等因素也导致了消费水平具有差异性。显然这里的两个变量一个可以认为是广义上的原因(当然不是唯一原因),另外一个变量是广义上的结果,正如收入的差异很大程度上决定了消费水平的不同,可以用收入的差异解释消费的差异。这里将收入作为自变量(预报变量),消费作为因变量(响应变量),当然,有时候自变量不仅仅只有一个,除了收入之外,年龄、性别等其他因素也会影响消费,也可以作为自变量。有了因变量和相关的自变量,接下来就要建立它们之间的数学关系,量化研究自变量是如何影响因变量的。这种研究因变量与自变量之间关系的统计分析方法(过程)叫做回归分析。

3.3.1 MATLAB 统计工具箱中的回归分析命令

MATLAB 统计工具箱中提供了多元线性回归的命令。

一般地,影响试验指标的因素往往不止一个,即有多个因素,假设它们之间有如下的线性关系式:

$$y = \beta_0 + \beta_1 x_1 + \cdots + \beta_k x_k + \varepsilon \tag{3.1}$$

其中,y 为可观察的随机变量,称为因变量;$x_1, x_2, \cdots, x_k$ 为非随机的可精确观察的变量,称为自变量或因子;$\beta_0, \beta_1, \beta_2, \cdots, \beta_k$ 为 $k+1$ 个未知参数;ε 是随机变量,一般假设期望 $E(\varepsilon) = 0$,方差 $D(\varepsilon) = \sigma^2 > 0$。为了估计未知参数 $\beta_0, \beta_1, \beta_2, \cdots, \beta_k$ 及 σ^2,我们对 y 与 $x_1, x_2, \cdots, x_k$ 同时作 n 次观察,得到 n 组观察值 $(y_t, x_{t1}, x_{t2}, \cdots, x_{tk})$(其中 $t = 1, \cdots, n$ 且 $n > k+1$),它们满足关系式

$$y_t = \beta_0 + \beta_1 x_{t1} + \beta_2 x_{t2} + \cdots + \beta_k x_{tk} + \varepsilon_t \quad (t = 1, \cdots, n) \tag{3.2}$$

式中,$\varepsilon_1, \cdots, \varepsilon_n$ 互不相关且均是与 ε 同分布的随机变量。为了用矩阵表示上式,令

$$X = \begin{pmatrix} 1 & x_{11} & x_{12} & \cdots & x_{1k} \\ 1 & x_{21} & x_{22} & \cdots & x_{2k} \\ \vdots & \vdots & \vdots & & \vdots \\ 1 & x_{n1} & x_{n2} & \cdots & x_{nk} \end{pmatrix}, \quad Y = \begin{pmatrix} y_1 \\ y_2 \\ \vdots \\ y_n \end{pmatrix}, \quad \beta = \begin{pmatrix} \beta_0 \\ \beta_1 \\ \vdots \\ \beta_k \end{pmatrix}, \quad \varepsilon = \begin{pmatrix} \varepsilon_1 \\ \varepsilon_2 \\ \vdots \\ \varepsilon_n \end{pmatrix} \tag{3.3}$$

于是式 (3.2) 变为

$$Y = X\beta + \varepsilon \qquad (3.4)$$

式中，X 为已知的 $n \times (k+1)$ 阶矩阵，称为回归设计矩阵或资料矩阵。β 为 $k+1$ 维未知的列向量，ε 是满足

$$\begin{cases} E(\varepsilon) = 0 \\ \mathrm{COV}(\varepsilon, \varepsilon) = \sigma^2 I_n \end{cases}$$

的 n 维随机列向量，其中 σ^2 是未知参数；$D(\varepsilon_t) = \sigma^2 (t = 1, \cdots, n)$；$I_n$ 为 n 阶单位矩阵，即对随机误差 $\varepsilon_1, \cdots, \varepsilon_n$ 作无偏、等方差与互不相关的假定；Y 是 n 维观察列向量。

一般称

$$\begin{cases} y = x\beta + \varepsilon \\ E(\varepsilon) = 0, \mathrm{COV}(\varepsilon, \varepsilon) = \sigma^2 I_n \end{cases} \qquad (3.5)$$

为高斯-马尔可夫线性模型（k 元线性回归模型），并简记为 $(Y, X\beta, \sigma^2 I_n)$。

对式 (3.1) 取期望

$$y = \beta_0 + \beta_1 x_1 + \cdots + \beta_k x_k$$

称为回归平面方程。

对线性模型 $(Y, X\beta, \sigma^2 I_n)$，所要考虑的主要问题是：

a）用试验值（样本值）对未知参数 $\beta_0, \beta_1, \beta_2, \cdots, \beta_k$ 和 σ^2 作点估计和假设检验，从而建立 y 与 $x_1, x_2, \cdots, x_k$ 之间的数量关系；

b）在 $x_1 = x_{01}, x_2 = x_{02}, \cdots, x_k = x_{0k}$ 处对 y 的值作预测与控制，并对 y 作区间估计。本节总假设 $n > k+1$。

为了对 β_i 和 σ^2 作估计，MATLAB 中采用多元线性回归的命令是 regress，此命令也可用于一元线性回归。

1）确定回归系数的点估计值，用命令：

$$b = \mathrm{regress}(Y, X)$$

2）求回归系数的点估计和区间估计，并检验回归模型，用命令：

$$[b, bint, r, rint, stats] = \mathrm{regress}(Y, X, alpha)$$

3）画出残差及其置信区间，用命令：

$$\mathrm{rcoplot}(r, rint)$$

上述命令中，各符号的含义如下：

① Y 和 X 的取值如式 (3.3)，其中 b 为回归系数 β 的点估计值 $\hat{\beta}$，对一元线性回归，取 $k = 1$ 即可；

② alpha 为显著水平（默认时为 0.05）；

③ bint 为回归系数的区间估计；

④ r 与 rint 分别为残差及其置信区间;

⑤ stats 是用于检验回归模型的统计量,由三个值,第一个是相关系数 r^2,r^2 越接近 1,说明回归方程越显著;第二个是 F 的值,$F > F_{1-alpha}(k, n-k-1)$ 时拒绝 H_0,F 越大,说明回归方程越显著;第三个是与 F 对应的概率 p,当 p < alpha 时拒绝 H_0,回归模型成立。

例 3.16 测 16 名成年女子的身高与腿长所得数据如表 3-8 所示。

表 3-8 身高与腿长数据　　　　　　　　　　(单位:cm)

身高	143	145	146	147	149	150	153	154
腿长	88	85	88	91	92	93	93	95
身高	155	156	157	158	159	160	162	164
腿长	96	98	97	96	98	99	100	102

为了研究这些数据之间的规律性,我们以身高 x 为横坐标,以腿长 y 为纵坐标将这些数据点 (x_i, y_i) 在平面直角坐标系上标出。如图 3-7 所示,这个图为散点图。

由图 3-7 看到,数据点大致落在一条直线附近,这说明变量 x 与 y 之间的关系大致可以看成直线关系。不过这些点又不都在一条直线上,这表明 x 和 y 之间的关系不是确定性关系。实际上,腿长 y 除了与身高 x 有一定关系外,还受到许多其他因素的影响。因此,y 与 x 之间可假定有如下结构式:

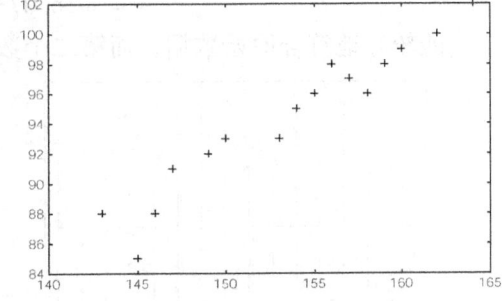

图 3-7 身高腿长散点图

$$y = \beta_0 + \beta_1 x + \varepsilon$$

式中,β_0 和 β_1 是两个未知参数;ε 为其他随机因素对 y 的影响;x 是非随机可精确观察的。ε 是均值为零的随机变量,是不可观察的。

(1) 输入数据

```
x = [143 145 146 147 149 150 153 154 155 156 157 158 159 160 162 164]';
X = [ones(16,1) x];
Y = [88 85 88 91 92 93 93 95 96 98 97 96 98 99 100 102]';
```

(2) 回归分析及检验

```
[b,bint,r,rint,stats] = regress(Y,X);
b,bint,stats
```

得结果:

```
b =
   -16.0730
    0.7194
```

```
bint =
    -33.7071    1.5612
      0.6047    0.8340
stats =
      0.9282  180.9531   0.0000
```

即 $\hat{\beta}_0 = -16.0730$，$\hat{\beta}_1 = 0.7194$，$\hat{\beta}_0$ 的置信区间为 $[-33.7071, 1.5612]$，$\hat{\beta}_1$ 的置信区间为 $[0.6047, 0.8340]$；$r^2 = 0.9282$，$F = 180.9531$，$p = 0.0000$，$p < 0.05$，可知回归模型

$$y = -16.073 + 0.7194x$$

成立。

（3）残差分析

```
rcoplot(r,rint)
```

作残差图，如图 3-8a 所示。从残差图可以看出，除第二个数据外，其余数据的残差离零点均较近，且残差的置信区间均包含零点，这说明回归模型

$$y = -16.073 + 0.7194x$$

能较好地符合原始数据，而第二个数据可视为异常点。

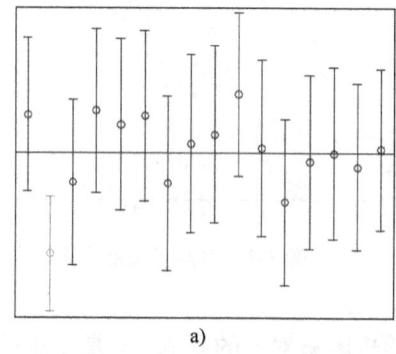 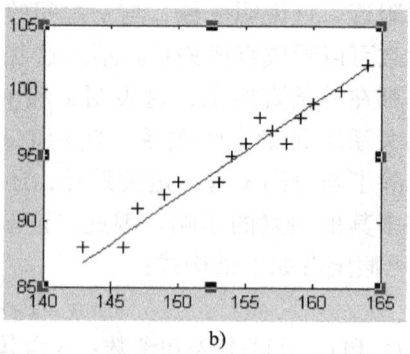

图 3-8　回归分析及检验
a）残差分析图　b）回归方程的图形

（4）预测及作图

```
z = b(1) + b(2)* x
plot(x,Y,'k+',x,z,'r')
```

得各数据点及回归方程的图形如图 3-8b 所示，可以看出，只有第二个数据点离回归直线距离较远。

3.3.2　回归分析建模举例

例 3.17　牙膏的销售量问题

某大型牙膏制造企业为了更好地拓展产品市场，有效地管理库存，公司董事

会要求销售部门根据市场调查，找出公司生产的牙膏销售量与销售价格、广告投入等之间的关系，从而预测出在不同价格和广告费用下的销售量。为此，销售部门的研究人员收集了过去30个销售周期（每个销售周期为4周）公司生产的牙膏的销售量、销售价格、投入的广告费用，以及同期其他厂家生产的同类牙膏的市场平均销售价格的关系（见表3-9），为制订价格策略和广告投入策略提供数据依据。

表 3-9　牙膏销售量与销售价格、广告费用等数据

销售周期	公司销售价格/元	其他厂家平均价格/元	广告费用/百万元	价格差/元	销售量/百万支
1	3.85	3.80	5.50	-0.05	7.38
2	3.75	4.00	6.75	0.25	8.51
3	3.70	4.30	7.25	0.60	9.52
4	3.70	3.70	5.50	0	7.50
5	3.60	3.85	7.00	0.25	9.33
6	3.60	3.80	6.50	0.20	8.28
7	3.60	3.75	6.75	0.15	8.75
8	3.80	3.85	5.25	0.05	7.87
9	3.80	3.65	5.25	-0.15	7.10
10	3.85	4.00	6.00	0.15	8.00
11	3.90	4.10	6.50	0.20	7.89
12	3.90	4.00	6.25	0.10	8.15
13	3.70	4.10	7.00	0.40	9.10
14	3.75	4.20	6.90	0.45	8.86
15	3.75	4.10	6.80	0.35	8.90
16	3.80	4.10	6.80	0.30	8.87
17	3.70	4.20	7.10	0.50	9.26
18	3.80	4.30	7.00	0.50	9.00
19	3.70	4.10	6.80	0.40	8.75
20	3.80	3.75	6.50	-0.05	7.95
21	3.80	3.75	6.25	-0.05	7.65
22	3.75	3.65	6.00	-0.10	7.27
23	3.70	3.90	6.50	0.20	8.00
24	3.55	3.65	7.00	0.10	8.50
25	3.60	4.10	6.80	0.50	8.75

(续)

销售周期	公司销售价格/元	其他厂家平均价格/元	广告费用/百万元	价格差/元	销售量/百万支
26	3.65	4.25	6.80	0.60	9.21
27	3.70	3.65	6.50	−0.05	8.27
28	3.75	3.75	5.75	0	7.67
29	3.80	3.85	5.80	0.05	7.93
30	3.70	4.25	6.80	0.55	9.26

注：其中价格差是指其他厂家平均价格与公司销售价格之差。

分析与假设 由于牙膏是生活必需品，所以对大多数顾客来说，在购买同类产品的牙膏时更多地会在意不同品牌之间的价格差异，而不是它们本身的价格。因此，在研究各个因素对销售量的影响时，用价格差代替公司销售价格和其他厂家平均价格更为合适。

记牙膏销售量为 y，其他厂家平均价格与该公司销售价格之差（价格差）为 x_1，公司投入的广告费用为 x_2，其他厂家平均价格和该公司销售价格分别为 x_3 和 x_4，$x_1 = x_3 - x_4$。基于上面的分析，我们仅利用 x_1 和 x_2 来建立 y 的预测模型。

基本模型 为了大致的分析 y 与 x_1 和 x_2 的关系，首先利用表 3-9 中的数据分别作出 y 对 x_1 和 x_2 的散点图（见图 3-9 和图 3-10 中的圆点）。

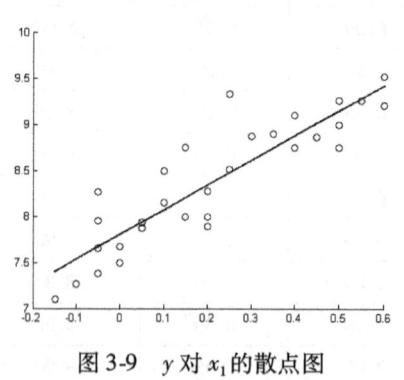
图 3-9　y 对 x_1 的散点图

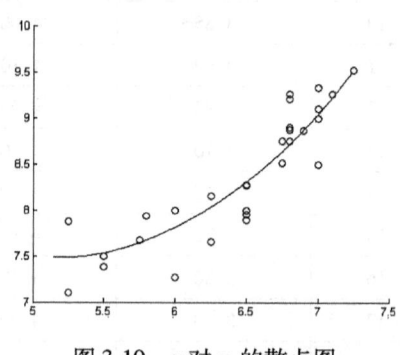
图 3-10　y 对 x_2 的散点图

从图 3-9 可以发现，随着 x_1 的增加，y 的值有比较明显的线性增长趋势，图 3-9 中的直线是用线性模型

$$y = \beta_0 + \beta_1 x_1 + \varepsilon \tag{3.6}$$

拟合的（其中 ε 是随机误差）。而在图 3-10 中，当 x_2 增大时，y 有向上弯曲增加的趋势，图 3-10 中的曲线是用二次函数模型

$$y = \beta_0 + \beta_1 x_1 + \beta_2 x_2^2 + \varepsilon \tag{3.7}$$

拟合的。

综上所述，结合模型式（3.6）和式（3.7）建立如下的回归模型
$$y = \beta_0 + \beta_1 x_1 + \beta_2 x_2 + \beta_3 x_2^2 + \varepsilon \tag{3.8}$$

式（3.8）右端的 x_1 和 x_2 称为回归变量（自变量），$\beta_0 + \beta_1 x_1 + \beta_2 x_2 + \beta_3 x_2^2$ 是给定价格差 x_1、广告费用 x_2 时，牙膏销售量 y 的平均值，其中的参数 β_0，β_1，β_2，β_3 称为回归系数，由表 3-9 中的数据估计，影响 y 的其他因素作用都包含在随机误差 ε 中。如果模型选择得合适，ε 应大致服从均值为零的正态分布。

模型求解 直接利用 MATLAB 统计工具箱中的 regress 命令求解，使用格式为

[b,bint,r,rint,stats] = regress(y,x,alpha)

命令中的输入 y 为模型式（3.8）中 y 的数据（n 维向量，$n=30$）；输入 x 为对应于回归系数 $\beta = (\beta_0, \beta_1, \beta_2, \beta_3)$ 的数据矩阵（1，x_1，x_2，x_2^2）（$n \times 4$ 矩阵，其中第 1 列为全 1 向量）；alpha 为置信区间 α（默认为 $\alpha = 0.05$）；输出 b 为 β 的估计值，常记作 $\hat{\beta}$；bint 为 b 的置信区间；r 为残差向量 $y - x\hat{\beta}$；rint 为 r 的置信区间；stats 为回归模型的检验统计量，它有 3 个值，第一个是回归方程的决定系数 R^2（R 是相关系数），第二个是 F 统计量值，第三个是与 F 统计量对应的概率值 p。

得到模型式（3.8）的回归系数估计值及置信区间（置信水平 $\alpha = 0.05$）、检验统计量 R^2、F、p 的结果如表 3-10 所示。

表 3-10 模型式（3.8）的计算结果

参　　数	参数估计值	参数置信区间
β_0	17.3244	[5.7282, 28.9206]
β_1	1.3070	[0.6829, 1.9311]
β_2	-3.6956	[-7.4989, 0.1077]
β_3	0.3486	[0.0379, 0.6594]

$R^2 = 0.9054$，F = 82.9409，p = 0.0000

结果分析 表 3-10 显示，$R^2 = 0.9054$ 指因变量 y（销售量）的 90.54% 可由模型确定，F 值远远超过 F 检验的临界值，p 远小于 α，因而模型（3.8）从整体来看是可用的。

表 3-10 的回归系数给出了模型式（3.8）中 β_0，β_1，β_2，β_3 的估计值，即 $\hat{\beta}_0 = 17.3244$，$\hat{\beta}_1 = 1.3070$，$\hat{\beta}_2 = -3.6956$，$\hat{\beta}_3 = 0.3486$。检查它们的置信区间发现，只有 β_2 的置信区间包含零点（但区间右端点距离零点很近），表明回归变量 x_2（对因变量 y 的影响）不是太明显的，但是，由于 x_2^2 是显著的，我们仍将变量 x_2 保留在模型中。

销售量预测 将回归系数的估计值代入模型式（3.8），即可预测公司未来

某个销售周期牙膏的销售量 y，预测值记作 $\hat{y}$，得到模型式（3.8）的预测方程
$$\hat{y} = \hat{\beta}_0 + \hat{\beta}_1 x_1 + \hat{\beta}_2 x_2 + \hat{\beta}_3 x_2^2 \tag{3.9}$$
只需知道该销售周期的价格差 x_1 和投入的广告费用 x_2，就可以计算预测值 $\hat{y}$。

值得注意的是公司无法直接确定价格差 x_1，而只能制订公司在该周期内的牙膏售价 x_4，但是同期其他厂家的平均价格 x_3 一般可以通过分析和预测当时的市场情况及原材料的价格变化等估计出来。模型中引入价格差 $x_1 = x_3 - x_4$ 作为回归变量，而非 x_3 和 x_4，其好处在于，公司可以更灵活地来预测产品的销售量（或市场需求量），因为 x_3 的值不是公司所能控制的。预测时只要调整 x_4 达到设定的回归变量 x_1 的值，比如公司计划在未来的某个销售周期内，维持产品的价格差为 $x_1 = 0.2$ 元，并将投入 $x_2 = 6.5$（百万元）的广告费用，则该周期牙膏销售量的估计值为

$$\begin{aligned}\hat{y} &= 17.3244 + 1.3070 \times 0.2 + (-3.6956) \times 6.5 + 0.3486 \times 6.5^2 \\ &= 8.2933(百万支)\end{aligned}$$

回归模型的一个重要应用是，对于给定的回归变量的取值，可以根据一定的置信度预测因变量的取值范围，即预测区间。比如当 $x_1 = 0.2$，$x_2 = 6.5$ 时可以算出牙膏销售量的置信度为 95% 的置信区间为 $[7.8320, 8.7636]$，它表明在将来的某个销售周期中，如公司维持产品的价格差为 0.2 元，并投入 650 万元的广告费用，那么可以有 95% 的把握保证牙膏的销售量在 7.832 到 8.7636（百万支）之间。实际操作时，预测上限可以用来作为库存管理的目标值，即公司可以生产（或库存）8.7636（百万支）牙膏来满足该销售周期顾客的需求；预测下限则可以用来较好的把握公司的现金流，理由是公司对该周期销售 7.832（百万支）牙膏十分自信，如果在该销售周期中公司将牙膏售价定为 3.70 元，且估计同期其他厂家的平均价格为 3.90 元，那么董事会可以有充分的依据知道公司的牙膏销售额应在 $7.832 \times 3.7 \approx 29$（百万元）以上。

模型改进 模型式（3.8）中回归变量 x_1 和 x_2 对因变量 y 的影响是相互独立的，即牙膏销售量 y 的均值与广告费用 x_2 的二次关系由回归系数 β_2 和 β_3 确定而不依赖于价格差 x_1，同样，y 的均值与 x_1 的线性关系由回归系数 β_1 确定，不依赖于 x_2。根据直觉和经验可以猜想，x_1 和 x_2 之间的交互作用会对 y 产生影响，不妨简单地用 x_1 和 x_2 的乘积代表它们的交互作用，于是将模型式（3.8）增加一项，得到

$$y = \beta_0 + \beta_1 x_1 + \beta_2 x_2 + \beta_3 x_2^2 + \beta_4 x_1 x_2 + \varepsilon \tag{3.10}$$

在这个模型中，y 的均值与 x_2 的二次关系为 $(\beta_2 + \beta_4 x_1) x_2 + \beta_3 x_2^2$，由系数 β_2，β_3，β_4 确定，并依赖于价格差 x_1。

下面让我们用表 3-9 的数据估计模型式（3.10）的系数。利用 MATLAB 的

统计工具箱得到的结果如表3-11所示。

表3-11 模型式（3.10）的计算结果

参数	参数估计值	参数置信区间
β_0	29.1133	[13.7013, 44.5252]
β_1	11.1342	[1.9778, 20.2906]
β_2	-7.6080	[-12.6932, -2.5228]
β_3	0.6712	[0.2538, 1.0887]
β_4	-1.4777	[-2.8518, -0.1037]

$R^2 = 0.9209$, $F = 72.7771$, $p = 0.0000$

表3-10与表3-11的结果相比，R^2有所提高，说明模型式（3.10）比模型式（3.8）有所改进。并且，所有参数的置信区间，特别是x_1与x_2的交互作用项$x_1 x_2$的系数β_4的置信区间不包含零点，所以有理由相信模型式（3.10）比模型式（3.8）更符合实际。

用模型式（3.10）对公司的牙膏销售量作预测。仍设在某个销售周期中，维持产品的价格差$x_1 = 0.2$元，并将投入$x_2 = 6.5$（百万元）的广告费用，则该周期内牙膏销售量y的估计值

$$\hat{y} = \hat{\beta}_0 + \hat{\beta}_1 x_1 + \hat{\beta}_2 x_2 + \hat{\beta}_3 x_2^2 + \hat{\beta}_4 x_1 x_2$$
$$= 29.1133 + 11.1342 \times 0.2 - 7.6080 \times 6.5 + 0.6712 \times 6.5^2 - 1.4777 \times 0.2 \times 6.5$$
$$= 8.3272 \text{（百万支）}$$

置信度为95%的预测区间为[7.8953, 8.7592]，与模型式（3.8）的结果相比，$\hat{y}$略有所增加，而预测区间长度略短一些。

在保持广告费用$x_2 = 6.5$（百万元）不变的条件下，分别对模型式（3.8）和模型式（3.10）中牙膏销售量的均值$\hat{y}$与价格差x_1的关系作图（见图3-11和图3-12）。

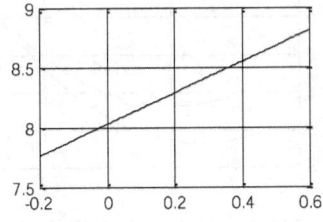

图3-11 模型式（3.8）中$\hat{y}$与x_1的关系

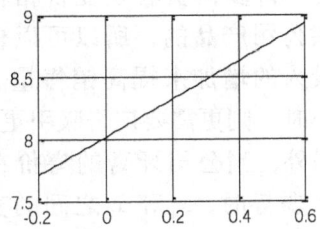

图3-12 模型式（3.10）中$\hat{y}$与x_1的关系

在保持价格差$x_1 = 0.2$（元）不变的条件下，分别对模型式（3.8）和模型式（3.10）中牙膏销售量的均值$\hat{y}$与价格差x_2的关系作图（见图3-13和图3-14）。

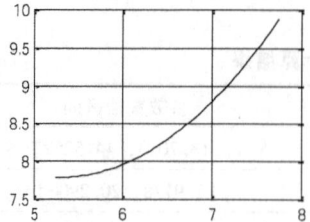
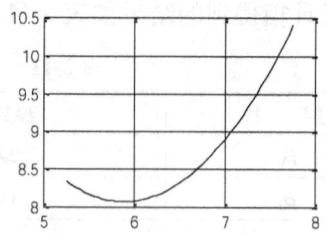

图 3-13　模型式（3.8）中 $\hat{y}$ 与 x_2 的关系　　　　图 3-14　模型式（3.10）中 $\hat{y}$ 与 x_2 的关系

可以看出，交互作用项 $x_1 x_2$ 加入模型后，对 $\hat{y}$ 与 x_1 的关系稍有影响，而 $\hat{y}$ 与 x_2 的关系有较大变化，当 $x_2 < 6$ 时 $\hat{y}$ 出现下降，$x_2 > 6$ 以后 $\hat{y}$ 上升则快得多。

进一步讨论　为进一步了解 x_1 和 x_2 之间的交互作用，考察模型式（3.10）的预测方程

$$\hat{y} = 29.1133 + 11.1342 x_1 - 7.6080 x_2 + 0.6712 x_2^2 - 1.4777 x_1 x_2 \quad (3.11)$$

如果取价格差 $x_1 = 0.1$（元），代入式（3.11），得

$$\hat{y}|_{x_1=0.1} = 30.2267 - 7.7558 x_2 + 0.6712 x_2^2 \quad (3.12)$$

再取 $x_1 = 0.3$（元），代入式（3.11），得

$$\hat{y}|_{x_1=0.3} = 32.4535 - 8.0513 x_2 + 0.6712 x_2^2 \quad (3.13)$$

它们均为 x_2 的二次函数，其图形如图 3-15 所示，且

$$\hat{y}|_{x_1=0.3} - \hat{y}|_{x_1=0.1} = 2.3368 - 0.2955 x_2 \quad (3.14)$$

由式（3.14）可得，当 $x_2 < 7.5357$ 时，总有 $\hat{y}|_{x_1=0.3} > \hat{y}|_{x_1=0.1}$，即若广告费用不超过大约 7.5（百万元），价格差定在 0.3（元）时的销售量，比价格差定在 0.1（元）时的大，也就是说，这时的价格优势会使销售量增加。

由图 3-15 还可以看出，虽然广告投入的增加会使销售量增加（只要广告费用超过大约 6 百万元），但价格差较小时的速率要更大些，这些现象都是由于引入了交互作用项 $x_1 x_2$ 后所产生的。价格差较大时，许多消费者是受价格杠杆的驱动来购买公司产品的，所以可以较少地依赖广告投入的增加来提高销售量。而当价格差较小时，则更需要广告吸引更多的顾客。

另外，当公司牙膏的售价在市场中明显处于弱势时，x_1 和 x_2 之间的交互作用项不见得就是乘积项 $x_1 x_2$ 了，可能还会出现其他形式的组合。

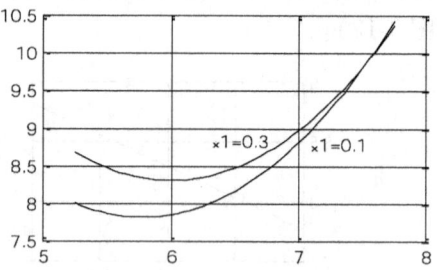

图 3-15　$\hat{y}$ 与 x_2 的关系式（3.12）与式（3.13）的图形

3.4 聚类分析

对自然界的各种事物进行分类,这是人类认识世界和改造世界的前提。《周易·系辞上》讲"方以类聚,物以群分,吉凶生矣"(意思是各种方法因种类相同而聚在一起,各种事物因种类不同而被区分开)。所谓类,通俗地说,就是指相似元素的集合,因而聚类分析(Cluster Analysis)又称群分析,它是研究(样品或指标)分类问题的一种统计分析方法。

在自然科学和社会科学中,存在着大量的分类问题。例如,在经济研究中,为了研究不同地区城镇居民生活中的收入及消费状况,往往需要划分为不同的类型去研究;在人口研究中,需要构造人口生育分类模式、人口死亡分类函数,以此来研究人口的生育和死亡规律;在经济学中,根据人均国民收入、人均工农业产值和人均消费水平等多项指标对世界上所有国家的经济发展状况进行分类;在商务上,聚类分析能帮助市场分析人员从客户基本库中发现不同的客户群,并且用购买模式来刻画不同的客户群的特征;在生物学上,聚类分析能用于推导植物和动物的分类,对基因进行分类,获得对种群中固有结构的认识。此外,聚类方法在地球观测数据库中相似地区的确定、汽车保险单持有者的分组,以及根据房子的类型、价值和地理位置对一个城市中房屋的分组上也可以发挥作用。目前聚类分析被广泛应用于地质、电子工程、医学、生物学、考古学、模式识别、企事业管理等各个领域。

聚类分析的目的是把分类对象按一定规则分成若干类,这些类不是事先给定的,而是由数据的特征决定的,对类的数目和类的结构不必做任何假定。同一类里的对象在某种意义上倾向于彼此相似,而在不同类里的对象则倾向于不相似。

聚类分析根据分类对象不同分为 Q 型和 R 型,前者是指对样品进行聚类,后者是指对变量进行聚类,在数学上他们是对称的,并没有什么不同。

3.4.1 距离的度量

每一个类中都包含有若干个体,那么,如何定义类与类之间的相似性呢?这不仅要考虑各个类的特征,而且还要计算类与类之间的距离。

在这里介绍两个概念,一个是点间距离,一个是类间距离。点间距离有很多种定义方式,最简单的是欧式距离,此外还有兰式距离和马氏距离等。根据距离来决定两点间的远近是最自然的想法,当然还有一些和距离不同但起相同作用的概念,比如相似性(人们提出了相似系数的概念),两点相似度越大,就相当于距离越短。

由一个点组成的类是最基本的类,如果每一类都是由一个点组成,那么点间距离就是类间距离。但是如果某一类包含不止一个点,那么就要确定类间距离。

类间距离是基于点间距离定义的，也有很多种定义方式，比如下面会介绍到的最长距离法、最短距离法以及重心法等。

在大致了解了点间距离和类间距离的概念后，我们下面就可以介绍基本的聚类方法了。这里简单介绍两种常用的方法：系统聚类法和 K-均值聚类法。

3.4.2 系统聚类法

系统聚类又称为分层聚类，是不需要事先确定分类数目的方法，它的主要思想就是先将 n 个样品各自看成一类，计算各类两两之间的距离，选择其中距离最小的两类合并成一新类，这时，原 n 类样品就聚成了 $n-1$ 类，然后再对这 $n-1$ 类重复上述过程，如此反复进行，直到所有样品都聚为一类为止。常见的距离的定义方式有以下几种：

1. 最短距离法（Nearest Neighbor or Single Linkage Method）

最短距离法是将两变量间的距离定义为一个类中所有个体与另一个类中的所有个体间距离的最小者，即

$$D_s(p, q) = \min\{d_{ji} | j \in G_p, i \in G_q\}$$

它等于类 G_p 与类 G_q 中最临近的两个样品的距离，图 3-16 中两个类的距离为 $D_s(p, q) = d_{24}$。

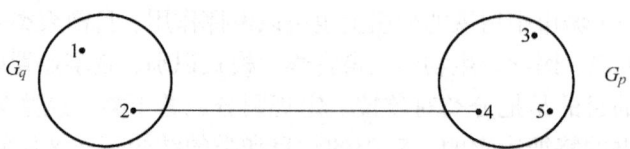

图 3-16 类 G_p 与类 G_q 的最短类间距离示意图

2. 最长距离法（Farthest Neighbor or Complete Linkage Method）

最长距离法是将两变量间的距离定义为一个类中所有个体与另一个类中的所有个体间距离的最大者，即

$$D_c(p, q) = \max\{d_{jl} | j \in G_p, l \in G_q\}$$

它等于 G_p 和 G_q 中最远的两个样品的距离，图 3-17 中两个类的距离为 $D_c(p, q) = d_{13}$。

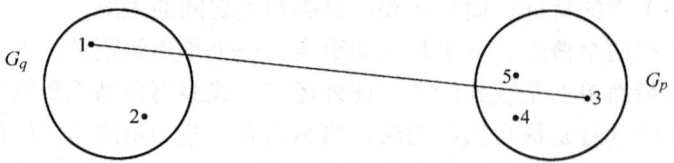

图 3-17 类 G_p 与类 G_q 的最长类间距离示意图

3. 重心距离（Centroid Method）

由于一个类用它的重心来代表是比较合理的，因而重心距离法将两变量间的

距离定义为两类各自重心点之间的距离，即

$$D_c(p, q) = d_{\bar{X}_p \bar{X}_q}$$

它等于 G_p 和 G_q 各自重心 $\bar{X}_p$ 和 $\bar{X}_q$ 间的距离。

4. 未加权的类平均距离法（Group Average Method）

未加权的类平均距离法定义距离为一个类中所有个体与另一类中的所有个体间距离的平均值，即

$$D_G(p,q) = \frac{1}{n_p n_q} \sum_{i \in G_p} \sum_{j \in G_q} d_{ij}$$

它等于类 G_p 和类 G_q 中任意两个样品距离的平均值，式中的 n_p 和 n_q 分别为类 G_p 和类 G_q 中的样品数，图 3-18 中两个类的距离为

$$D_G(p, q) = \frac{d_{13} + d_{14} + d_{15} + d_{23} + d_{24} + d_{25}}{6}$$

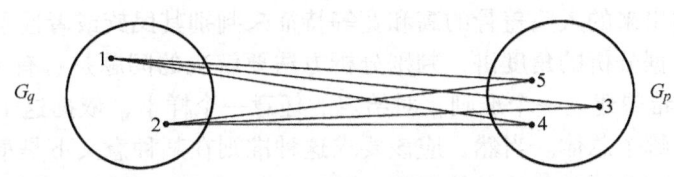

图 3-18　类 G_p 与类 G_q 的未加权的类平均距离示意图

5. 加权的类平均距离法

加权的类平均距离法在未加权的类平均距离法的基础上，将各自类中的规模作为权重即可。

6. 离差平方和距离（Sum of Squares Method）

这种方法与之前的方法有着明显的不同，它是利用变异数分析的思想。类中各样品到类重心（均值）的平方欧式距离之和称之为（类内）离差平方和。一个好的聚类应使得群内的差异尽量小，而群间的差异尽量大，也就是类内的离差平方和尽量小，而类间的离差平方和尽量大。

3.4.3　K-均值聚类法

K-均值聚类法又称快速聚类法，要求我们在聚类之前就决定好分类的数目。假定事先要将所有变量分成 K 类，那么快速聚类法还要求我们事先确定 K 个点为"聚类种子"（SPSS 软件会自动选取）。它的基本步骤如下：

1）选择 K 个样品作为初始凝聚点，或者选择 K 个初始类，然后把它们的重心作为初始凝聚点。

2）对除凝聚点之外的所有样品逐个归类，将每个样品归入凝聚点离它最近的那个类，该类的凝聚点更新为这一类目前的均值，直至所有样品都归了类。

3.5 判别分析

在自然科学和社会科学中,研究对象用某种方法已划分为若干类型,当得到一个新的样品数据时,利用事先建立的一定的判别准则来确定该样品属于已知类型中的哪一类,这类问题就属于判别分析(Discriminant Analysis)。

在现实生活中,经常需要根据观测到的数据资料对所研究的对象进行分类。例如,在医疗诊断中,根据病人的多种检查指标来判断此人是否患有某种疾病;在地质勘探中,根据某地的地质结构、化学探测和物理探测的各项指标来判断该地的矿物类型;在气象学中,要根据已有的气象资料(气温、气压等)来判断明天是晴、多云、阴或者有雨;在环境科学中,根据某地区的气象条件和大气污染元素浓度等来判别该地区是属于严重污染、一般污染还是无污染;在考古学中,根据挖掘出来的人头盖骨的高和宽等特征来判别其民族或者性别。

从统计数据分析的角度讲,判别分析方法要解决的问题是:有 k 个总体 G_1, G_2, $\cdots$, G_k, 希望建立一个准则,对给定的任意一个样本,依据这个准则就能判断它是来自于哪个总体。当然,应该要求这种准则在某种意义下是最优的。

由于各类问题所具备的条件不同,及建立判别函数的依据不同,产生了多种判别分析的方法,常用的有距离判别法、贝叶斯(Bayes)判别法、费希尔(Fisher)判别法、逐步判别法。以下做些简单介绍。

1. 距离判别法

由于原始数据中已知了不同数据的所属类别,这样就可以计算出各类的重心,那么只需分别计算该样本与各类重心之间的距离,若它与第 i 类重心距离最近,则判定该样本来自第 i 类。需要注意的是,在判别分析中,为了排除各变量量纲的影响,通常会采用马氏距离(Mahalanobis)。

2. Fisher 判别法

Fisher 判别法是一种先投影的方法,通过将高维空间中的点向低维空间进行投影,投影的原则是将总体和总体之间尽可能分开,然后再选择合适的判别规则,将待判别的样品进行分类判别。

3. Bayes 判别法

Bayes 判别法与 Fisher 判别法相比,最主要的区别在于它不是通过建立判别函数来判断样品的所属类别,而是通过比较样品属于各类的后验概率的大小来对样本的归属作出判断。如果共有 k 类,且 $P(i|x) = \max\{P(j|x)\}(j=1,2\cdots,k)$,则判定样品来自第 i 类。

4. 逐步判别法

有时,一些变量对于判别并没有什么作用,为了得到对判别最合适的变量,可以使用逐步判别法。也就是先用少数变量进行判别，然后一边判别一边引进判别能力最强的变量，又要淘汰判别能力不强的变量，这个过程可以有进有出。

注：聚类分析和判别分析都可以用 MATLAB 实现，但命令比较复杂。建议使用 SPSS 这类统计软件。

3.6 应用案例——城市表层土壤重金属污染分析（CUMCM2011A）

1. 问题概述

随着城市经济的快速发展和城市人口的不断增加，人类活动对城市环境质量的影响日显突出。人类活动影响下城市地质环境的演变模式，也日益成为人们关注的焦点。

我们将城区分为生活区、工业区、山区、主干道路区及公园绿地区五个部分，分别进行土壤地质环境的调查，对城市环境质量做出评价，希望能有效控制重金属污染物的排放及扩散，制定相关措施保护好我们赖以生存的周边环境。根据题意，本文需要解决的问题有：

1）给出 8 种主要重金属元素在该城区的空间分布，并分析该城区内不同区域重金属的污染程度；

2）通过数据分析，说明重金属污染的主要原因。

2. 模型假设

1）不考虑元素间相互作用的影响；

2）短期内重金属元素的物理、化学变化及迁移对周围环境影响不大；

3）取样点在该城区内均匀分布；

4）不考虑风、河流对污染物传播的影响；

5）假设重金属元素的传播主要是由于雨水冲刷引起，基本不受风向等其他外界因素影响。

3. 符号与变量说明

r_i：给定区域内任一点 P 与点 P_i 之间的距离（$i=1, 2, \cdots, 8$）；

h_i：对应采样点的地形高度（$i=1, 2, \cdots, 8$）；

$(x(i), y(i))$：采样点的平面坐标（$i=1, 2, \cdots, 8$）；

P：土壤中污染物 i 的环境质量指数；

C_i：重金属含量的实测值（$i=1, 2, \cdots, 8$）；

S_i：重金属元素的背景值（$i=1, 2, \cdots, 8$）；

PN：某地区的综合污染指数；

P_{max}：土壤污染物中污染指数的最大值；

P_{ave}:土壤污染物中污染指数的平均值;

ρ:两种重金属元素的相关系数;

x、y:分别表示两种重金属在采集点上的浓度;

$\bar{x}$、$\bar{y}$:分别表示两种重金属浓度的平均值。

4. 模型建立与求解

(1) 重金属元素的空间分布及不同区域重金属的污染程度

1) 重金属元素的空间分布:观察各采样点的分布情况,如图 3-19 所示。由图 3-19 可知,各采样点并不是分布在规则的网格点上,而是呈现出散乱状态(画法见本节附录的附件3)。

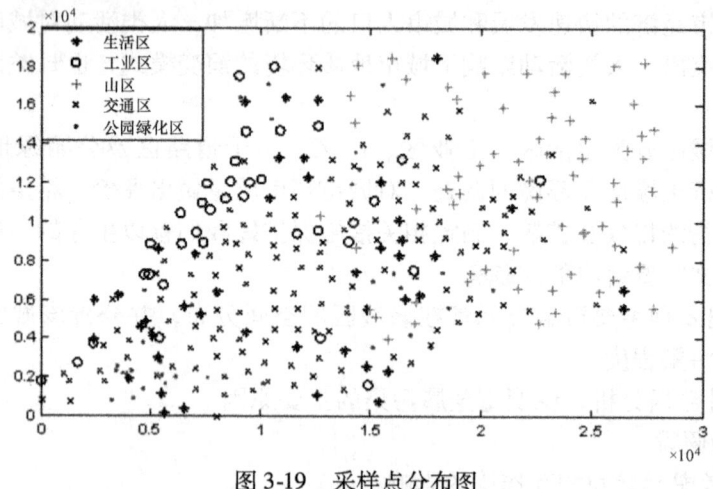

图 3-19 采样点分布图

对地形高度以及各金属的浓度进行 Shepard 插值,以汞(Hg)和镉(Cd)为例,用 MATLAB 绘制出图 3-20 ~ 图 3-22。

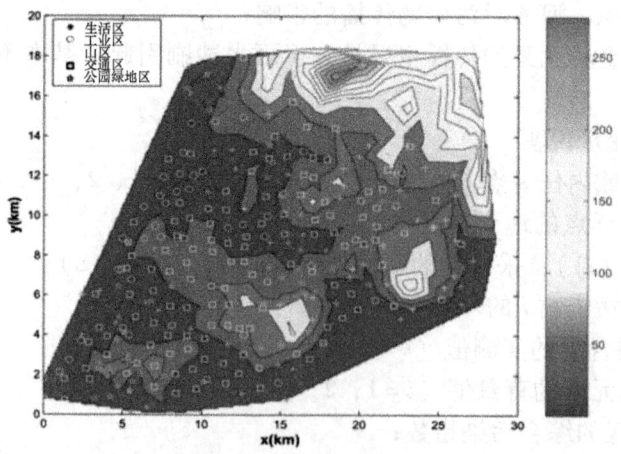

图 3-20 地形空间分布图

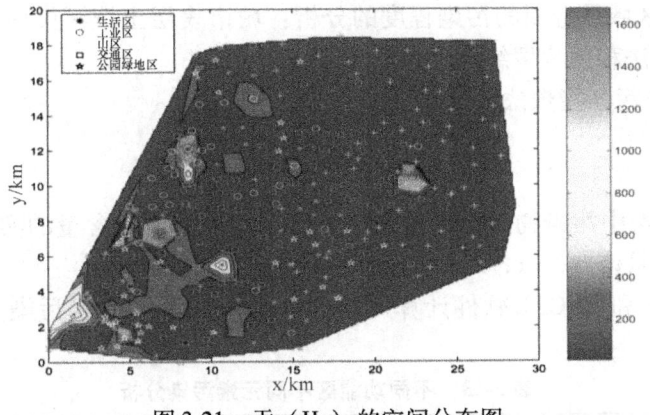

图 3-21 汞（Hg）的空间分布图

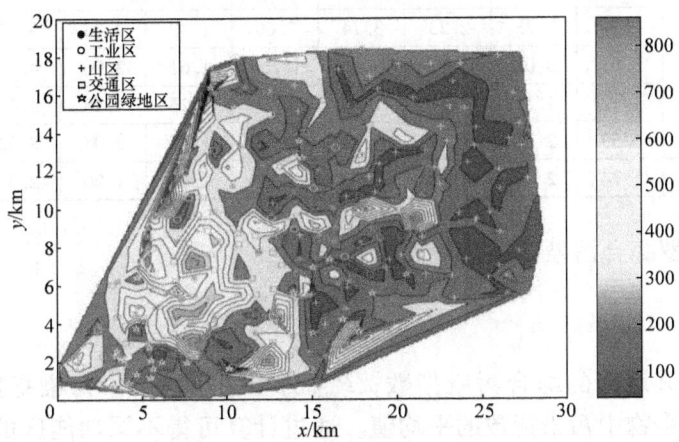

图 3-22 镉（Cd）的空间分布图

由图 3-20 和图 3-21 可知，Hg 的分布很集中，主要出现在交通区和工业区，最高值出现在交通区；除山区外，该城区大部分区域 Cd 的含量超标，在工业区和交通区，超标现象尤为明显。其他 6 种重金属的空间分布情况见表 3-12。

表 3-12 其他 6 种重金属元素的空间分布情况

元素	空间分布情况
As	含量普遍较高，最大值出现在交通区，说明主干道路污染整体不大，但个别区域污染较严重
Cu	总体分布很集中，主要出现在工业区和交通区的交界处
Cr	总体分布很集中，高浓度区主要出现在工业区和生活区，交通区也有较集中的分布
Zn	集中分布在 7 个点上，在工业区、交通区和生活区均有较明显的分布，最大值出现在工业区
Ni	分布很集中，集中分布在主干道路和工业区，最大值出现在交通区
Pb	集中分布在工业区和交通区交界的两点，生活区和公园绿地区的含量也超标

2）不同区域重金属的污染程度的分析：城市表层土壤污染评价方法采用单因子污染指数法和内梅罗综合污染指数法。

① 单因子污染指数法的计算公式为

$$P = \frac{C_i}{S_i}$$

式中，P 为土壤中污染物 i 的环境质量指数；C_i 为重金属含量的实测值；S_i 为重金属元素的背景值（$i = 1, 2, \cdots, 8$）。

运用 SPSS 和 EXCEL 软件计算可得不同功能区不同元素污染分析如表 3-13 所示。

表 3-13 不同功能区不同元素污染分析

功 能 区	P_{As}	P_{Cd}	P_{Cr}	P_{Cu}	P_{Hg}	P_{Ni}	P_{Pb}	P_{Zn}	平 均 值
生活区	1.74	2.23	2.23	3.74	2.66	1.49	2.23	3.43	2.47
工业区	2.01	3.02	1.72	9.66	18.35	1.61	3.00	4.03	5.43
山区	1.12	1.17	1.26	1.31	1.17	1.26	1.18	1.06	1.19
交通区	1.59	2.77	1.87	4.71	12.77	1.43	2.05	3.52	3.84
公园绿地区	1.74	2.16	1.41	2.29	3.29	1.24	1.96	2.24	2.04

② 内梅罗综合污染指数的计算公式为

$$PN = \sqrt{\frac{P_{ave}^2 + P_{max}^2}{2}}$$

式中，PN 为某地区的综合污染指数；P_{max} 为土壤污染物中污染指数的最大值；P_{ave} 为土壤污染物中污染指数的平均值。通过计算可得不同功能区的综合污染分析如表 3-14 所示。

表 3-14 不同功能区综合污染指数

功 能 区	生 活 区	工 业 区	山 区	交 通 区	公园绿地区
PN	4.558621	14.68159	1.652858	11.87411	3.744166

③ 污染指数分级方法如表 3-15 所示。

表 3-15 污染等级表

污染等级	P	污染描述	污染程度
Ⅰ	$P < 0.7$	安全	清洁
Ⅱ	$0.7 \leq P < 1.0$	警戒线	尚清洁
Ⅲ	$1.0 \leq P < 2.0$	轻污染	超标
Ⅳ	$2.0 \leq P < 3.0$	中污染	中度污染
Ⅴ	$P \geq 3.0$	重污染	严重污染

通过表 3-13 ~ 表 3-15 可以得出如下结论:

a. 从污染程度上说,山区的污染指数明显低于其他 4 个区,说明人类活动对城市土壤重金属分布有重要影响。

b. 从污染类型上说,工业区主要以 Hg 和 Cu 的积累为特征,而生活区和公园绿地区则以 Cu 和 Zn 的积累为特征,交通区以 Hg、Cu、Zn 的积累为特征,即不同的人类活动造成城市土壤中不同类型的重金属积累。

c. 工业区、交通区、生活区、公园绿地区都属于重污染区,其中,工业区和交通区的污染非常严重,PN 值分别高达 14.68159 和 11.87411,而山区的人类活动相对较少,PN 值为 1.652858,属于轻度污染。

d. 对不同区域 PN 值对比发现,其不同区域污染程度呈现如下特点:

$$\text{工业区} > \text{交通区} > \text{生活区} > \text{公园绿地区} > \text{山区}$$

(2) 分析重金属污染的主要原因

1) 分析相关性。为了分析污染原因,考虑不同重金属元素之间是否存在一定的联系,进而对不同区域的 8 种重金属进行相关性分析。如果不同的重金属存在很高的相关性,那么它们可能存在共生性,因而有理由相信,它们是由同一污染源产生的,从而可以分析出污染产生的原因。

相关系数定义为

$$\rho = \frac{\sum (x - \bar{x})(y - \bar{y})}{\sqrt{\sum (x - \bar{x})^2} \cdot \sqrt{\sum (y - \bar{y})^2}}$$

利用 SPSS 软件对 5 个区域的重金属浓度的相关性进行计算,得出了生活区、工业区、山区、交通区以及公园绿地区土壤中 8 种重金属浓度的相关分析结果(其中生活区的重金属相关分析见下表 3-16)。

表 3-16 生活区的土壤中重金属相关分析结果

	As(μg/g)	Cd(ng/g)	Cr(μg/g)	Cu(μg/g)	Hg(ng/g)	Ni(μg/g)	Pb(μg/g)	Zn(μg/g)
As(μg/g)	—	—	—	—	—	—	—	—
Cd(ng/g)	0.38	—	—	—	—	—	—	—
Cr(μg/g)	0.24	0.35	—	—	—	—	—	—
Cu(μg/g)	0.53	0.50	0.38	—	—	—	—	—
Hg(ng/g)	0.29	0.40	0.15	0.2	—	—	—	—
Ni(μg/g)	0.61	0.28	0.53	0.43	0.21	—	—	—
Pb(μg/g)	0.45	0.80	0.42	0.50	0.34	0.3	—	—
Zn(μg/g)	-0.02	0.35	0.41	0.24	0.24	0.33	0.33	—

2）分析重金属污染原因。由表3-16可知，土壤中Pb与Cd显著正相关（相关系数为0.8），且相关性较强；其次为As与Ni（相关系数为0.61），Cu与As，Ni与Cr间也达到了显著的正相关（相关系数均为0.53）。结合之前得到的各个区域中8种重金属的污染指数，从中可以看出，在生活区中，元素的污染程度较严重的依次为Cu、Zn和Hg。由此可知，在这一区中的重金属主要是来自生活垃圾的排放，如废旧电池、没用完的化妆品，以及塑料等含有重金属的垃圾的污染。

同理（限于篇幅，其他4个区域的相关分析结果表省略），在工业区土壤中Hg与Cu显著相关水平较强；其次为Cu与Cr，Hg与Cr。而在工业区中污染最严重的元素为Hg和Cu。显然，该区的污染主要是由于工业废弃物及废水的排放、工业矿区的开采和冶炼，以及金属加工等工业因素造成的。

在山区土壤中，Ni与Cr的显著性水平最强，其次是Pb与Cd，Zn与Cr以及Zn与Ni。由之前的数据可知，山区土壤中的重金属污染程度与其他地区相比普遍较低，主要重金属为Cu、Ni和Cr。其中金属Ni主要来自山区岩石的风化以及动植物残体的腐烂自然形成，在土壤中富集。其他元素的污染可能是由大气中的重金属沉降造成的，大气中的重金属则主要来自工业生产，交通工具的尾气排放中含有的有害气体及粉尘等，通过自然沉降，雨淋沉降等方式进入土壤。同时也由于山区距离城市中心较远，受到沉降污染的程度较小。

在交通区土壤中金属Cu，Cd与Ni的显著性较强，其次是Pb及Cd。同时在污染指数表中可以看到，交通区的Hg污染最严重，其次是Cu污染。其原因主要是公路区域的汽车尾气排放以及汽车轮胎的磨损产生大量的有害气体及粉尘沉降土壤中，对环境造成了污染。

在公园绿地区土壤中Cu与Pb的显著性水平较强，其次是Cr与Ni，Zn与Pb。而在公园绿地区中，Hg的污染最严重，其次是金属Cu和Zn。其污染原因主要有以下几点：

①污水灌溉：由于水质受到工业污染，在灌溉绿地时导致了绿地区域土壤的污染；

②污泥施肥：污泥中含有大量的有机质和N、P、K等营养元素，同时也含有大量的重金属。公园绿地中的重金属污染很有可能是由于不合理施肥造成的。

③植物吸收：植物也有吸附重金属的功能，重金属通过植物进入土壤，也可以造成环境的污染。

本文考虑的只是重金属对土壤的污染问题，当然也可以把它推广到重金属对植物和动物的影响，从而有利于对农作物的培育和动物的养殖，甚至可以确定其给人体带来的危害，也可以应用到其他金属元素对土壤的污染和影响，从而研制出促进农作物生长的化肥，有利于农业的发展。

此模型符合现今社会发展的状况，目前，人类都关注着自己身体的健康，知道有害金属对人体的危害，应用本文的模型及分析方法，我们可以对某地区加以分析，尽量选择远离易受重金属污染的地理区域居住，尽量避免摄入含有重金属元素的食物，有利于城市合理规划，由此对人类的健康和安全带来了可靠的理论和实践依据。

5. 附件

附件 1

```
% 采样点分布图 C 语言程序代码
load x1.txt;
load y1.txt;
load x2.txt;
load y2.txt;
load x3.txt;
load y3.txt;
load x4.txt;
load y4.txt;
load x5.txt;
load y5.txt;
plot(x1,y1,'b* ')
hold on
plot(x2,y2,'o')
hold on
plot(x3,y3,'c + ')
hold on
plot(x4,y4,'rx')
hold on
plot(x5,y5,'g. ')
legend('生活区','工业区','山区','交通区','公园绿化区')
```

附件 2

```c
% Shepard 插值 C 语言程序代码
#include <stdio.h>
#include <math.h>
int main()
{
    freopen("input.txt","r",stdin);
    freopen("output.txt","w",stdout);
    double x[500],y[500],h[500];
    int i,flag = 0;
    double xx,yy,suma = 0,sumb = 0,hh,ri;
    for(i = 0;i < 319;i + +)
        {
```

```c
        scanf("%5lf  %5lf  %lf",&x[i],&y[i],&h[i]);
    }
    for(xx = 0;xx < = 30000;xx + =300)
      for(yy = 0;yy < = 20000;yy + =200)
  {
    for(i = 0;i < 319;i + +)
    {
       ri = sqrt(pow(xx - x[i],2) + pow(yy - y[i],2));
       if(ri = = 0)
       {
          flag = 1;
          break;
       }
      suma + = h[i]* 1.0/(ri * ri);
      sumb + = 1.0 / (ri * ri);
    }
    if(flag)
    {
    if(yy = = 0)
    printf("%.21f",h[i]);
    else
       printf(" %.21f",h[i]);
    if(yy = = 20000)
       printf("\n");
    }
    else
    {
    hh = suma / sumb;
    if(yy = = 0)
    printf("%.21f",hh);
    else
        printf(" %.21f",hh);
        if(yy = = 20000)
        printf("\n");
    suma = 0;
    sumb = 0;
  }
    flag = 0;
    }
return 0;
}
```

附件 3

```
% 地形高度图
x = 0:300:30000;
y = 0:200:20000;
h = load('D:\插值\output.txt')
surf(x,y,h)
title('地形高度图')
```

习 题 3

1. 表 3-17 是国家统计局网站上公布的 2004 年至 2008 年我国各地区 GDP 及各年的增长率（可以在国家统计局网站上下载到 Excel 格式的数据）。

（1）求取 2008 年表中 31 个省市自治区 GDP 的均值、方差、中位数、上四分位数、下四分位数、偏态系数和峰态系数，并对该数据的分布情况作出解释。

（2）对 2008 年表中 31 个省市自治区 GDP 作出直方图、茎叶图、箱线图。

（3）对 2008 年表中 31 个省市自治区 GDP 利用前面介绍的方法分别进行正态性检验。

（4）利用条形图描述北京市 2004 年至 2008 年的 GDP。

（5）利用线性图描述北京市 2004 年至 2008 年 GDP 增长率的变化情况。

表 3-17 各地区 GDP 有关数据

地 区	地区生产总值/亿元					增长率/%				
	2004	2005	2006	2007	2008	2004	2005	2006	2007	2008
北京	6060.3	6886.31	7861	9353.32	10488.03	14.1	11.8	12.8	13.3	9
天津	3111	3697.62	4344.3	5050.4	6354.38	15.8	14.7	14.5	15.2	16.5
河北	6477.6	10096.1	11516	13709.5	16188.61	12.9	13.4	13.4	12.8	10.1
山西	3571.4	4179.52	4715	5733.35	6938.73	15.2	12.6	11.8	14.4	8.3
内蒙古	3041.5	3895.55	4841.8	6091.12	7761.8	20.9	23.8	19	19.1	17.2
辽宁	6672	8009.01	9214.2	11023.5	13461.57	12.8	12.3	13.8	14.5	13.1
吉林	3122	3620.27	4275.1	5284.69	6424.06	12.2	12.1	15	16.1	16
黑龙江	4750.6	5511.5	6201.5	7065	8310	11.7	11.6	12.1	12	11.8
上海	8072.6	9154.18	10366	12188.9	13698.15	14.2	11.1	12	14.3	9.7
江苏	15004	18305.7	21645	25741.2	30312.61	14.8	14.5	14.9	14.9	12.3
浙江	11649	13437.7	15743	18780.4	21486.92	14.5	12.8	13.9	14.7	10.1
安徽	4759.3	5375.12	6131.1	7364.18	8874.17	13.3	11.6	12.8	13.9	12.7
福建	5763.4	6568.93	7584.4	9249.13	10823.11	11.8	11.6	14.8	15.2	13

(续)

地 区	地区生产总值/亿元					增长率/%				
	2004	2005	2006	2007	2008	2004	2005	2006	2007	2008
江西	3456.7	4056.76	4670.5	5500.25	6480.33	13.2	12.8	12.3	13	12.6
山东	15022	18516.9	22077	25965.9	31072.06	15.4	15.2	14.8	14.3	12.1
河南	8553.8	10587.4	12363	15012.5	18407.76	13.7	14.2	14.4	14.6	12.1
湖北	5633.2	6520.14	7581.3	9230.68	11330.38	11.2	12.1	13.2	14.5	13.4
湖南	5641.9	6511.34	7508.9	9200	11156.64	12.1	11.6	12.2	14.5	12.8
广东	18865	22366.5	26160	31084.4	35696.46	14.8	13.8	14.6	14.7	10.1
广西	3433.5	4075.75	4828.5	5955.65	7171.58	11.8	13.2	13.6	15.1	12.8
海南	793.9	894.57	1031.9	1223.28	1459.23	10.7	10.2	12.5	14.8	9.8
重庆	2692.8	3070.49	3452.1	4122.51	5096.66	12.2	11.5	12.2	15.6	14.3
四川	6379.6	7385.11	8637.8	10505.3	12506.25	12.7	12.6	13.3	14.2	9.5
贵州	1677.8	1979.06	2270.9	2741.9	3333.4	11.4	11.6	11.6	13.7	10.2
云南	3081.9	3472.89	3981.3	4741.31	5700.1	11.3	9	11.9	12.5	11
西藏	220.34	251.21	291.01	342.19	395.91	12.1	12.1	13.3	14	10.1
陕西	3175.6	3675.66	4520.1	5465.79	6851.32	12.9	12.6	12.8	14.6	15.6
甘肃	1688.5	1933.98	2276.7	2702.4	3176.11	11.5	11.8	11.5	12.3	10.1
青海	466.1	543.32	639.5	783.61	961.53	12.3	12.2	12.2	12.5	12.7
宁夏	537.16	606.1	710.76	889.2	1098.51	11.2	10.9	12.7	12.7	12.2
新疆	2209.1	2604.19	3045.3	3523.16	4203.41	11.4	10.9	11	12.2	11

2. 2011 年全国大学生数学建模竞赛 A 题提供了某个地区（分为工业区、交通要道等 5 种区域）319 个观测点上的 8 种重金属的浓度，由于数据较大，请在数学建模官方网站 www.mcm.edu.cn 上查找。

（1）对每一种重金属在全部观测点上的浓度值求取均值、方差、中位数、上四分位数、下四分位数、最大值和最小值，画出直方图、箱线图，并进行正态性检验。

（2）计算每种区域上每种重金属浓度的均值、方差、中位数、上四分位数、下四分位数、最大值和最小值，画出直方图、箱线图，并进行正态性检验。

（3）基于前两问的结果，对每种重金属的分布特点作出解释。

（4）利用散点图分别描述每种重金属浓度值和其观测点经纬度以及海拔的关系。

3. 某公司管理人员为了解某种品牌的化妆品在一个城市的月销售量 Y（单位：箱）与适合使用该化妆品的人数 X_1（单位：千人）以及他们人均月收入 X_2

(单位：元)之间的关系，在某个月中对 15 个城市做了调查，上述各量的调研数据如表 3-18 所示。

表 3-18 15 个城市的调研数据

销量/箱	人数/千人	收入/元	销量/箱	人数/千人	收入/元
162	274	2450	116	195	2137
120	180	3254	55	53	2560
223	375	3802	252	430	4020
131	205	2838	232	372	4427
67	86	2347	144	236	2660
169	265	3782	103	157	2088
81	98	3008	212	370	2605
192	330	2450	16		

请拟合 Y 关于 X_1 和 X_2 的线性回归模型，并写出回归方程。

4. 某校从高中二年级女生中随机抽取 16 名，测得身高和体重数据如表 3-19 所示。试根据不同聚类方法对学生进行聚类，画出聚类图，并比较不同方法下聚类结果之间的差异。

表 3-19 16 名女生的身高与体重

序 号	身高/cm	体重/kg	序 号	身高/cm	体重/kg
1	160	49	9	160	45
2	159	56	10	160	44
3	160	41	11	157	43
4	169	49	12	163	50
5	162	50	13	161	51
6	165	48	14	158	45
7	165	52	15	159	48
8	154	43	16	161	48

5. 将第 4 题中的 16 名女生通过聚类方法分成两类，现另有一名女生的身高和体重分别为 163cm 和 47kg，请用判别分析方法判断该女生属于哪一类。

第 4 章 计算机模拟方法

计算机科学技术的迅猛发展，给许多学科带来了巨大的影响。计算机不但使问题的求解变得更加方便、快捷和精确，而且使得解决实际问题的领域也变得更加广泛。计算机适合于解决那些规模大、难以解析化以及不确定的数学模型，例如，对于一些带随机因素的复杂系统，用分析方法建模常常需要作许多简化假设，与面临的实际问题可能相差甚远，以致解答根本无法应用。这时，模拟几乎成为人们唯一的选择。在历届美国和中国大学生的数学建模竞赛中，经常会用到计算机模拟（Computer Simulation）方法去求解、检验等，计算机模拟是建模过程中较为重要的一类方法。

所谓计算机模拟，就是用计算机程序在计算机上模仿各种实际系统的运行过程，并通过计算来了解系统随时间变化的行为或特性，它是在已经建立起的数学与逻辑模型之上，通过计算机实验，对一个系统按照一定的决策原则或作业规则，由一个状态变换为另一个状态的行为进行描述和分析。

计算机模拟实质上是计算机建模，而计算机模型就是计算机方法和理论（如程序、流程图、算法等），它是架设于计算机理论和实际问题之间的桥梁，计算机模拟的一般过程是：

1）对所要模拟的对象建立模型，所建立的模型可以是数学模型、化学模型、物理模型或者其他模型，这也是计算机模拟最重要的部分。一个模型的好坏会直接影响最终的模拟效果。

2）依据所建立的模型编写计算机程序，或者借助计算机模拟软件对模型进行具体的实现，一般会生成可视化的效果。

3）在计算机上运行程序，并将结果将其和所要模拟的对象进行对照，以检测是否达到了预期的效果。它与数学建模的关系，如图 4-1 所示。

一般说来，在下列情况下，计算机模拟能有效地解决问题。

1）难以用数学公式表示的系统，或者没有建立和求解数学模型的有效

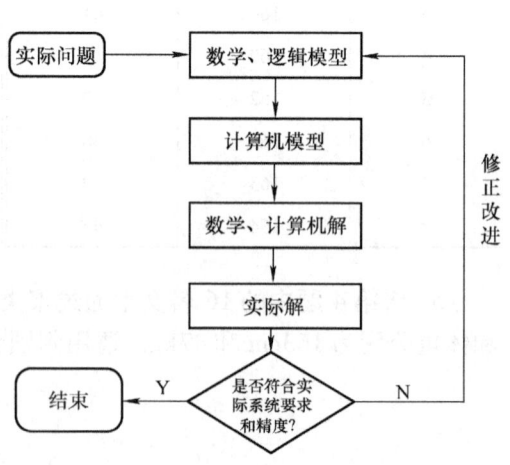

图 4-1 计算机模拟流程图

方法。

2）虽然可以用解析的方法解决问题，但数学分析与计算过于复杂，此时，计算机模拟可能提供简单可行的求解方法。

3）希望能在较短的时间内观察到系统发展的全过程，以估计某些参数对系统行为的影响。

4）难以在实际环境中进行实验和观察时，计算机模拟是唯一可行的方法，例如太空飞行的研究、核爆炸等。

5）需要对系统或过程进行长期运行和比较，并从大量方案中寻找最优方案。

6）人们无法预测或者很难预测的现象，如股市预测、经济运行情况预测、地震预测等。

计算机模拟是系统随时间变化而变化的动态写照，因此，在通常情况下，模拟是按时间来划分的。目前，计算机模拟大致可分成静态模拟和动态模拟。数值积分中的蒙特卡罗（Monte Carlo）方法是典型的静态模拟。动态模拟又分为连续系统模拟和离散系统模拟。本章主要讨论数学建模竞赛活动中经常用到的 Monte Carlo 方法和离散系统的模拟方法。实际上，对连续系统的模拟，也是将连续状态变量在时间上进行离散化处理，并由此模拟系统的运行状态。

4.1 蒙特卡罗法

蒙特卡罗方法是计算机模拟的基础，其源于 1777 年法国科学家蒲丰提出的一种计算圆周率 π 的方法——随机投针法，即著名的蒲丰投针问题。

蒙特卡罗方法的基本思想是首先建立一个概率模型，使所求问题的解正好是该模型的参数或其他有关的特征量，然后通过模拟统计，即多次随机抽样实验，统计出某事件发生的百分比，只要实验次数足够大，该百分比便近似于事件发生的概率，这实际上就是概率的统计定义。蒙特卡罗方法属于试验数学的一个分支。

例如，为了对蒲丰投针问题进行模拟，首先要建立如下的概率模型。

设 X 是一随机变量，它服从区间 $[0, a/2]$ 上的均匀分布。同理，φ 是服从区间 $[0, \pi]$ 上的均匀分布。按照某种抽样法，产生随机变量的可能值，例如进行 n 次抽样，得到样本值 (x_i, φ_i) 其中 $i=1, 2, \cdots, n$。统计出满足不等式 $x_i \leqslant l_2 \sin\varphi_i$ 的次数 m（$m<n$），然后进行计算机模拟。下面使用 MATLAB 语言来编程，建立一个 m 文件：

```
function yy=simu(n,L,a)
m=0;
for k=1:n
    x=unifrnd(0, a/2);
    y=unifrnd(0, pi);
```

```
        if x < =L* sin( y)
        m = m +1 ;
        else
        end
end
p = m/n
pi - m = 1/p
```

输入 n，L，a，运行后，即可估算出概率 p 的估计值 m/n。若选取 L：a=1：2，可得到 π 的近似值。

蒙特卡罗方法的适用范围很广泛，它既能求解确定性的问题，也能求解随机性的问题以及科学研究中的理论问题。对随机现象进行模拟，实质上要给出随机变量的模拟，也就是说，利用计算机随机产生一系列数值（称为随机数），它们的出现要服从一定的概率分布。目前，经常使用的是按照一定的算法产生的随机数，其计算机的实现命令见附录 A.7。

4.2 库存系统的计算机模拟

在销售部门、工厂等领域中都存在库存问题，库存太多会造成浪费以及资金积压，库存少了则不能满足需求，也会造成损失。部门的工作人员需决定何时进货，进多少，使得所花费的平均费用最少，而收益最大，这就是库存问题。

例 4.1 某企业生产易变质的产品，当天生产的产品必须售出，否则就会变质。该产品单位成本为 2.5 元，单位产品售价为 5 元。企业为避免存货过多而造成损失，拟从以下两种库存方案中选出一个较优的方案。

方案甲：按前一天的销售量作为当天的库存量；

方案乙：按前两天的平均销售量作为当天的库存量。

假定市场对该产品的每天需求量是一个随机变量，但从以往的统计分析得知它服从正态分布 $N(135, 22.4)$。

1. 模型建立

计算机模拟的基本思路：

1) 获得市场对该产品的需求量的数据；
2) 计算出按照两种不同方案经 T 天后企业的利润值；
3) 比较大小，从中选出一个更优的方案。

2. 变量与符号说明

D：每天需求量；

Q_1：方案甲当天的库存量；

Q_2：方案乙当天的库存量；

S1：方案甲前一天的销售量；
S21：方案乙前一天的销售量；
S22：方案乙前两天的销售量；
S3：方案甲当天实际销售量；
S4：方案乙当天实际销售量；
L1：方案甲当天的利润；
L2：方案乙当天的利润；
TL1：方案甲累计总利润；
TL2：方案乙累计总利润；
T：预定模拟天数。

3. 模型求解

模拟过程的流程图如图 4-2 所示。

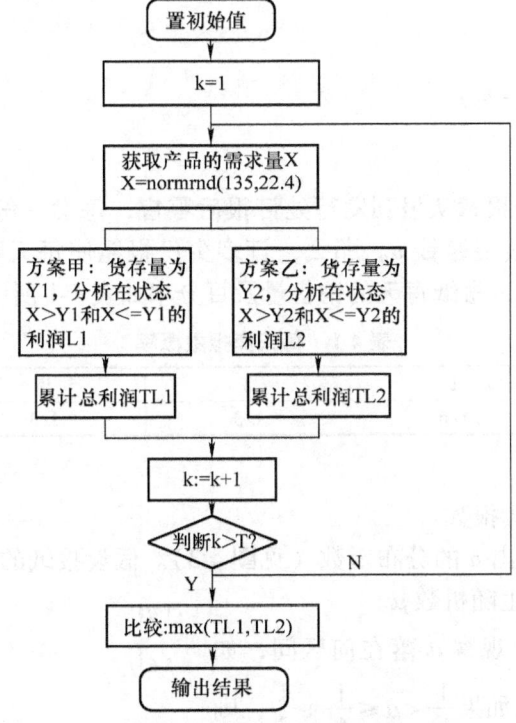

图 4-2　库存问题的计算机模拟流程图

给出初值，反复运行上述程序，通过比较即可得出各个方案的优劣。

MATLAB 程序：

```
function[TL1,TL2] = kucun(T,S1,S21,S22)
TL1 = 0;TL2 = 0;k = 1;
whilek < T
```

```
Q1 = S1,Q2 = (S21 + S22)/2;
D = normrnd(135,22.4);
IfD > Q1
S3 = Q1;
else
S3 = D;
end
ifD > Q2
S4 = Q2;
else
S4 = D;
end
L1 = 5* S3 - 2.5* Q1;
L2 = 5* S4 - 2.5* Q2;
TL1 = TL1 + L1;
TL2 = TL2 + L2;
  k = k + 1;
  S1 = S3;S22 = S21;S21 = S4;
end
TL1,TL2
```

例 4.2 设一个报童从报刊发行处订报后零售,每卖一份可赚钱 a,订报后如卖不出去,一份报要赔钱 b。那么,订多少份报能使每天赚钱最多(损失最小)?根据长期统计,报纸每天的销售量及百分率如表 4-1 所示。

表 4-1 每天卖报数概率

n	1	2	3	4
P_n	1/6	1/3	1/3	1/6

1. 模型建立

(1) 产生每天卖报数

根据表 4-1,做出 n 的分布函数(见图 4-3)。假设报纸的需求量服从均匀分布,用 MATLAB 产生随机数 μ。

对于随机数 μ,观察 μ 落在何区间,如 $\mu \leqslant \frac{1}{6}$,则令 $n=1$;如果 $\frac{1}{6} < \mu \leqslant \frac{1}{6} + \frac{1}{3}$,则令 $n=2$;当 $\frac{1}{2} < \mu \leqslant \left(\frac{1}{6} + \frac{1}{3} + \frac{1}{3}\right)$ 时,$n=3$;若 $\mu > \frac{5}{6}$ 时,则令 $n=4$。显然,由于 μ 是在 $[0,1]$ 上均匀分布的随机变量,用它对 n 的

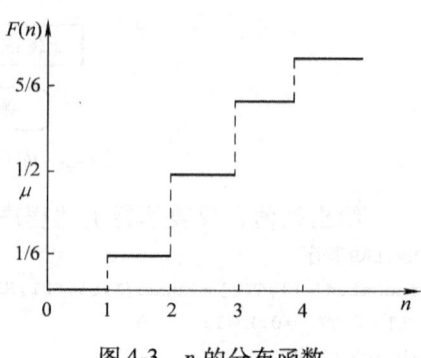

图 4-3 n 的分布函数

分布函数进行取样,则 μ 落在 $(0, 1/6]$,$(1/6, 1/2]$,$(1/2, 5/6]$,$(5/6, 1]$ 子区间的概率正比于上述各区间的长度,即分别为 1/6、1/3、1/3、1/6。

(2) 损失期望值模型

如果报童订 Q 份报纸,可能的损失有以下两种情况:

① 供过于求造成的损失

$$C_1 = b \sum_{n=0}^{Q} (Q-n) P_n$$

② 供不应求造成的损失

$$C_2 = a \sum_{n=Q+1}^{\infty} (n-Q) P_n$$

总的损失期望值为

$$C(Q) = b \sum_{n=0}^{Q} (Q-n) P_n + a \sum_{n=Q+1}^{\infty} (n-Q) P_n$$

使 $C(Q)$ 取得最小值的 Q 就是报童最优的订报份数。

2. 程序实现

(1) 模拟参量

模拟程序需要 5 个模拟参量,在表 4-2 中列出。

表 4-2 模拟参量

符号	变量说明
minNum	每天最少卖报份数
maxNum	每天最多卖报份数
a	每卖一份赚钱
b	卖不出去,每份要赔的钱
T	模拟天数

(2) 建模及统计变量

模拟程序需要 7 个建模及统计变量,在表 4-3 列出。

表 4-3 建模及统计变量

符号	变量说明
Q	订货量
exce$Q$	最优订货量
minLoss	最小损失量
avgLoss	订货量为 Q 时,模拟 T 天的平均损失值
μ	随机数
n	cyc$T$ 天的卖报数

(3) 程序流程图

程序流程图如图 4-4 所示,其中 α 为比较大的常数,输出结果为最优订货量和最小损失值。

模拟流程的思路是:从每天最少卖报份数 minNum 开始,每次加 1 份作为当天的订报数 Q 进行模拟,然后产生 T 个随机数 μ,由此产生代表 $cycT$ 天中每天的卖报数 n。根据 Q 与 n 的大小关系,表示供不应求或供过于求的状态,求出当天的平均损失值 avgLoss 及相应的订报份数 Q,最后求得最小损失值 minLoss 及相应的最优订货量 execQ。

模拟流程中用到两层循环:第一层循环是从最小份数到最大份数的循环,第二层循环是从第一天到第 T 天的循环。

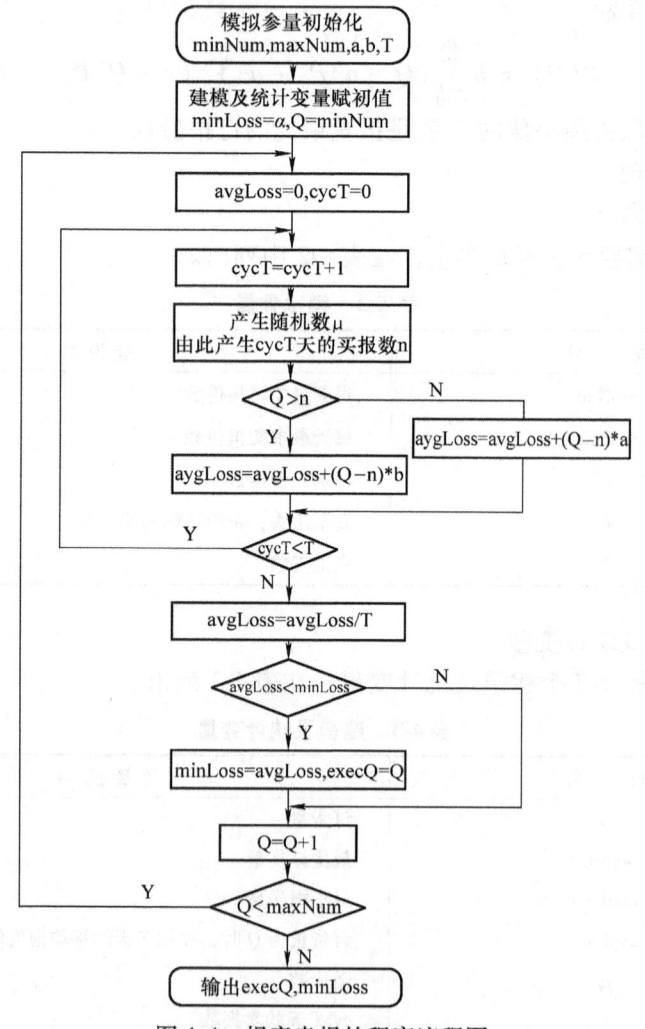

图 4-4 报童卖报的程序流程图

4.3 排队模型的计算机模拟

4.3.1 排队论简介

在日常工作与生活的各个方面，人们经常会遇到各种各样的拥挤现象，即顾客为了获得某种服务而排队等待的现象，如进餐馆就餐、在车站等车、去医院看病、打电话占线等。排队论就是研究各种排队系统在概率上的规律性的科学。由于顾客的到达过程和服务机构的服务过程都具有随机性，所示排队系统又称为随机服务系统。

1. 排队系统的描述

实际排队系统虽然千差万别，它们却有一些共同的特征。任何排队系统都可以抽象地描述如下：为了获得某种服务而随机到达的顾客，如果不能立即得到服务，允许按一定顺序排入队列，在顾客得到服务机构某一随机时间的服务之后，便离开系统。根据这些特征，排队系统可以分为三个组成部分，即输入过程、排队规则和服务过程。

（1）输入过程

输入过程主要描述顾客的到达规律，这种规律可以用到达间隔时间的概率分布来表示。顾客到达间隔时间为独立、同分布的随机变量，一般有均匀分布、负指数分布、爱尔朗分布等，但要根据具体问题进行具体分析，一定要按照统计学的方法进行检验，以确定其符合哪种分布，并估计它的参数值。

（2）排队规则

排队规则主要描述顾客在队列中排列顺序的规定。通常有损失制、等待制和混合制三种方式。

1）损失制。当顾客到达时，若所有服务机构被占用，该顾客自动离去，永不再来，如损失制电话系统等。

2）等待制。当顾客到达时，若所有机构被占用，则该顾客进入队列等待服务。在队列中排列顺序有先到先服务（FCFS）、后到先服务（LCFS）、随机选择服务（RS）、按优先权选择服务（PR）等。

3）混合制。这是一种损失制和等待制相结合的排队规则。如果队列长度超过一定的限制时，新到顾客自动离去，或等待超过某一限度时，队列中顾客自动离去。

（3）服务机制（服务过程）

排队系统的服务机制主要包括：服务员的数量及其连接形式（串联或并联）；顾客是单个还是成批接受服务；服务时间的分布。顾客在服务机构中的服务时间也是独立、同分布的随机变量。与输入过程相似，服务机制也有均匀分布、负指数分布、爱尔朗分布等。

2. 排队系统的符号表示与变量说明

根据输入过程、排队规则和服务机制的变化对排队模型进行描述或分类，通常采用6参数符号系统，其一般形式如下：

$$X/Y/Z/A/B/C$$

X：顾客相继到达的间隔时间的分布；

Y：服务时间的分布，一般有以下几种类型：

M——负指数分布，D——确定型，E_k——k阶爱尔朗分布；

Z：服务台个数；

A：系统容量限制（默认为∞）；

B：顾客源数目（默认为∞）；

C：服务规则（默认为先到先服务 FCFS）。

例如，"$M/M/1/\infty/\infty/\text{FCFS}$"表示了一个顾客的到达时间间隔服从相同的负指数分布、服务时间为负指数分布、单个服务台、系统容量为无限（等待制）、顾客源无限、排队规则为先来先服务的排队模型。如果记号中略去后3项时，即是指"$X/Y/Z/\infty/\infty/\text{FCFS}$"的情形，例如"$M/M/1/\infty/\infty/\text{FCFS}$"可表示为"$M/M/1$"。

3. 排队系统的主要衡量指标和记号

平均队长 L：在统计平衡下，在系统中的顾客数的期望值；

平均排队长 L_q：在统计平衡下，在队列中的顾客数的期望值；

平均逗留时间 W：在统计平衡下，顾客在系统中的停留时间的期望值；

平均等待时间 W_q：在统计平衡下，顾客在队列中的等待时间的期望值；

忙期：服务机构两次空闲的时间间隔；

服务强度：ρ。

4. 排队系统中主要指标的求解方法

（1）解析法

如果排队系统中顾客到达流是泊松流，服务时间服从负指数分布，则可以通过概率统计学的知识给出排队系统中主要指标的确切表达式，这种方法称为解析法。

（2）计算机模拟法

当排队系统的到达间隔时间和服务时间的概率分布很复杂时，或不能用公式给出时，就不能用解析法求解，这时需要用计算机模拟法求解。

4.3.2 一个简单排队模型的计算机模拟

单服务员的排队模型：在某商店有一个售货员，顾客陆续来到后，售货员逐个接待顾客。当到来的顾客较多时，一部分顾客便需要排队等待，而被接待过的顾客则会离开商店。设：

1）顾客到来的间隔时间 θ 服从参数为 0.1 的指数分布；
2）对顾客的服务时间 η 服从区间 [4, 15] 上的均匀分布；
3）排队按先到先服务规则（FCFS），队长无限制。

假定时间以 min 为单位，一个工作日为 8h。

① 模拟一个工作日内完成服务的个数及顾客平均等待时间 t。

② 模拟 50 个工作日，求出平均每日完成服务的个数及每日顾客的平均等待时间。设：

w：总等待时间；
c_i：第 i 个顾客的到达时刻；
b_i：第 i 个顾客开始服务时刻；
e_i：第 i 个顾客服务结束时刻；

对于问题①，模拟过程如图 4-5 所示。

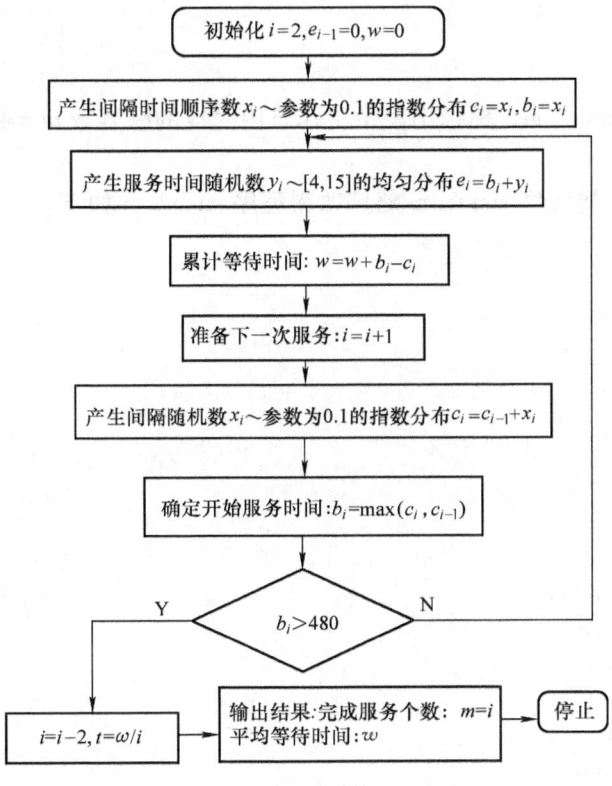

图 4-5　排队模型的计算机模拟流程图

用 MATLAB 编写文件 simu1.m 如下：

```
clear
i=2;
w=0;
e(i-1)=0;
x(i)=exprnd(5);
c(i)=x(i);
b(i)=x(i);
while b(i)<=480
y(i)=unifrnd(4,15);
e(i)=b(i)+y(i);
w=w+b(i)-c(i);
i=i+1;
x(i)=exprnd(5);
c(i)=c(i-1)+x(i);
b(i)=max(c(i),e(i-1));
end
i=i-2;
t=w/i
m=i
```

运行文件 simu1.m，模拟出一个工作日内完成的顾客数 $m=45$ 人，平均等待时间 $t=33\min$。

对问题②，将程序 simu1.m 略修改得程序 simu2.m 如下。

```
clear
cs=50;
for j=1:cs
    j
w(j)=0;
i=2;
x(i)=edprnd(5);
c(i)=x(i);
b(i)=x(i);
while b(i)<=480
  y(i)=unifrnd(4,15);
  e(i)=b(i)+y(i);
  w=w+b(i)-c(i);
  i=i+1;
  x(i)=exprnd(5);
  c(i)=c(i-1)+x(i);
  b(i)=max(c(i),e(i-1));
end
```

```
        i = i - 2;
        t(j) = w(j)/i;
        m(j) = i;
    end
pt = 0;
    pm = 0;
for j = 1:cs
    pt = pt + t(j);
    pm = pm + m(j);
end
    pt = pt/cs;
    pm = pm/cs;
```

运行 simu2. m，模拟出 50 个工作日平均每日服务顾客数 pm = 43 人。每日内顾客的平均等待时间为 27min。

4.4 应用案例——眼科病床的合理安排（CUMCM2009B）

医院就医排队是大家都非常熟悉的现象，它以这样或那样的形式出现在我们面前。例如，患者到门诊就诊、到收费处划价、到药房取药、到注射室打针、等待住院等，往往需要排队等待接受某种服务。

我们考虑某医院眼科病床合理安排的数学建模问题。

该医院眼科门诊每天都会开放，住院部共有病床 74 张。该医院眼科手术主要分 4 大类：白内障、视网膜疾病、青光眼和外伤。表 4-4 给出了 2008 年 7 月 13 日至 2008 年 9 月 11 日这段时间里各类病人的部分情况（数据详见 CUMCM2009 B 题）。

表 4-4 2008-07-13 到 2008-09-11 的部分病人信息

序号	类型	门诊时间	入院时间	第一次手术时间	第二次手术时间	出院时间
1	外伤	7-13	7-14	7-15	/	7-14
2	视网膜疾病	7-13	7-25	7-27	/	8-8
3	白内障	7-13	7-25	7-28	/	7-31
4	视网膜疾病	7-13	7-25	7-27	/	8-4
5	青光眼	7-13	7-25	7-27	/	8-5
6	视网膜疾病	7-13	7-26	7-24	/	8-5
7	白内障(双眼)	7-13	7-26	7-28	7-30	8-2
8	视网膜疾病	7-14	7-26	7-24	/	8-6

(续)

序号	类型	门诊时间	入院时间	第一次手术时间	第二次手术时间	出院时间
9	白内障(双眼)	7-14	7-26	7-28	7-30	8-1
10	白内障	7-14	7-26	7-28	/	7-30
11	视网膜疾病	7-14	7-26	7-24	/	8-8
12	白内障(双眼)	7-14	7-26	7-28	7-30	8-2
13	白内障(双眼)	7-14	7-26	7-28	7-30	8-2
⋮	⋮	⋮	⋮	⋮	⋮	⋮
77	外伤	4-8	4-4	4-5	/	/
78	外伤	4-4	4-5	4-11	/	/
79	外伤	4-4	4-5	4-11	/	/

白内障手术较简单，而且没有急症。目前该院是每周一、三做白内障手术，此类病人的术前准备时间只需 1~2 天。做两只眼的病人比做一只眼的要多一些，大约占到60%。如果要做双眼，则是周一先做一只，周三再做另一只。

外伤疾病通常属于急症，病床有空时立即安排住院，住院后第二天便会安排手术。

其他眼科疾病比较复杂，有各种不同情况，但大致住院以后 2~3 天内就可以接受手术，主要是术后的观察时间较长。这类疾病的手术时间可根据需要来安排，一般不安排在周一、周三。由于急症数量较少，建模时这些眼科疾病可不考虑急症。

该医院眼科手术条件比较充分，在考虑病床安排时可不考虑手术条件的限制，但考虑到手术医生的安排问题，通常情况下白内障手术与其他眼科手术（急症除外）不安排在同一天做。当前该住院部对全体非急症病人是按照先到先服务（FCFS，First Come，First Serve）规则安排住院，但等待住院病人队列却越来越长，医院方面希望能通过数学建模来帮助解决该住院部的病床合理安排问题，以提高对医院资源的有效利用。

问题一：试分析确定合理的评价指标体系，用于评价该问题的病床安排模型的优劣。

问题二：试就该住院部当前的情况，建立合理的病床安排模型，以根据已知的第二天拟出院病人数来确定第二天应该安排哪些病人住院。并针对该模型利用问题一中的指标体系作出评价。

1. 模型分析

解答本题的要点如下：

1) 4种疾病：白内障（以下记作 BNZ）、视网膜疾病（以下记作 SHWM）、青光眼（以下记作 QGY）和外伤（以下记作 WSH）。

2) 手术日：每周一、三做白内障手术，做双眼是周一先做一只，周三再做另一只；其他时间安排青光眼、视网膜；外伤无限制。

3) 术前准备时间：白内障（BNZ），1~2 天；视网膜疾病（SHWM）1 天；其他（QT）2~3 天。

4) 当前原则：按先到先服务（FCFS）规则安排住院。

本题显然属于排队论问题，即随机服务系统的优化问题，目的是优化其中的排队策略。

2. 建模思路

问题一：从排队论的结构参数要求分析本问题。

输入→服务机构（服务过程）→输出

1) 输入过程：无限客源，4 类病人的到达时间服从泊松分布，术后恢复时间服从正态分布。分布函数注意用样本检验；如表 4-5，表 4-6。

表 4-5 用 SPSS 做 4 类病人到达时间的泊松分布拟合检验

	白内障单眼	白内障双眼	青光眼	视网膜	外伤
卡方	46.161	48.032	35.097	37.581	27.839
df	6	8	4	8	4
渐近显著性	.000	.000	.000	.000	.000

表 4-6 用 SPSS 做 4 类病人术后恢复时间的正态分布拟合检验

类 型		术后康复时间
白内障	卡方	15.750
	df	2
	渐近显著性	.000
白内障（双眼）	卡方	61.024
	df	3
	渐近显著性	.000
青光眼	卡方	30.128
	df	7
	渐近显著性	.000
视网膜疾病	卡方	40.693
	df	10
	渐近显著性	.000

类型		术后康复时间
外伤	卡方	17.000
	df	7
	渐近显著性	.017

2）服务过程：对于队伍无限长的情况（即无限客源），系统内的逗留时间有限，即

排队等待时间 + 术前住院时间 + 术后逗留时间

其中可以使用策略而改变的是术前准备时间与排队等待时间。因此，这里的平均等待时间、平均逗留时间和平均术前住院时间，可以作为评价指标。

3）排队规则：本问题计算机模拟时不一定按照先到先服务（FCFS）规则，可调整排队规则，这正是解决此问题的关键，也是优化此问题的关键思路。因此无法直接使用排队的理论计算并解决问题。但是对于策略可以仿真和评价；排队规则的制定可以从顾客满意度和医院的经济效益两方面来制定。顾客的满意度分公平性与顾客利益。其中，公平性在于FCFS，它正是导致排队压力的直接原因，因此这是一个可以评价的指标。此外，顾客利益还表现在住院时间的最短化上，显然总的住院时间是优化参数。医院方面会考虑经济效益与医疗水平的评估，因此病床利用率和周转率也应成为优化参数。

4）服务机制：充分服务。

5）输出不必考虑。

通过以上分析，主要评价指标有：

① 平均的术前准备时间、排队等待时间显然是对各方面衡量都很重要的评价指标。由于患者术后是否还会住院不可控制，因此平均逗留时间这个排队论的主要指标还会影响住院时间的长短和病床周转率的大小，同时还能用来解决长队的压力问题。

② 满意度只有FCFS达不到时才出现，称为出现逆序和逆序时长，因此这也是一个评价指标。

③ 病床有效利用率。

问题二：优化模型

本问题建立模型的要点在于注意规则的指定。另外，还要注意，题目中的"当前情况"不是给出的样本情况。

1）由于是拥挤系统，所以可以优化的参数实际上只有：平均的术前住院时间和病床有效使用率。

2）由于术前住院时间的理论值已经给出，BNZ（1~2天），SHWM（1天），

QT（2~3天）。因此把重点放在如何安排接近理论值上，才应该是好的方案。

这是一个 M/G/m 排队模型，很难求解，但通过规则制定和仿真却可以找到比较好的解。通常情况下，利用给定数据建模并不是一种好的思路，仿真也一样。

方法1）：

BNZ 的入院日，理论上可以有少数最佳日：BNZ（1）为周日和周二，BNZ（2）为周日。双眼白内障病人多时（占60%），于是有些病人要等到下周周日才能入住，等待时间过长，因此所有 BNZ 放宽一天。进行仿真实验，效果比较好；

方法2）：

根据最佳入院日，给三类病人规定优先级（请注意是每天），并且根据队伍长度的压力实时调整优先级的床位分配。例如，以下是一种方法。

周一：BNZ（1），QT

周二：BNZ（1），QT

周三：QT

周四：QT

周五：QT，BNZ（2），BNZ（1）

周六：BNZ（2），BNA（1）

周日：BNZ（2），BNZ（1），QT

各级对于该天床位分配，要计算队伍长度压力比例，在队伍长度压力近似时，优先 BNZ 以有利于病床周转率。

这些方法注重规则制定，将直观逻辑和数据分析结合，相对比较简单、实用，但是却都缺少模型的理论支持！而如果采取仿真的话，则需要设计算法，值得注意的是随机样本仿真要比确定样本仿真正确得多。

线性规划是模型化的方法，但是其中需要的参数较多，而且一般难以求解。使用现成数据求解显然又不切实际，除非有随机仿真支持。

习 题 4

1. 设某仓库前有一卸货场，货车一般是夜间到达，白天卸货。每天只能卸两车货，若一天内到达数超过两车，那么就推迟到次日卸货。根据表 4-7 所示的货车到达数的概率分布（相对频率）平均为 1.5 车/天，求每天推迟卸货的平均车数。

表 4-7 货车到达数的概率分布

到达车数	0	1	2	3	4	5	≥6
概率	0.23	0.30	0.30	0.1	0.05	0.02	0.00

2. 某服装公司预定购一批冬装出售，每件冬装的加工费用不确切，估计如

表 4-8 所示。

表 4-8 冬装加工费的概率分布

单件成本	7	8	4	5	11	12
概率	0.05	0.15	0.20	0.30	0.25	0.05

已知该种服装的销售量与定价有关。当定价分别为 14 元、20 元、21 元时，预测各种销售量数字的概率如表 4-9 所示。

表 4-9 不同价位下的销售量概率分布

预计销售	500	600	700	800	400
14	0.05	0.15	0.40	0.25	0.15
20	0.5	0.20	0.20	0.20	0.5
21	0.20	0.30	0.35	0.5	0.05

试用模拟方法决定该公司冬装的订购数与定价，使利润最大（如订购多于销售数时，每件处理价为 5 元）。

3. 一个加油站的服务员每天工作 8h，工资为 15 元/天。要求加油的汽车按 $\lambda=20$ 辆/h 的泊松流到达。每个服务员分别为一辆汽车加油，且每服务一辆汽车后，加油站盈利 1 元。设每辆汽车的加油时间服从负指数分布，$1/\mu=8\min$。如果等待加油的汽车超过两辆，则后来的汽车就不会再排队等待而离去。试用模拟方法确定该加油站合理的服务员人数。

第 5 章 微分方程建模方法

微分方程是研究函数变化规律的有力工具，在科技、工程、经济管理、生态、环境、人口、交通等各个领域中有着广泛的应用。本章首先通过几个简单问题，列举了几种常用的微分方程建模方法，然后叙述了微分方程的数值解法，还对几个非物理领域的实际问题进行建模。

5.1 几种常见微分方程的建模方法

5.1.1 根据规律建模

在数学、力学、物理、化学等学科中已有许多经过实践检验的规律和定律，如牛顿运动定律、基尔霍夫电流及电压定律、物质的放射性规律、曲线的切线的性质等，这些都涉及某些函数的变化率。我们可以根据相应的规律，列出常微分方程。

例 5.1 物体在空气中的冷却速度与物体、空气（20℃）的温差成正比，如果物体在 20min 内温度由 100℃ 冷却到 60℃，那么过多长时间此物体的温度将达到 30℃？

解 牛顿的冷却定律：将温度为 T 的物体放入处常温 T_0 的介质中，T 的变化速率正比于 T 与周围介质的温度差。

由题意知

$$\frac{dT}{dt} = -k(T-20), T(0)=100, T\left(\frac{1}{3}\right)=60 \tag{5.1}$$

微分方程的解为 $T = Ce^{-kt} + 20$，可求出 $T = 80\left(\frac{1}{2}\right)^{3t} + 20$，$t=1$，即经过 1h 温度可以降到 30℃。

5.1.2 微元法建模

用微积分的微元分析法建立常微分方程模型，实际上是寻求一些微元之间的关系式。在建立这些关系式时也要用到已知的规律或定理。与第一种方法的不同之处在于，这里不是直接对未知函数及其导数应用规律和定理来求关系式，而是对某些微元来应用规律。

例 5.2（容器漏水问题）如图 5-1 所示，有高为 1m 的半球形容器，水从它的底部小孔流出。小孔横截面积为 $1cm^2$。开始时容器内盛满了水，求水从小孔流出过程中容器里水面的高度 h（水面与孔口中心的距离）随时间 t 的变化规律。

解 由流体力学知识可知，水从孔口流出的流量 Q（即通过孔口横截面的水的体积 V 对时间 t 的变化率）可用公式

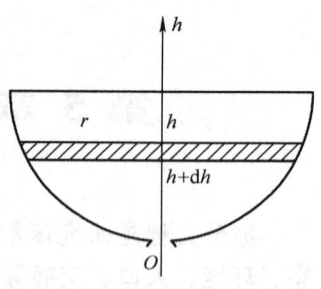

图 5-1 容器漏水示意图

$$Q = \frac{dV}{dt} = 0.62 S \sqrt{2gh} \tag{5.2}$$

计算，其中 0.62 为流量系数；S 为孔口的横截面积，已知 $S = 1cm^2$。故

$$\frac{dV}{dt} = 0.62 \sqrt{2gh} \tag{5.3}$$

另一方面，设在微小时间间隔 $[t, t+dt]$ 内，水面高度由 h 下降至 $h + dh$（$dh < 0$），由此可得到

$$dV = -\pi r^2 dh \tag{5.4}$$

式中，r 是时刻 t 的水面半径，右端置负号是因为 $dh < 0$，而 $dV > 0$ 的缘故。又因

$$r = \sqrt{100^2 - (100-h)^2} = \sqrt{200h - h^2} \tag{5.5}$$

所以式（5.4）变成

$$dV = -\pi(200h - h^2)dh \tag{5.6}$$

于是得到未知函数 $h = h(t)$ 应满足的微分方程

$$0.62\sqrt{2gh}\, dt = -\pi(200h - h^2)dh \tag{5.7}$$

初始条件为

$$h|_{t=0} = 100$$

解此方程，得

$$t = \frac{\pi}{4.65\sqrt{2g}}(7 \times 10^5 - 10^3 h^{3/2} + 3h^{3/2}) \tag{5.8}$$

此即水从小孔流出的过程中容器内水面高度 h 与时间 t 之间的函数关系式。

5.1.3 模拟近似法建模

在社会科学、生物学、医学、经济学等学科的实践中，常常要用模拟近似法来建立微分方程模型。这是因为，上述学科中的一些现象的规律性我们还不是很清楚，即使有所了解也并不全面，因此，要想用数学模型进行研究，就只能在不同的假设下去模拟实际的现象。对如此模拟近似所建立的微分方程从数学上求解

或分析解的性质,再去同实际情况作对比,观察这个模型能否模拟、近似某些实际的现象。

例 5.3(交通管理问题) 在交通十字路口都会设置红绿灯。为了让那些正常行驶在交叉路口或离交叉路口太近而无法停下来的车辆通过路口,红绿灯转化中间还要亮起一段时间的黄灯。对于一位驶近交叉路口的驾驶员来说,万万不可处于这样的进退两难的境地:要安全停车则离路口太近,要想在红灯亮之前通过路口又觉得太远。那么,黄灯应亮多长时间才最为合理呢?

解 对于驶近交叉路口的驾驶员,在他看到黄灯信号后要立即做出决定:是停车还是通过路口。如果他以法定速度(或低于法定速度)行驶,当决定停车时,他必须有足够的制动距离。而当他决定通过路口时,则必须要有足够的时间使他能完全通过路口。这包括做出停车决定的反应时间以及通过停车所需的最短距离的驾驶时间。能够很快看到黄灯的驾驶员可以利用制动距离将车停下。

于是,黄灯状态应该持续的时间包括驾驶员的反应时间、车通过交叉路口的时间以及通过制动距离所需的时间。

如果法定速度为 v_0,交叉路口的宽度为 I,典型的车身长度为 L,考虑到车通过路口实际上指的是车的尾部必须通过路口,因此,通过路口的时间为 $\dfrac{I+L}{v_0}$。

现在来计算制动距离。设 W 为汽车的重量,μ 为摩擦因数,显然,地面对汽车的摩擦力为 μW,其方向与运动方向相反。汽车在停车过程中,行驶的距离 x 与时间 t 的关系可由微分方程

$$\frac{W}{g}\frac{d^2x}{dt^2} = -\mu W \tag{5.9}$$

求得,其中 g 是重力加速度。
给出方程(5.9)的初始条件

$$x|_{t=0} = 0, \left.\frac{dx}{dt}\right|_{t=0} = v_0 \tag{5.10}$$

于是,制动距离就是直到速度 $v=0$ 时汽车驶过的距离。

首先,求解二阶微分方程(5.9),对式(5.9)从 0 到 t 积分,再利用初始条件,即式(5.10),得到

$$\frac{dx}{dt} = -\mu g t + v_0 \tag{5.11}$$

在初始条件,即式(5.10)下对式(5.11)从 0 到 t 积分,得

$$x = -\frac{1}{2}\mu g t^2 + v_0 t \tag{5.12}$$

注意到在式(5.11)中令 $\dfrac{dx}{dt}=0$,可得制动所用的时间 $t_0 = \dfrac{v_0}{\mu g}$,从而得到

$$x(t_0) = \frac{v_0^2}{2\mu g} \tag{5.13}$$

计算一下黄灯状态的时间 T_H 为

$$T_H = \frac{x(t_0) + I + L}{v_0} + T \tag{5.14}$$

其中，T 是驾驶员的反应时间。于是

$$T_H = \frac{v_0}{2\mu g} + \frac{I + L}{v_0} + T \tag{5.15}$$

假设 $T = 1s$，$L = 4.5m$，$I = 9m$。另外，选取具有代表性的 $\mu = 0.2$。当 $v_0 =$ 45km/h、60km/h 以及 80km/h 时，黄灯时间如表 5-1 所示。（表中给出了经验法的值）。

表5-1 不同初始速度下的黄灯状态时间

v_0 (km/h)	T_H	经 验 法
45	5.27s	3s
65	6.35s	4s
80	7.28s	5s

注意到，经验法的结果一律比我们预测的黄灯状态短些。这使人想起，许多交叉路口红绿灯的设计可能使车辆在绿灯转为红灯时正处于交叉路口。

5.2 微分方程的数值解法

建立微分方程模型只是解决问题的第一步，通常需要求出方程的解来说明实际现象，并加以检验。虽然 MATLAB 给出了求解微分方程解析解的快捷命令，但常微分方程的理论指出，很多方程的定解问题虽然存在，但大多数微分方程是求不出解析解的，因此研究其数值解法就是十分重要的手段。

5.2.1 常微分方程数值解

常微分方程数值解法的特点是：对求解区间进行剖分，然后把微分方程离散成在节点上的近似公式或近似方程，最后结合定解条件求出近似解。

下面介绍几种数值解法。

1. 欧拉方法

考察一阶常微分方程的初值问题

$$\begin{cases} y' = f(x, y) \\ y(x_0) = y_0 \end{cases} \tag{5.16}$$

其中函数 $f(x,y)$ 关于 y 满足利普希茨（Lipschitz）条件，保证初值问题方程 (5.16) 解的存在且唯一。

方程 (5.16) 中含有导数项 $y'(x)$，是它难以求解的症结所在。首先，通过离散化消除其导数项。由于差分是微分的近似运算，实现离散化的基本方法是用差商替代导数。例如，若在点 x_n 列出方程 (5.16)

$$y'(x_n) = f(x_n, y(x_n)) \tag{5.17}$$

并用差商 $\dfrac{y(x_{n+1}) - y(x_n)}{h}$ 替代其中的导数项 $y'(x_n)$，结果有

$$y(x_{n+1}) \approx y(x_n) + hf(x_n, y(x_n)) \tag{5.18}$$

用 $y(x_n)$ 的近似值 y_n 代入上式右端，记所得结果为 y_{n+1}，这样导出的计算公式

$$y_{n+1} = y_n + hf(x_n, y_n) \quad (n = 0, 1, 2, \cdots) \tag{5.19}$$

就是欧拉格式。若初值 y_0 已知，则根据式 (5.18) 可逐步求出 y_1，y_2，…。

欧拉方法在精度要求不高时，不失为一种实用方法。

2. 梯形方法

将方程 $y' = f(x, y)$ 的两端从 x_n 到 x_{n+1} 求积分，得

$$y(x_{n+1}) = y(x_n) + \int_{x_n}^{x_{n+1}} f(x, y(x)) dx \tag{5.20}$$

要通过式 (5.20) 得到 $y(x_{n+1})$ 的近似值，只要近似地算出其中的积分项 $\int_{x_n}^{x_{n+1}} f(x, y(x)) dx$ 即可，用梯形方法来计算积分项

$$\int_{x_n}^{x_{n+1}} f(x, y(x)) dx \approx \frac{h}{2} [f(x_n, y(x_n)) + f(x_{n+1}, y(x_{n+1}))] \tag{5.21}$$

将式 (5.20) 中的 $y(x_n)$、$y(x_{n+1})$ 分别用 y_n、y_{n+1} 替代，得到下列计算格式

$$y_{n+1} = y_n + \frac{h}{2} [f(x_n, y_n) + f(x_{n+1}, y_{n+1})] \tag{5.22}$$

这一差分格式称为梯形格式。

欧拉方法是一种显式算法，其计算量小，但精度很低；梯形方法虽提高了精度，但它却是一种隐式算法，需要迭代求解，计算量大。

综合使用这两种方法，先用欧拉方法求得一个初步的近似值 $\bar{y}_{n+1}$，称之为预报值；预报值 $\bar{y}_{n+1}$ 的精度不高，用它代替式 (5.22) 右端的 y_{n+1} 再直接计算，得到校正值 y_{n+1}。这样建立的预报-校正系统称为梯形公式的**预报-校正格式**。

预报 $\quad\bar{y}_{n+1} = y_n + hf(x_n, y_n) \tag{5.23}$

校正 $\quad y_{n+1} = y_n + \dfrac{h}{2}[f(x_n, y_n) + f(x_{n+1}, \bar{y}_{n+1})] \tag{5.24}$

例 5.4 试用欧拉公式和梯形公式的预报-校正法计算

的数值解，取 $h=0.1$，梯形公式只迭代一次，并与精确值比较。方程的解析解为 $y=\sqrt{1+2x}$。

解 欧拉公式为

$$\begin{cases} y_{n+1}=y_n+0.1\times\left(y_n-\dfrac{2x_n}{y_n}\right)=1.1y_n-\dfrac{0.2x_n}{y_n} \\ y_0=1 \end{cases}$$

梯形公式只校正一次的格式为

$$\begin{cases} y_{n+1}^{(0)}=1.1y_n-\dfrac{0.2x_n}{y_n} \\ y_{n+1}=y_n+0.05\left(y_n-\dfrac{2x_n}{y_n}+y_{n+1}^0+\dfrac{2x_{n+1}}{y_{n+1}^{(0)}}\right) \\ y_0=1,\ x_0=0 \end{cases}$$

结果列入表 5-2。

表 5-2 近似计算结果与精确值

x_n	欧拉方法	梯形法	精 确 值
0.1	1.50000	1.045404	1.045445
0.2	1.141818	1.184047	1.183216
0.3	1.277438	1.266201	1.246411
0.4	1.358213	1.343360	1.341641
0.5	1.435133	1.416402	1.414214
0.6	1.508466	1.485456	1.483240
0.7	1.580338	1.552515	1.544143
0.8	1.644783	1.616475	1.612452
0.9	1.717774	1.678167	1.673320
1.0	1.784771	1.737868	1.732051

3. 龙格-库塔方法

（1）龙格-库塔方法的基本思想

考察差商 $\dfrac{y(x_{n+1})-y(x_n)}{h}$，根据微分中值定理，存在点 ξ（其中 $x_n<\xi<x_{n+1}$），使得

$$\frac{y(x_{n+1})-y(x_n)}{h}=y'(\xi)$$

从而利用所给方程 $y'=f(x,y)$，得

$$y(x_{n+1}) = y(x_n) + hf(\xi, y(\xi)) \tag{5.25}$$

式中，$f(\xi, y(\xi)) = K^*$，称为区间 $[x_n, x_{n+1}]$ 上的平均斜率。这样，只要对平均斜率提供一种算法，由式（5.25）便相应地导出一种计算格式。

考察欧拉格式的式（5.19），简单地取点 x_n 的斜率值 $K_1 = f(x_n, y_n)$ 作为平均斜率 K^*，精度自然很低。再考察式（5.22），它也可以改写成

$$\begin{cases} y_{n+1} = y_n + \dfrac{h}{2}(K_1 + K_2) \\ K_1 = f(x_n, y_n) \\ K_2 = f(x_{n+1}, y_n + hK_1) \end{cases} \tag{5.26}$$

可以理解为：它用 x_n 与 x_{n+1} 两个点的斜率值 K_1 和 K_2 取算术平均作为平均斜率 K^*，而 x_{n+1} 处的斜率值 K_2 则利用欧拉方法来预报。

这个处理过程启示我们，如果设法在区间 $[x_n, x_{n+1}]$ 内多预报几个点的斜率值，然后将它们取加权平均作为平均斜率，则有可能构造出具有高精度的计算格式，这就是龙格-库塔方法的基本思想。

(2) 二阶龙格-库塔方法

考察区间 $[x_n, x_{n+1}]$ 内的一点

$$x_{n+p} = x_n + ph \quad (0 < p \leq 1) \tag{5.27}$$

用 x_n 和 x_{n+p} 两个点的斜率值 K_1 和 K_2 加权平均得到平均斜率 K^*，即令

$$y_{n+1} = y_n + h[(1-\lambda)K_1 + \lambda K_2] \tag{5.28}$$

式（5.28）中的 λ 为待定系数。仍取 $K_1 = f(x_n, y_n)$，问题在于该如何预报 x_{n+p} 处的斜率值 K_2，先用欧拉方法提供 $y(x_{n+p})$ 的预报值 y_{n+p}

$$y_{n+p} = y_n + phK_1 \tag{5.29}$$

然后用 y_{n+p} 通过计算 f 产生斜率值 $K_2 = f(x_{n+p}, y_{n+p})$。

这样设计出的计算格式具有形式

$$\begin{cases} y_{n+1} = y_n + h[(1-\lambda)K_1 + \lambda K_2] \\ K_1 = f(x_n, y_n) \\ K_2 = f(x_n + ph, y_n + phK_1) \end{cases} \tag{5.30}$$

其中，含有两个待定参数 λ、p，适当选取这些参数的值，使得式（5.30）具有较高的精度。

假定 $y_n = y(x_n)$，分别将 K_1 和 K_2 作泰勒展开，有

$$K_1 = f(x_n, y_n) = y'(x_n)$$

$$\begin{aligned} K_2 &= f(x_{n+p}, y_n + phK_1) \\ &= f(x_n, y_n) + ph[f_x(x_n, y_n) + f(x_n, y_n)f_y(x_n, y_n)] + O(h^2) \\ &= y'(x_n) + phy''(x_n) + O(h^2) \end{aligned}$$

代入式 (5.30)

$$y_{n+1} = y(x_n) + hy'(x_n) + \lambda ph^2 y''(x_n) + O(h^3) \tag{5.31}$$

和二阶泰勒展开式

$$y(x_{n+1}) = y(x_n) + hy'(x_n) + \frac{h^2}{2} y''(x_n) + O(h^3) \tag{5.32}$$

比较系数即可发现，欲使式 (5.30) 的截断误差为 $O(h^3)$，只要 $\lambda p = \frac{1}{2}$。

满足这一条件的一簇格式统称二阶龙格-库塔格式。特别地，当 $p = 1$，$\lambda = \frac{1}{2}$ 时，式 (5.30) 就是梯形公式的预报-校正格式。

(3) 四阶龙格-库塔方法

用类似的方法可以确定三阶和四阶龙格-库塔方法的参数，构造出三阶和四阶的龙格-库塔方法。常用的是四阶龙格-库塔方法，也不止一个，下面给出的是最常用的四阶经典的龙格-库塔公式

$$\begin{cases} y_{n+1} = y_n + \dfrac{h}{6}(K_1 + 2K_2 + 2K_3 + K_4) \\ K_1 = f(x_n, y_n) \\ K_2 = f\left(x_n + \dfrac{h}{2}, y_n + \dfrac{h}{2}K_1\right) \\ K_3 = f\left(x_n + \dfrac{h}{2}, y_n + \dfrac{h}{2}K_2\right) \\ K_4 = f(x_n + h, y_n + hK_3) \end{cases} \tag{5.33}$$

例 5.5 用经典的四阶龙格-库塔法计算：

$$\begin{cases} y' = y - \dfrac{2x}{y} \quad (0 \leqslant x \leqslant 1) \\ y_0 = 1 \end{cases}$$

解 取步长为 0.2，且与准确值比较。

$$\begin{cases} y_{n+1} = y_n + \dfrac{0.2}{6}(K_1 + 2K_2 + 2K_3 + K_4) \\ K_1 = y_n - \dfrac{2x_n}{y_n} \\ K_2 = y_n + 0.1K_1 - 2\dfrac{x_n + 0.1}{y_n + 0.1K_1} \\ K_3 = y_n + 0.1K_2 - 2\dfrac{x_n + 0.1}{y_n + 0.1K_2} \\ K_4 = y_n + 0.1K_3 - 2\dfrac{x_n + 0.1}{y_n + 0.1K_3} \end{cases}$$

计算结果列入下表 5-3。

表 5-3 四阶龙格-库塔法近似计算结果

x_n	y_n	$y(x_n)$
0	1	1
0.2	1.83224	1.183216
0.4	1.341667	1.341641
0.6	1.483281	1.483240
0.8	1.612514	1.612452
1.0	1.732142	1.732051

即使用 $h=0.2$ 计算,也比一阶和二阶方法的精度高得多。

4. 一阶常微分方程组和高阶方程

(1) 一阶微分方程组

前面研究了单个方程 $y'=f(x,y)$ 的差分方法,只要把 y 和 f 理解为向量,则所提供的各种算法即可推广并应用到一阶方程组的情形。

对于方程组

$$\begin{cases} y'=f(x,y,z), & y(x_0)=y_0 \\ z'=g(x,y,z), & z(x_0)=z_0 \end{cases} \tag{5.34}$$

令 $x_n=x_0+nh$ $(n=1,2,\cdots)$,以 y_n 和 z_n 表示节点 x_n 上的近似解,则其梯形公式的预报-校正格式具有如下形式:

预报 $\begin{cases} \bar{y}_{n+1}=y_n+hf(x_n,y_n,z_n) \\ \bar{z}_{n+1}=z_n+hg(x_n,y_n,z_n) \end{cases}$ (5.35)

校正 $\begin{cases} y_{n+1}=y_n+\dfrac{h}{2}[f(x_n,y_n,z_n)+f(x_{n+1},\bar{y}_{n+1},\bar{z}_{n+1})] \\ \bar{z}_{n+1}=z_n+\dfrac{h}{2}[g(x_n,y_n,z_n)+g(x_{n+1},\bar{y}_{n+1},\bar{z}_{n+1})] \end{cases}$ (5.36)

相应的龙格-库塔格式为

$$\begin{cases} y_{n+1}=y_n+\dfrac{h}{6}(K_1+2K_2+2K_3+K_4) \\ z_{n+1}=z_n+\dfrac{h}{6}(L_1+2L_2+2L_3+L_4) \\ K_1=f(x_n,y_n,z_n) \\ L_1=g(x_n,y_n,z_n) \\ K_2=f\left(x_n+\dfrac{h}{2},y_n+\dfrac{h}{2}K_1,z_n+\dfrac{h}{2}L_1\right) \end{cases} \tag{5.37}$$

$$\begin{cases} L_2 = g\left(x_n + \dfrac{h}{2}, y_n + \dfrac{h}{2}K_1, z_n + \dfrac{h}{2}L_1\right) \\ K_3 = f\left(x_n + \dfrac{h}{2}, y_n + \dfrac{h}{2}K_2, z_n + \dfrac{h}{2}L_2\right) \\ L_3 = g\left(x_n + \dfrac{h}{2}, y_n + \dfrac{h}{2}K_2, z_n + \dfrac{h}{2}L_2\right) \\ K_4 = f(x_{n+1}, y_n + hK_3, z_n + hL_3) \\ L_4 = g(x_{n+1}, y_n + hK_3, z_n + hL_3) \end{cases} \quad (5.37\text{ 续})$$

（2）高阶微分方程

高阶微分方程的初值问题原则上总可以归结为一阶方程组来解。以二阶常微分方程为例

$$\begin{cases} y''(x) = f(x, y, y') & (x_0 \leqslant x \leqslant x_n) \\ y(x_0) = y_0, y'(x_0) = z_0 \end{cases} \quad (5.38)$$

令 $z = y'$，则可化为一阶方程组求解

$$\begin{cases} y'(x) = z, y(x_0) = y_0 & (x_0 \leqslant x \leqslant x_n) \\ z'(x) = f(x, y, z), z(x_0) = z_0 \end{cases} \quad (5.39)$$

5.2.2 偏微分方程的数值解

考虑一维热传导方程的第一类初边值问题

$$\begin{cases} \dfrac{\partial u}{\partial t} - a^2 \dfrac{\partial^2 u}{\partial x^2} = f(x, t) & (x, t) \in D \\ u(x, 0) = \varphi(x) & x \in (0, 1) \\ u(0, t) = u(1, t) = 0 & t \in [0, T] \end{cases} \quad (5.40)$$

式中，$D = \{(x, t) \mid x \in [0, 1], t \in [0, T]\}$，$a$ 为正常数。

用差分方法求解式（5.40）的基本步骤如下。

1. 定解区域离散化

用平行直线族 $x_j = jh$，$t_k = k\tau$ 把区域 D 分成若干个小矩形。位于区域 D 内部的网格节点 (x_j, t_k) [简记为 (j, k)] 称为内节点，所有内节点用 D_h 表示，位于边界上的节点称为界点，所有界点记为 ∂D_h，h 和 τ 分别称为空间步长和时间步长。如果 $[0, 1]$ 被分成 N 等份，($j = 0, 1, \cdots, N$)，则 $h = 1/N$；如果 $[0, T]$ 被分成 M 等份，($k = 0, 1, \cdots, M$)，则 $\tau = 1/M$，如图 5-2 所示。

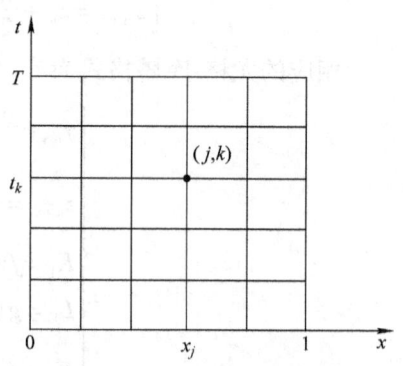

图 5-2　差分方法矩形网格剖分

2. 微分方程离散化

由泰勒展开式可知，在节点 (j,k) 处微商和差商有下述关系

$$\begin{cases} \dfrac{u(x_j,t_{k+1}) - u(x_j,t_k)}{\tau} = \left[\dfrac{\partial u}{\partial t}\right]_j^k + O(\tau) \\ \dfrac{u(x_{j-1},t_k) - 2u(x_j,t_k) + u(x_{j+1},t_k)}{h^2} = \left[\dfrac{\partial^2 u}{\partial x^2}\right]_j^k + O(h^2) \end{cases} \quad (5.41)$$

若记 $[u]_j^k = u(x_j,t_k)$，$f_j^k = f(x_j,t_k)$，u_j^k 是 $u(x_j,t_k)$ 的近似值，则用差商近似代替式（5.40）中的微商后，即得相应的差分方程，亦称差分格式

$$\dfrac{u_j^{k+1} - u_j^k}{\tau} - a^2 \dfrac{u_{j-1}^k - 2u_j^k + u_{j+1}^k}{h^2} = f_j^k \quad (5.42)$$

其中，$j = 1, 2, \cdots, N-1$；$k = 0, 1, 2, \cdots, M-1$。

差分格式（5.42）称为解热传导方程（5.40）的**古典显示格式**，它是一个两层 4 点格式，它所用的节点图如图 5-3 所示。

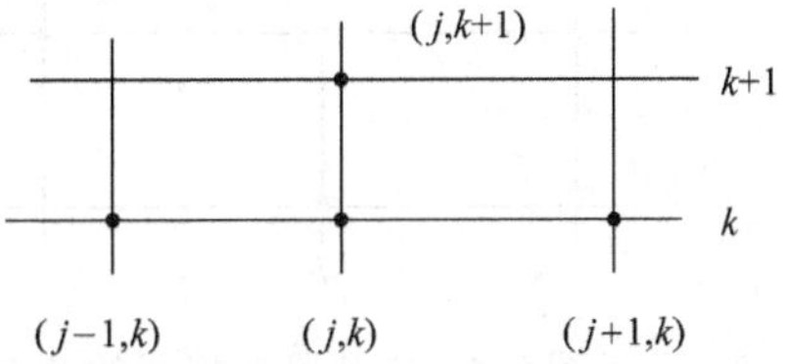

3. 初边值条件离散化

对式（5.40）中的初边值条件，在网格节点处取值，有

图 5-3 古典显示差分格式的节点图

$$\begin{aligned} u_j^0 &= \varphi(x_j) \quad (j=1,2,\cdots,N-1) \\ u_0^k &= u_N^k = 0 \quad (k=0,1,2,\cdots,M) \end{aligned} \quad (5.43)$$

4. 解差分方程组

将微分方程和初边值条件的离散化方程联立，得差分方程组

$$\begin{cases} u_j^{k+1} = u_j^k + r[u_{j-1}^k - 2u_j^k + u_{j+1}^k] + \tau f_j^k \\ \qquad = r u_{j-1}^k + (1-2r)u_j^k + r u_{j+1}^k + \tau f_j^k \\ u_j^0 = \varphi(x_j) \quad (u_0^k = u_N^k = 0) \\ r = a^2 \tau / h^2 \quad (j=1,2,\cdots,N-1; k=0,1,\cdots,M-1) \end{cases} \quad (5.44)$$

这样，利用 $k=0$ 层上的数值，即可逐点算出 $k=1$ 层上的全部离散节点处解的近似值，再利用 k 层上的节点值算出 $k+1$ 层上的节点值，如此逐层逐点地显式计算数值解是非常方便的。

下面仿照构造古典显式格式中所采用的方法，即用差商直接代替微商的直接差分化方法，先用向后差商代替 $\partial u/\partial t$，再用二阶中心差商代替 $\partial^2 u/\partial x^2$，就得到截断误差为 $O(\tau + h^2)$ 的**古典隐式格式**

$$\begin{cases} \dfrac{1}{\tau}(u_j^k - u_j^{k-1}) - \dfrac{a^2}{h^2}(u_{j-1}^k - 2u_j^k + u_{j+1}^k) = f_j^k \\ R_j^k = O(\tau + h^2) \end{cases} \quad (5.45)$$

这也是二层4点格式，它所涉及的节点图如图5-4所示。
它的便于计算的格式为

$$u_j^k - r(u_{j-1}^k - 2u_j^k + u_{j+1}^k) = u_j^{k-1} + \tau f_j^k \tag{5.46}$$

为了提高截断误差的阶数，可用一阶中心差商代替 $\partial u/\partial t$，用二阶中心差商代替 $\partial^2 u/\partial x^2$，得到下面的 **Richardson** 格式

$$\begin{cases} \dfrac{1}{2\tau}(u_j^{k+1} - u_j^{k-1}) - \dfrac{a^2}{h^2}(u_{j-1}^k - 2u_j^k + u_{j+1}^k) = f_j^k \\ R_j^k = O(\tau^2 + h^2) \end{cases} \tag{5.47}$$

这是一个三层5点显格式，它所涉及的节点图如图5-5所示。

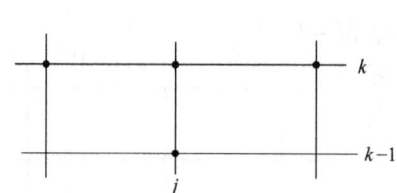
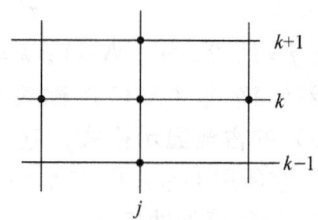

图 5-4 古典隐式格式的节点图　　图 5-5 Richardson 格式的节点图

对于上述格式，在实际应用时必须保证差分格式的稳定性和收敛性。

5.3 传染病传播的常微分方程模型

传染病的流行至今仍威胁着人类。然而，人们在研究传染病的蔓延过程中，却遇到了不少困难。困难主要是：第一，用动物做实验，传染病的实验费用极其昂贵；第二，有关传染病的数据只能来自疾病暴发后的相关报告，而报告中的数据不足以用来准确估计有关参数。因此，数学模型和计算机模拟成为人们研究传染病蔓延过程的重要手段。

不同类型传染病的传播过程都有其各自不同的特点，弄清楚这些特点需要相当多的病理知识，这里不可能从医学的角度一一分析各种传染病的传播，而只能按照一般的传播机理建立几种模型。

模型1 假设病人通过空气、食物等途径将病菌传染给健康人。单位时间内一个病人能传染的人数为常数 λ，设时刻 t 的病人人数 $x(t)$ 是连续、可微函数，考察 t 到 $t+\Delta t$ 时间内病人人数的增加量，就有

$$x(t + \Delta t) - x(t) = \lambda x(t) \Delta t$$

再设 $t = 0$ 时，有 x_0 个病人，即得微分方程

$$\dfrac{\mathrm{d}x}{\mathrm{d}t} = \lambda x, \quad x(0) = x_0 \tag{5.48}$$

方程 (5.48) 的解为

$$x(t) = x_0 e^{\lambda t} \tag{5.49}$$

结果表明,随着时间 t 的增加,病人人数 $x(t)$ 无限增长,但这与实际情况不符。因为在不考虑疾病流行期间的出生、死亡和迁移等因素时,一个地区的总人数大致可认为是常数,而病人能够传染的人数 λ 却是变化的,在传染病流行的初期,λ 较大,随着病人的增多,健康人减少,被传染的机会也将减少,λ 逐渐减小,所以必须对原假设进行修改。

模型 2（SI 模型） 假设条件为

① 在疾病传播期内所考察地区的总人数 N 不变,既不考虑生死,也不考虑迁移。人群分为**易感染者**（Susceptible）和**已感染者**（Infective）两类（取两个词的第一个字母,称为 SI 模型）,以下简称**健康者**和**病人**。时刻 t 这两类人在总人数中所占的比例分别记作 $s(t)$ 和 $i(t)$。

② 单位时间内,一个病人传染的人数与当时健康者人数成正比,比例系数为 λ,称为传染系数。

根据假设,每个病人每天可使 $\lambda s(t)$ 个健康者变为病人,因为病人数为 $Ni(t)$,所以每天共有 $\lambda Ns(t)i(t)$ 个健康者被感染,于是 λNsi 就是病人数 Ni 的增加率,即有

$$N\frac{di}{dt} = \lambda Nsi \tag{5.50}$$

又因为

$$s(t) + i(t) = 1 \tag{5.51}$$

再记初始时刻（$t=0$）病人的比例为 i_0,则

$$\frac{di}{dt} = \lambda i(1-i), \quad i(0) = i_0 \tag{5.52}$$

方程 (5.52) 正是本书 1.3 节中出现过的 Logistic 模型,它的解为

$$i(t) = \frac{1}{1 + \left(\frac{1}{i_0} - 1\right)e^{-\lambda t}} \tag{5.53}$$

显然,$i(t)$ 单调增加,且当 $t \to \infty$ 时,$i(t) \to 1$,即最终所有的人都要被传染,这也与实际情况不符。但在传染病流行的前期,这个模型还是可用的,传染病学者曾用它来预报传染病高潮到来的时刻,即病人人数增加最快的时刻。

由式 (5.52) 和式 (5.53) 可知,当 $i = 1/2$ 时 $\frac{di}{dt}$ 达到最大值 $\left(\frac{di}{dt}\right)_{\max}$,这个时刻为

$$t_{\max} = \lambda^{-1} \ln\left(\frac{1}{i_0} - 1\right) \tag{5.54}$$

式中，传染系数 λ 可由统计资料求得，或根据经验估计。

模型 2 失败的原因是由于该模型没有考虑到病人可以治愈，而片面地认为人群中的健康者只能变成病人，病人也永远不会再变成健康者。为了修正上述结果必须重新考虑模型的假设，在下面两个模型中，我们讨论病人可以治愈的情况。

模型 3（SIS 模型） 有些传染病如伤风、痢疾等，病人愈后免疫力很低，可以假定为无免疫性，于是，病人被治愈后变成健康者，健康者还可以被感染而再变成病人，故这种模型称为 SIS 模型。

SIS 模型的假设条件①、②与 SI 模型的相同，增加的条件为

③每天被治愈的病人数占病人总数的比例为常数 μ，称为**日治愈率**。病人治愈后仍有可能成为被感染的健康者。显然 $1/\mu$ 是这种传染病的**平均传染期**。

不难看出，考虑到假设③，SI 模型中的式（5.50）应修正为

$$N\frac{\mathrm{d}i}{\mathrm{d}t} = \lambda Nsi - \mu Ni \tag{5.55}$$

式（5.51）不变，于是式（5.52）应改为

$$\frac{\mathrm{d}i}{\mathrm{d}t} = \lambda i(1-i) - \mu i, i(0) = i_0 \tag{5.56}$$

定义

$$\sigma = \lambda / \mu \tag{5.57}$$

由到 λ 和 $1/\mu$ 的含义可知，σ 是整个传染期内每个病人有效接触的平均人数，称为**接触数**。

利用 σ，模型式（5.56）可以改写为

$$\frac{\mathrm{d}i}{\mathrm{d}t} = -\lambda i\left[i - \left(1 - \frac{1}{\sigma}\right)\right] \tag{5.58}$$

由方程（5.58）容易先画出 $\frac{\mathrm{d}i}{\mathrm{d}t}-i$ 的图形（见图 5-6、图 5-7），再画出 $i-t$ 的图形（见图 5-8、图 5-9），其中，图 5-8 中的虚线是 $i_0 > 1 - \frac{1}{\sigma}$ 的情况。

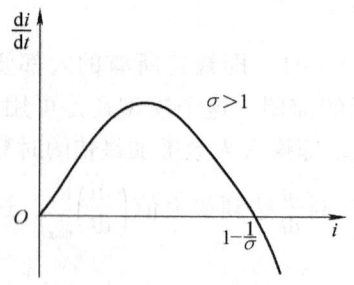

图 5-6 SIS 模型的 $\frac{\mathrm{d}i}{\mathrm{d}t}-i$ 曲线（$\sigma > 1$）

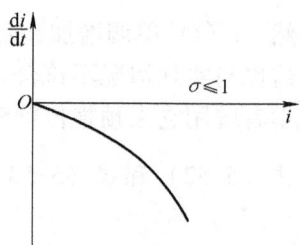

图 5-7 SIS 模型的 $\frac{\mathrm{d}i}{\mathrm{d}t}-i$ 曲线（$\sigma \leq 1$）

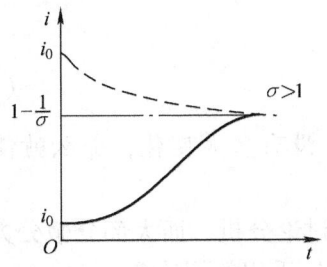
图 5-8 SIS 模型的 $i-t$ 曲线（$\sigma>1$）

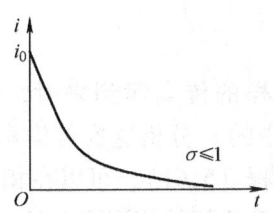
图 5-9 SIS 模型的 $i-t$ 曲线（$\sigma\leqslant 1$）

不难看出，接触数 $\sigma=1$ 是一个阈值。当 $\sigma>1$ 时，$i(t)$ 的增减性取决于 i_0 的大小（见图 5-8），但其极限值 $i(\infty)=1-\dfrac{1}{\sigma}$ 随 σ 的增加而增加；当 $\sigma\leqslant 1$ 时病人比例 $i(t)$ 越来越小，最终趋于零，这是由于传染期内经有效接触而使健康者变成病人数不超过原来病人数的缘故。

模型 4（SIR 模型） 大多数传染病如天花、流感、肝炎、麻疹等治愈后均有很强的免疫力，所以病愈的人既非健康者（易感染者），也非病人（已感染者），他们已经退出传染系统。这种情况比较复杂，下面将详细分析建模过程。

1. 模型假设

① 总人数 N 不变。人群分为健康者、病人和病愈免疫的**移出者**（Removed）三类，称为 SIR 模型。三类人在总人数 N 中占的比例分别记作 $s(t)$、$i(t)$ 和 $r(t)$。

② 传染系数 λ，日治愈率为 μ（与 SI 模型相同），传染期接触数为 $\sigma=\lambda/\mu$。

2. 模型构成

由假设①可知

$$s(t)+i(t)+r(t)=1 \tag{5.59}$$

根据假设②方程（5.55）仍成立。对于病愈免疫的移出者而言应有

$$N\dfrac{\mathrm{d}r}{\mathrm{d}t}=\mu Ni \tag{5.60}$$

再记初始时刻的健康者和病人的比例分别是 s_0（$s_0>0$）和 i_0（$i_0>0$）（不妨设移出者的初始值 $r_0=0$），则由式（5.54）、式（5.55）、式（5.60），SIR 模型的方程可以写为

$$\begin{cases}\dfrac{\mathrm{d}i}{\mathrm{d}t}=\lambda si-\mu i,& i(0)=i_0\\[2mm]\dfrac{\mathrm{d}s}{\mathrm{d}t}=-\lambda si,& s(0)=s_0\end{cases} \tag{5.61}$$

在模型式（5.61）中，$\sigma=\lambda/\mu$ 是一个重要参数，由于无法求出 $s(t)$ 和 $i(t)$ 的解析解，因此 λ 和 μ 都很难估计，而当一次传染病结束后，可以获得 s_0

和 s_∞，这时可采用式（5.62）对 σ 进行估计

$$\sigma = \frac{\ln s_0 - \ln s_\infty}{s_0 - s_\infty} \quad (5.62)$$

当同样的传染病到来时，如果估计 λ 和 μ 没有多大变化，那么就使用式（5.62）中的 σ 分析这次传染病的蔓延过程。

对方程（5.61），可以在相平面 $s-t$ 上进行讨论分析，而大部分微分方程在无法求得解析解的情况下，给定所需的各种参数，采用数值计算。

3. 数值计算

在方程（5.61）中，设 $\lambda = 1$，$\mu = 0.3$，$i(0) = 0.02$，$s(0) = 0.98$，用 MATLAB 软件编程：

```
function y=ill(t,x)
a=1;b=0.3;                              % 给定方程中的参数 λ=1,μ=0.3
y=[a*x(1)*x(2)-b*x(1),-a*x(1)*x(2)]';
```

在 MATLAB 的命令窗口输入：

```
ts=0:40;
x0=[0.02,0.98];
[t,x]=ode45('ill',ts,x0);
plot(t,x(:,1),'--',t,x(:,2),'linewidth',2),grid
legend('i(t)','s(t)')
xlabel('t','fontsize',12,'fontweight','bold')
set(gca,'fontsize',12,'fontweight','bold')    % 对当前坐标轴字体加黑
figure(2)
plot(x(:,2),x(:,1),'linewidth',2),grid,
xlabel('s','fontsize',12,'fontweight','bold')
ylabel('i','fontsize',12,'fontweight','bold')数'
set(gca,'fontsize',12,'fontweight','bold')    % 对当前坐标轴字体加黑
```

输出的简明计算结果列入表 5-4，$i(t)$ 和 $s(t)$ 的图形如图 5-10 所示，$i-s$ 的图形如图 5-11 所示，称为**相轨线**，可以看出，$i(t)$ 由初值增长至约 $t=7$ 时达到最大值，然后减少，当 $t \to \infty$ 时，$i \to 0$；$s(t)$ 则单调减少，当 $t \to \infty$ 时，$s \to 0.0398$。

表 5-4 $i(t)$ 和 $s(t)$ 的数值计算结果

t	0	1	2	3	4	5	6	7	8
$i(t)$	0.0200	0.0390	0.0732	0.1285	0.2033	0.2795	0.3312	0.3444	0.3247
$s(t)$	0.9800	0.9525	0.9019	0.8169	0.6927	0.5438	0.3995	0.2839	0.2027
t	9	10	15	20	25	30	35	40	45
$i(t)$	0.2863	0.2418	0.0787	0.0223	0.0061	0.0017	0.0005	0.0001	0
$s(t)$	0.1493	0.1145	0.0543	0.0434	0.0408	0.0401	0.0399	0.0399	0.0398

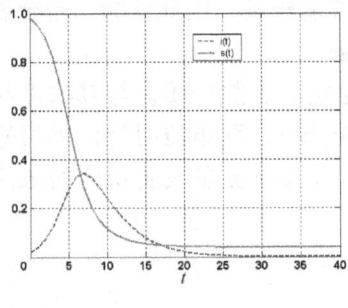

图 5-10 $i(t)$ 和 $s(t)$ 图形

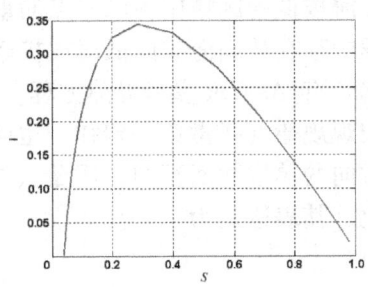

图 5-11 $i-s$ 图形（相轨线）

5.4 应用案例——重金属污染物传播偏微分方程模型（CUMCM2011A）

随着城市经济的快速发展和城市人口的不断增加，人类活动对城市环境质量的影响日显突出。对城市的土壤地质环境异常进行查证、应用查证获得的海量数据资料开展城市环境质量评价、研究人类活动影响下城市地质环境的演变模式，已经日益成为人们关注的焦点。

按照功能划分，城区一般可分为生活区、工业区、山区、主干道路区及公园绿地区等，分别记为 1 类区、2 类区、…、5 类区，不同的区域环境受人类活动影响的程度不同。

现对某城市城区土壤地质环境进行调查。为此，将所考查的城区划分为间距 1km 左右的网格子区域，按照每平方千米 1 个采样点对表层土（0~5cm 深度）进行取样、编号，并用 GPS 记录采样点的位置。应用专门仪器测试分析，获得每个样本所含的多种化学元素的浓度数据。另一方面，按照 2km 的间距在那些远离人群及工业活动的自然区取样，将其作为该城区表层土壤中元素的背景值。在 3.6 节中，附件 1 列出了采样点的位置、海拔高度及其所属功能区信息（略），附件 2 列出了 8 种主要重金属元素在采样点的浓度（略），附件 3 列出了 8 种主要重金属元素的背景值（略），具体附件可通过网站下载：http://www.mcm.edu.cn。请通过数学建模来完成以下任务：分析重金属污染物的传播特征，由此建立模型，确定污染源的位置。

此问题是 2011 年全国大学生数学建模竞赛 A 题，主要从两个方面分析重金属污染物的传播特征：从高海拔向低海拔扩散，从高浓度向低浓度扩散。

重金属在海拔方向的传播多是由于雨水、地表水的冲刷，以及重力作用，进而导致土壤表层的重金属发生了迁移，结合地形图不难发现，海拔高的区域重金属的浓度相对较低，随着海拔的降低，重金属的浓度有逐渐递增的趋势。故相对而言，海拔低的区域中各取样点的重金属浓度普遍较高，因此认为，重金属在传播过程中存在从高海拔向低海拔扩散的传播特征。

1855 年 A. Fick 参考导热方程，通过实验确立了扩散物质量与其浓度梯度之间的宏观规律（扩散第一定律，也叫菲克第一定律），即单位时间内通过垂直于扩散方向的单位截面积的物质量（扩散通量）与该物质在该面积处的浓度梯度成正比，其表达式为

$$J = -D\frac{\partial C}{\partial x} \quad (5.63)$$

式中，J 为扩散通量，表示扩散物质通过单位截面的流量物质量；x 为扩散距离；C 为扩散组元的体积浓度；$\frac{\partial C}{\partial x}$ 为沿 x 方向的浓度梯度；D 为原子的扩散系数，负号表示扩散由高浓度向低浓度方向进行。

系统中的浓度不仅与扩散距离有关，还与扩散时间有关，即 $\frac{\partial C(x,t)}{\partial t} \neq 0$。对于这种非稳态扩散可以从扩散第一定律和物质平衡原理两个方面加以解决。图 5-12 为扩散系统示意图。

扩散物质沿 x 方向通过横截面积为 B（$=\Delta y \Delta z$）、长度为 Δx 的微元体，假设流入微元体（x 处）和流出微元体（$x + \Delta x$ 处）的扩散通量分别为 J_x 和 $J_{x+\Delta x}$，则在 Δt 时间内微元体中累积的扩散物质量为

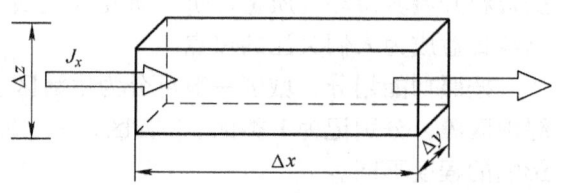

图 5-12 扩散系统示意图

$$\Delta w = (J_x B - J_{x+\Delta x} B)\Delta t \Rightarrow \frac{\Delta w}{\Delta x B \Delta t} = \frac{J_x - J_{x+\Delta x}}{\Delta x} \Rightarrow \frac{\partial C}{\partial t} = \frac{\partial}{\partial x}\left(D\frac{\partial C}{\partial x}\right) \quad (5.64)$$

扩散系数一般是浓度的函数，当它随浓度变化不大或者浓度很低时，可以视为常数，故上式可简化为

$$\frac{\partial C}{\partial t} = D\frac{\partial^2 C}{\partial x^2} \quad (5.65)$$

对于三维扩散，根据具体问题可以采用不同的坐标系。在直角坐标系下的扩散第二定律可拓展得到

$$\frac{\partial C}{\partial t} = \frac{\partial}{\partial x}\left(D_x\frac{\partial C}{\partial x}\right) + \frac{\partial}{\partial y}\left(D_y\frac{\partial C}{\partial y}\right) + \frac{\partial}{\partial z}\left(D_z\frac{\partial C}{\partial z}\right) \quad (5.66)$$

当扩散系统为各向同性时，有 $D_x = D_y = D_z = D$，若扩散系数与浓度无关，则式（5.66）转变为

$$\frac{\partial C}{\partial t} = D\left(\frac{\partial^2 C}{\partial x^2} + \frac{\partial^2 C}{\partial y^2} + \frac{\partial^2 C}{\partial z^2}\right) \Rightarrow \frac{\partial C}{\partial t} = D\nabla^2 C \qquad (5.67)$$

对于方程（5.67），可运用差分的方法进行数值求解。将求得的点结合对各重金属所作因子分析，得到相关系数，综合判定后得到的污染源结果如表5-5所示。

表5-5　各地污染源坐标

编　号	横坐标	纵坐标	海拔	功能区	污　染　物
1	5144	16240	20.5	生活区	As, Cu
2	2383	3642	7	工业区	Cd, Cr, Cu, Hg, Ni, Pb, Zn
3	4448	7243	6	工业区	Zn
4	2708	2245	22	工业区	Hg, Pb
5	3244	6018	4	交通区	Cd, Cr, Cu, Ni, Pb, Zn
6	6345	5443	4	工业区	Cd
7	4845	7243	7.5	工业区	As

习　题　5

1. （环境污染问题）某水塘原有50000t清水（不含有害杂质），从时间 $t=0$ 开始，含有有害杂质5%的浊水流入该水塘。流入的速度为2t/min，在水塘中充分混合（不考虑沉淀）后又以2t/min的速度流出水塘。问：经过多长时间后水塘中有害物质的浓度达到4%？

2. （刑事侦查中死亡时间的鉴定）当一次谋杀发生后，尸体的温度从原来的37℃按照牛顿冷却定律开始下降，如果两个小时后尸体温度变为35℃，并且假定周围空气的温度保持20℃不变，试求出尸体温度 H 随时间 t 的变化规律。如果尸体被发现时的温度是30℃，时间是下午4点整，那么谋杀是何时发生的？

3. 据统计，2002年北京的年人均收入为12464元。中国政府提出到2020年，中国的新小康目标为年人均收入3000美元。若按2002年美元对人民币的汇率：1美元=8.2元（人民币），则北京每年应保持多高的年相对增长率才能实现小康目标。

4. 一种耐用新产品进入市场后，一般会经过一个销售量先不断增加，然后逐渐下降的过程，称为产品的生命周期（Product Life Cycle），简记为PLC。PLC曲线可能有若干种情况，其中有一种为钟形，试建立数学模型并分析此现象。

第6章 数学规划建模方法

在工程技术、经济管理、科学研究和日常生活等许多领域中，人们经常遇到的一类决策问题是：在一系列客观或主观限制条件下，寻求所关注的某个或多个指标达到最大（或最小）的决策。例如，资源分配要在有限资源约束下制定各用户的分配数量，使资源产生的总效益最大等。数学规划就是研究此类最优化问题的数学模型及算法设计的重要学科分支之一。

我们可以用数学建模的方法建立数学规划模型和求解，进行最优决策。虽然由于建模时要作适当简化，可能使得结果不一定完全可行或达到实际上的最优，但是它基于客观规律和数据，又不需要太大的费用。如果在此基础上再辅之以适当的经验和试验，就可以期望得到对实际问题的一个比较圆满的回答。

数学规划模型一般有三个要素：一是**决策变量**，通常是该问题要求解的那些未知量，不妨用 n 维向量 $x=(x_1, x_2, \cdots, x_n)^T$ 表示；二是**目标函数**，通常是该问题要优化（最小或最大）的那个目标的数学表达式，它是决策变量 x 的函数，这里抽象地记作 $f(x)$；三是**约束条件**，由该问题对决策变量的限制条件给出，即 x 允许取值的范围，也称可行域，常用一组关于 x 的不等式 $g_i(x) \leq 0$ ($i=1, 2, \cdots, m$) 来界定（也可以由等式）。一般地，这类模型可表示成如下形式

$$\max(\text{或 }\min) f(x)$$
$$\text{s. t. } g_i(x) \leq 0 \quad (i=1,2,\cdots,m)$$

这里的 s. t. (subject to) 是"受约束于"的意思，满足约束条件的解 x 称为**可行解**，同时满足上面两式的解 x^* 称为**最优解**。

当模型中决策变量 x 的所有分量 $x_i(i=1, 2, \cdots, n)$ 均为实数，且 f 和 $g_i(i=1, 2, \cdots, m)$ 都是线性函数时，称为**线性规划**。若 f 和 $g_i(i=1, 2, \cdots, m)$ 至少有一个非线性函数，则称为**非线性规划**。若 x 至少有一个分量只取整数，则称为**整数规划**。线性规划和非线性规划是连续规划，而整数规划是离散优化（组合优化），它们统称为数学规划。

需要指出的是，本章不会涉及数学规划的具体算法，而是着重从数学建模的角度，介绍如何建立若干实际优化问题的模型，并且在利用优化软件 LINGO 求解后，对结果作一些分析。

6.1 线性规划建模方法

例 6.1 生产计划安排问题

某工厂生产 A、B 两种产品,工厂能够使用的劳动力最多有 3500 人,原料最多有 4000kg,电力最多有 2000kW·h,每生产 1kg 的 A、B 产品,所需要的劳动力、原料、电力及经济效益如表 6-1 所示。

表 6-1 生产产品相关数据表

产　　品	劳动力/人	原料/kg	电力/kW·h	经济效益/元
A	7	5	2	6
B	5	8	5	7

问:如何安排 A、B 两种产品的生产,可使该厂经济效益最大?

解 设 A、B 产品分别生产 x_1(kg)、x_2(kg),可使经济效益最大,这里的 x_1、x_2 分别代表有待决策的 A、B 产品的生产数量,故称 x_1、x_2 为决策变量。

那么,生产 A 产品的经济效益为 $6x_1$(元),生产 B 产品的经济效益为 $7x_2$(元),生产 A、B 产品共产生的经济效益为 $6x_1+7x_2$(元)。

目标函数为使此经济效益最大,用数学式子表示为 $\max z=6x_1+7x_2$。

但是,生产 A、B 产品又要受到劳动力、原料和电力的约束,我们要在数学上描述这些**约束条件**,使生产这两种产品不得超过劳动力、原料、电力的限制。

对劳动力的限制因素可表示为 $7x_1+5x_2 \leqslant 3500$;

对原料的限制因素可表示为 $5x_1+8x_2 \leqslant 4000$;

对电力的限制因素可表示为 $2x_1+5x_2 \leqslant 2000$;

还应该有一个限制因素,即 A、B 两种产品不能是负数,因此要增加非负限制,即 $x_1 \geqslant 0$,$x_2 \geqslant 0$

这样,我们就得到了这个问题的数学模型:

$$\max \ z=6x_1+7x_2$$
$$\text{s.t.} \begin{cases} 7x_1+5x_2 \leqslant 3500 \\ 5x_1+8x_2 \leqslant 4000 \\ 2x_1+5x_2 \leqslant 2000 \\ x_1 \geqslant 0 \ , \ x_2 \geqslant 0 \end{cases} \tag{6.1}$$

该模型为线性规划模型,用 LINGO 软件求解,程序如下:

```
max = 6* x1 +7* x2;
7* x1 +5* x2 < =3500;
5* x1 +8* x2 < =4000;
```

```
2* x1 +5* x2 < =2000;
```
程序运行结果：
```
Global optimal solution found.
  Objective value:                              3760.000
  Total solver iterations:                         2
    Variable           Value              Reduced Cost
       X1            300.0000                0.000000
       X2            280.0000                0.000000

    Row        Slack or Surplus           Dual Price
     1            3760.000                 1.000000
     2            0.000000                 0.6400000
     3            260.0000                 0.000000
     4            0.000000                 0.7600000
```
根据以上程序求解结果，对实际问题作出解答如下：

生产 A 产品 300kg，B 产品 280kg，可使该厂经济效益最大，最大经济效益为 3760 元。

例 6.2 机床加工问题

某机床厂生产甲、乙两种机床，每台机床销售后的利润分别为 4000 元与 3000 元，生产甲机床需用 A、B 机器加工，加工时间分别为每台 2h 和 1h；生产乙机床需用 A、B、C 三种机器加工，加工时间为每台各 1h。若每天可用于加工的机器时数分别为机器 A10h，机器 B8h，机器 C7h。问：

（1）该厂每天应生产甲、乙机床各几台，才能使总利润最大？

（2）若每花费 800 元可以使机器 A 的机器时数增加 1h，是否应作这项投资？如果作这项投资，最多可使机器 A 时数增加多少个小时？

（3）由于市场需求发生变化，每台乙机床销售后的利润变为 3200 元，是否需要改变当前的最优生产计划？

问题分析 这个优化问题的目标是使每天的总利润最大，要考虑的决策是生产计划，即每天生产甲、乙机床各多少台，该决策受到设备加工能力的限制。按照题目所给，将决策变量和约束条件用数学符号及式子表示出来，就可以得到相应的数学模型。

解 首先建立该问题的数学规划模型。

决策变量：设为使总利润最大，生产 x_1 台甲机床，x_2 台乙机床，此时获利为 z 元。

目标函数：
$$\max\ z = 4000x_1 + 3000x_2$$

再将相关**约束条件**都用相应的数学表达式来表示，可得如下数学模型
$$\max\ z = 4000x_1 + 3000x_2$$

$$\text{s.t.} \begin{cases} 2x_1 + x_2 \leq 10 \\ x_1 + x_2 \leq 8 \\ x_2 \leq 7 \\ x_1 \geq 0 \\ x_2 \geq 0 \end{cases} \tag{6.2}$$

显然，目标函数和约束条件都是决策变量的线性函数，这是一个线性规划模型，求出的最优解将给出使净利润最大的生产计划。利用 LINGO 求解上述线性规划，所用源程序如下：

```
max = 4000 * x1 + 3000 * x2;
2 * x1 + x2 < = 10;
x1 + x2 < = 8;
x2 < = 7;
```

运行以上程序，所得结果如下：

```
Global optimal solution found.
Objective value:                                26000.00
Total solver iterations:                               2

        Variable          Value        Reduced Cost
              X1       2.000000            0.000000
              X2       6.000000            0.000000
             Row  Slack or Surplus          Dual Price
               1         26000.00            1.000000
               2         0.000000            1000.000
               3         0.000000            2000.000
               4         1.000000            0.000000
```

在上述运行结果中，单纯形法通过 2 次迭代可以得到最优目标函数值 26000，即最优决策下可获利 26000 元，当 $x_1 = 2$，$x_2 = 6$ 时才能得到目标函数的最优值，即每天生产甲机床 2 台，乙机床 6 台，可使每天总利润最大。这样就对问题（1）进行了回答。

输出中除了告诉我们问题的最优解和最优值以外，还有许多对分析结果有用的信息，下面结合问题（2）和（3）给予说明。前 3 个约束条件的右端不妨看做"资源"，即 A、B、C 三种机器各自可用的机器时数。输出中 Slack or Surplus 给出这 3 种资源在最优解下是否有剩余：机器 A、机器 B 可用的机器时数均为零，因此，前 2 个约束条件称为紧约束，机器 C 可用的机器时数尚余 1h。

目标函数可以看做"效益"，紧约束的"资源"一旦增加，"效益"必然跟着增长。输出中 DUAL PRICES 给出这 3 种资源在最优解下"资源"增加 1 个单位时"效益"的增量：机器 A 的机器时数增加 1h 利润增长 1000（元），机器 B

的机器时数增加1个单位（1h）时利润增长2000（元），而增加非紧约束机器C的机器时数显然不会使利润增长。这里，"效益"的增量可以看做"资源"的潜在价值，经济学上称为影子价格，即机器A时数的影子价格为1000元，机器B的机器时数的影子价格为2000元，机器C的机器时数的影子价格为0。用影子价格的概念很容易回答附加问题（2）：用800元可以买到机器A1个机器时数，即1h，低于机器A的机器时数的影子价格1000元，当然应该进行这项投资。这样就回答了问题（2）。

进一步要讨论的问题（3）是：需要考虑参数的变化对最优解的影响，一般称为敏感性（或灵敏度）分析。在LINGO软件中，可以直接对线性规划模型进行灵敏度分析，所得结果如下所示：

```
Ranges in which the basis is unchanged:
                  Objective Coefficient Ranges
                  Current        Allowable      Allowable
   Variable       Coefficient    Increase       Decrease
     X1           4000.000       2000.000       1000.000
     X2           3000.000       1000.000       1000.000
                  Righthand Side Ranges
     Row          Current        Allowable      Allowable
                  RHS            Increase       Decrease
      2           10.00000       6.000000       1.000000
      3           8.000000       0.5000000      3.000000
      4           7.000000       INFINITY       1.000000
```

当目标函数的系数发生变化时（假定约束条件不变），最优解和最优值会改变吗？这个问题不能简单地回答。上面的输出给出了最优基不变条件下目标函数系数的允许变化范围：x_1的系数为（4000 − 1000，4000 + 2000）=（3000，6000）；x_2的系数为（3000 − 1000，3000 + 1000）=（2000，4000）。注意：x_1的系数的允许范围需要x_2的系数3000不变，反之亦然。由于目标函数的费用系数变化并不影响约束条件，因此此时最优基不变可以保证最优解也不变，但最优值变化。用这个结果很容易回答附加问题（3）：若每台乙机床销售后的利润变为3200元，则x_2系数变为3200，在允许范围内，所以不应改变生产计划，但最优值变为 $4000 \times 2 + 3200 \times 6 = 27200$。

下面对"资源"的影子价格作进一步的分析。影子价格的作用（即在最优解下"资源"增加1个单位时"效益"的增量）是有限制的。机器A的机器时数每增加1h，利润增长1000元（影子价格），但是，上面输出的CURRENT RHS的ALLOWABLE INCREASE和ALLOWABLE DECREASE给出了影子价格有意义条件下约束右端的限制范围：机器A的机器时数最多可以增加6h。现在可以回答附加问题（2）中的第2个小问题：虽然应该批准用800元买1h机器A的机器时数，但每天最多购买 6h 的机器 A 的机器时数。

需要注意的是：灵敏性分析给出的只是最优基保持不变的充分条件，而不一定是必要条件。比如对于上面的问题，"机器 A 的机器时数最多增加 6h"的含义只能是"机器 A 时数增加 6h"时最优基保持不变，所以影子价格有意义，即利润的增加大于原料的投资。反过来，机器 A 的时数增加超过 6h，影子价格是否一定没有意义？最优基是否一定改变？一般来说，这是不能从灵敏性分析报告中直接得到的。此时，应该重新用新数据求解规划模型，才能做出判断。所以，从正常理解的角度来看，我们上面回答"机器 A 的时数最多增加 6h"并不是完全科学的。

6.2 整数规划建模方法

例 6.3 货物托运问题

某厂拟用集装箱托运甲、乙两种货物，每箱的体积、重量、可获利润以及托运所受限制如表 6-2 所示。

表 6-2 每箱货物相关数据表

货 物	每箱货物体积/m³	每箱货物质量/50kg	每箱货物利润/百元
甲	5	2	20
乙	4	5	10
托运限制	24	13	—

问：两种货物各托运多少箱，可使获得的利润最大？

解：设 x_1、x_2 分别为甲、乙两种货物的托运箱数，可建立数学规划模型如下：

$$\max z = 20x_1 + 10x_2$$

$$\text{s. t.} \begin{cases} 5x_1 + 4x_2 \leqslant 24 \\ 2x_1 + 5x_2 \leqslant 13 \\ x_1, x_2 \geqslant 0 \\ x_1, x_2 \text{ 为整数} \end{cases} \quad (6.3)$$

我们暂不考虑 x_1 和 x_2 取整数这一条件，可用 LINGO 编程求得最优解为

$$x_1 = 4.8, \quad x_2 = 0, \quad \max z = 96$$

这时，x_1 的取值为小数，不符合变量取整数的约束条件，通常的解决办法有以下几种：

1）简单地舍去小数，变为 $x_1 = 4$，$x_2 = 0$，这当然满足各约束条件，因而是

可行解,但不是最优解,因为当 $x_1=4$, $x_2=0$ 时, $z=80$;但是,当 $x_1=4$, $x_2=1$(这也是可行解)时, $z=90$。

2) 在 $x_1=4$, $x_2=0$ 这个解的附近试探:取 $x_1=5$, $x_2=0$,这样就破坏了第二个约束条件(关于体积的限制),因而它不是可行解。

考虑变量取整数约束条件,利用 LINGO 编程求解:

```
max = 20 * x1 + 10 * x2;
5 * x1 + 4 * x2 < = 24;
2 * x1 + 5 * x2 < = 13;
@gin(x1);
@gin(x2);
```

注意:最后两行表示"两个变量均为整数"的说明语句。

LINGO 求解结果如下:

```
Global optimal solution found.
  Objective value:                              90.00000
  Extended solver steps:                               0
  Total solver iterations:                             0


        Variable           Value        Reduced Cost
              X1        4.000000           -20.00000
              X2        1.000000           -10.00000

             Row  Slack or Surplus          Dual Price
               1          90.00000           1.000000
               2          0.000000           0.000000
               3          0.000000           0.000000
```

求解结果表明,托运甲种货物 4 箱,乙种货物 1 箱,可使总利润最大。

例 6.4 生产计划安排问题

某企业用 A、B 两种原油混合加工成甲、乙两种成品油,销售数据如表 6-3 所示,表中百分比是成品油中原油 A 的最低含量。

表 6-3 生产计划安排

原油 \ 产品	甲	乙	现有库存量/t	最大采购量/t
A	≥50%	≥60%	500	1650
B	—	—	800	1200

成品油甲和乙的销售价与加工费之差分别为 5 和 5.6(单位:千元/t),原油 A、B 的采购费分别是采购量 x、y(单位:t)的分段函数 $f(x)$ 和 $g(y)$(单位:

千元),该企业的现有资金限额为7200(千元),生产成品油乙的最大能力为2000t,假设成品油全部能销售出去,试在充分利用现有资金和现有库存的条件下,合理安排采购和生产计划,使企业的收益最大。

$$f(x) = \begin{cases} 4x, & 0 < x < 500 \\ 500 + 3x, & 500 < x < 1000 \\ 1500 + 2x, & x > 1000 \end{cases}, \quad g(y) = \begin{cases} 3.2y, & 0 < y < 400 \\ 240 + 2.6y, & 400 < y < 800 \\ 880 + 1.8y, & y > 800 \end{cases}$$

问题分析 安排原油采购、加工的目标只能是利润最大,题目中给出的是两种汽油的售价和原油A、B的采购费用,利润为销售汽油的收入与购买原油A、B的支出之差。这里的难点在于原油A、B的采购费是分段函数关系,能否借助LINGO软件方便地处理是关键所在。

解 设原油A、B的购买量分别为x、y,设原油A用于生产甲、乙两种汽油的数量分别为x_{11}和x_{12},原油B用于生产甲、乙两种汽油的数量分别为x_{21}和x_{22},则总的收入为$5(x_{11}+x_{21})+5.6(x_{12}+x_{22})$,于是本例的目标函数——利润为

$$\max z = 5(x_{11}+x_{21}) + 5.6(x_{12}+x_{22}) - f(x) - g(y) \tag{6.4}$$

约束条件包括加工两种汽油用的原油A、原油B库存量的限制,原油A、B购买量的限制,以及两种汽油中所含原油A的比例限制,它们可表示为

$$\begin{cases} x_{11} + x_{12} \leq x + 500 \\ x_{21} + x_{22} \leq y + 800 \\ x_{12} + x_{22} \leq 2000 \\ x_{11} \geq x_{21}, \quad x_{12} \geq 1.5 x_{22} \\ x \leq 1650, \quad y \leq 1200 \\ f(x) + g(y) \leq 7200 \end{cases} \tag{6.5}$$

由于$f(x)$和$g(y)$不是线性函数,以上由式(6.4)、式(6.5)构成的数学规划模型是一个非线性规划。而且,对于这样用分段函数定义的$f(x)$和$g(y)$,一般的非线性规划软件也难以输入和求解。但是我们可以借助于LINGO软件中的@if函数实现该问题的求解。

LINGO求解程序如下:

```
max = 5* x11 + 5* x21 + 5.6* x12 + 5.6* x22 - f - g;
x11 + x12 < = 500 + x;
x21 + x22 < = 800 + y;
x11 > = x21;x12 > = 1.5* x22;
f = @ if(x#le#500,4* x,@ if(x#le#1000,500 + 3* x,1500 + 2* x));
g = @ if(y#le#400,3.2* y,@ if(y#le#800,240 + 2.6* y,880 + 1.8* y));
f + g < = 7200;x < = 1650;y < = 1200;
x12 + x22 < = 2000;
```

部分求解结果如下:

```
Variable           Value           Reduced Cost
  X11            900.0000           0.000000
  X21            900.0000           0.000000
  X12           1200.000            0.000000
  X22            800.0000           0.000000
   F            4700.000            0.000000
   G            2500.000            0.000000
   X            1600.000            0.000000
   Y             900.0000           0.000000
```

结果表明：在原油 A 的库存为 500t，原油 B 的库存为 800t 的情况下，应再购买原油 A1600t，购买原油 B900t，然后将原油 A900t 和原油 B900t 用于生产汽油甲，剩余的原油 A、B 全部用于生产汽油乙，可使总利润最大。

例 6.5 指派问题

有 4 位教师，他们各自有能力去教 4 门不同课程中的任一种，但他们备课所用的时间不同，表 6-4 给出每位教师准备每门课程需要的时间。

表 6-4 每位教师准备每门课程需要的时间表

教师\课程	A	B	C	D
甲	2	15	13	4
乙	10	4	14	15
丙	9	14	16	13
丁	7	8	11	9

问：如何分配 4 位教师所授课程，才可以使所有 4 门课程总的备课时间为最少？

解 首先建立该问题的数学模型。

决策变量：设 $x_{ij} = \begin{cases} 1, & \text{第 } i \text{ 个教师担任第 } j \text{ 门课程} \\ 0, & \text{第 } i \text{ 个教师不担任第 } j \text{ 门课程} \end{cases}$

约束条件：每个教师只担任一门课程的约束条件为

$$x_{11} + x_{12} + x_{13} + x_{14} = 1$$
$$x_{21} + x_{22} + x_{23} + x_{24} = 1$$
$$x_{31} + x_{32} + x_{33} + x_{34} = 1$$
$$x_{41} + x_{42} + x_{43} + x_{44} = 1$$

每门课程仅有一个教师担任的约束条件为

$$x_{11} + x_{21} + x_{31} + x_{41} = 1$$
$$x_{12} + x_{22} + x_{32} + x_{42} = 1$$

$$x_{13} + x_{23} + x_{33} + x_{43} = 1$$
$$x_{14} + x_{24} + x_{34} + x_{44} = 1$$

目标函数

$$\min\ z = 2x_{11} + 15x_{12} + 13x_{13} + 4x_{14} + 10x_{21} + 4x_{22} + 14x_{23} + 15x_{24} + 9x_{31} + 14x_{32} + 16x_{33} + 13x_{34} + 7x_{41} + 8x_{42} + 11x_{43} + 9x_{44}$$

指派问题的数学规划模型如下：

$$\min\ z = 2x_{11} + 15x_{12} + 13x_{13} + 4x_{14} + 10x_{21} + 4x_{22} + 14x_{23} + 15x_{24} + 9x_{31} + 14x_{32} + 16 \cdot x_{33} + 13x_{34} + 7x_{41} + 8x_{42} + 11x_{43} + 9x_{44}$$

$$\text{s.t.} \begin{cases} x_{11} + x_{12} + x_{13} + x_{14} = 1 \\ x_{21} + x_{22} + x_{23} + x_{24} = 1 \\ x_{31} + x_{32} + x_{33} + x_{34} = 1 \\ x_{41} + x_{42} + x_{43} + x_{44} = 1 \\ x_{11} + x_{21} + x_{31} + x_{41} = 1 \\ x_{12} + x_{22} + x_{32} + x_{42} = 1 \\ x_{13} + x_{23} + x_{33} + x_{43} = 1 \\ x_{14} + x_{24} + x_{34} + x_{44} = 1 \\ x_{ij} = 0,\ 1 \quad (i, j = 1, 2, 3, 4) \end{cases} \quad (6.6)$$

以上数学规划模型，可以直接利用 LINGO 编程求解，但是求解程序会比较繁琐，所以我们下面给出指派问题的一般的数学规划形式，以便在 LINGO 中引入集合进行求解。

一般形式：当给定一个分配问题时，必须给出一个表格，称该表为系数矩阵或效益矩阵或价值矩阵，矩阵的元素 $c_{ij}(i, j = 1, \cdots, n)$ 表示分配第 i 人去完成第 j 项任务时的效益。

一般地，以 x_{ij} 表示给定的资源分配用于给定活动时的有关效益（时间、费用、价值等），且

$$x_{ij} = \begin{cases} 0, \text{当不分配第 } i \text{ 单位资源用于第 } j \text{ 项活动} \\ 1, \text{当分配第 } i \text{ 单位资源用于第 } j \text{ 项活动} \end{cases}$$

其一般的数学模型为

$$\min(\text{或 max})z = \sum_{i=1}^{n} \sum_{j=1}^{n} c_{ij} x_{ij}$$

$$\text{s.t.} \begin{cases} \sum_{j=1}^{n} x_{ij} = 1 \quad (i = 1, \cdots, n) \\ \sum_{i=1}^{n} x_{ij} = 1 \quad (j = 1, \cdots, n) \\ x_{ij} = 0 \text{ 或 } 1 \end{cases} \quad (6.7)$$

有了指派问题的一般数学规划形式后,再用 LINGO 编程求解就会比较简便,LINGO 求解该指派问题的程序如下:

```
model:
! assignment problem model;
sets:
flight/1..4/;
assign(flight,fligt): c,x;
endsets
! here is the income matrix;
data:
c = 2 15 13 4
    10 4 14 15
     9 14 16 13
     7 8 11 9;
enddata
! maximizi value of assignments;
max = @sum(assign: c* x);
@for(flight(i): @sum(flight(j):x(i,j)) =1);
@for(flight(j): @sum(flight(i):x(i,j)) =1);
end
```

求解结果如下:

```
Global optimal solution found.
  Objective value:                          53.00000
  Total solver iterations:                         7

          Variable        Value       Reduced Cost
           X(1,2)      1.000000           0.000000
           X(2,4)      1.000000           0.000000
           X(3,3)      1.000000           0.000000
           X(4,1)      1.000000           0.000000
```

结果表明:安排甲教师教课程 B,乙教师教课程 D,丙教师教课程 C,丁教师教课程 A,可使他们四人的总备课时间最少。

评注:建立 0-1 规划模型是解决指派问题的常用方法。在典型的指派问题中,一般情况下任务的数量与能够承担的人员数量相等,但是二者不相等的情况也很常见,比如习题 6 中的第 5 题就是一类人数多于任务数的指派问题(这时虽然不是上述意义下的分派问题,但能建立类似的模型)。

注意:对于整数规划模型,一般没有与线性规划相类似的敏感性分析的理论,此时 LINGO 中所输出的敏感性分析结果通常是没有意义的。如果已知数据发生了变化,我们只好用新数据重新输入模型,再用 LINGO 求解。

6.3 多目标规划建模方法

例 6.6 选课策略

某学校规定,信息与计算科学专业的学生毕业时必须应至少学习 2 门数学课、3 门运筹学课和 2 门计算机课。这些课程的编号、名称、学分、所属类别和先修课要求如表 6-5 所示。那么,毕业时学生应至少学习了这些课程中的哪些课程。

如果某个学生既希望选修课程的数量少,又希望所获得的学分多,他可以选修哪些课程?

表 6-5 待选课程列表

课程编号	课程名称	学 分	所属类别	先修课要求
1	微积分	5	数学	
2	线性代数	4	数学	
3	最优化方法	4	数学,运筹学	微积分,线性代数
4	数据结构	3	数学,计算机	计算机编程
5	应用统计	4	数学,运筹学	微积分,线性代数
6	计算机模拟	3	计算机,运筹学	计算机编程
7	计算机编程	2	计算机	
8	预测理论	2	运筹学	应用统计
9	数学实验	3	运筹学,计算机	微积分,线性代数

解 首先建立该问题的数学规划模型。

决策变量:用 $x_i=1$ 表示选修表 6-5 中的第 i 门课程($x_i=0$ 表示不选;$i=1,2,\cdots,9$)。

目标函数:问题的目标为选修的课程总数最少,即

$$\min Z = \sum_{i=1}^{9} x_i \tag{6.8}$$

约束条件:包括两个方面。

1) 每人最少要学习 2 门数学课、3 门运筹学课和 2 门计算机课。根据表中对每门课程所属类别的划分,这一约束可以表示为

$$x_1 + x_2 + x_3 + x_4 + x_5 \geq 2$$
$$x_3 + x_5 + x_6 + x_8 + x_9 \geq 3$$
$$x_4 + x_6 + x_7 + x_9 \geq 2$$

2) 某些课程有先修课程的要求。例如,"数据结构"的先修课是"计算机编程",这意味着如果 $x_4=1$,必须 $x_7=1$,这个条件可以表示为 $x_4 \leq x_7$(注意:

当 $x_4 = 0$ 时对 x_7 没有限制）。"最优化方法"的先修课是"微积分"和"线性代数"的条件可表示为 $x_3 \leq x_1$，$x_3 \leq x_2$，而这两个不等式可以用一个约束表示为 $2x_3 - x_1 - x_2 \leq 0$。这样，所有课程的先修课要求可表示为如下的约束

$$2x_3 - x_1 - x_2 \leq 0$$
$$x_4 - x_7 \leq 0$$
$$2x_5 - x_1 - x_2 \leq 0$$
$$x_6 - x_7 \leq 0$$
$$x_8 - x_5 \leq 0$$
$$2x_9 - x_1 - x_2 \leq 0$$

由以上目标函数和约束条件组成的模型属于 0-1 规划模型。将这一模型输入 LINGO（注意加上 x_i 为 0 或 1 的约束），求解得到结果为 $x_1 = x_2 = x_3 = x_6 = x_7 = x_9 = 1$，其他变量为 0。对照课程编号，它们是微积分、线性代数、最优化方法、计算机模拟、计算机编程、数学实验，共 6 门课程，总学分为 21。

注意：对于上述规划的 LINGO 求解，其程序比较简单，这里就不再给出。而且上面所给出的这个解并不是唯一的，还可以找到与以上不完全相同的 6 门课程，也满足所给的约束。读者可以找找看。

讨论：如果一个学生既希望选修课程数少，又希望所获得的学分数尽可能多，则除了上述目标之外，还应根据表 6-5 中的学分数写出另一个目标，即

$$\max W = 5x_1 + 4x_2 + 4x_3 + 3x_4 + 4x_5 + 3x_6 + 2x_7 + 2x_8 + 3x_9 \quad (6.9)$$

我们把只有一个优化目标的规划问题称为**单目标规划**，而将多于一个目标的规划问题称为**多目标规划**。

要得到多目标规划问题的解，通常需要知道决策者对每个目标的重视程度，称为偏好程度。下面通过几个例子来讨论处理这类问题的方法。

1）同学甲只考虑获得尽可能多的学分，而不管所修课程的多少，那么他可以以式（6.9）为目标，不用考虑式（6.8），这就变成了一个单目标优化问题。显然，这个问题不必计算就知道最优解是选修所有 9 门课程。

2）同学乙认为，选修课程数最少是基本前提，那么他可以只考虑目标式（6.8）而不是式（6.9），这就是前面得到的最少为 6 门。如果这个解是唯一的，则他已别无选择，只能选修上面的 6 门课，总学分为 21。但是 LINGO 无法告诉我们一个优化问题的解是否唯一，所以他还可能在选修 6 门课的条件下，使总学分多于 21。为探索这种可能，应在上面的规划问题中增加约束

$$\sum_{j=1}^{9} x_i = 6$$

得到以式（6.9）为目标函数、以所有约束条件为约束的另一个 0-1 规划模型。求解后发现会得到不同于前面 6 门课程的最优解 $x_1 = x_2 = x_3 = x_5 = x_7 = x_9 =$

1,其他变量为0,即3学分的"计算机模拟"换成了4学分的"应用统计",总学分由21增至22。注意这个模型的解仍然不是唯一的,如 $x_1=x_2=x_3=x_5=x_6=x_7=1$,其他变量为0,也是最优解。

3) 同学丙不像甲和乙那样,只考虑学分最多或以课程最少为前提,而是觉得课程数和学分数这两个目标大致上应该七三开。这时可以将目标函数 Z 和 $-W$ 分别乘以 0.7 和 0.3,组成一个新的目标函数 Y,有

$$\begin{aligned}\min\ Y &= 0.7Z - 0.3W \\ &= -0.8x_1 - 0.5x_2 - 0.5x_3 - 0.2x_4 - 0.5x_5 - 0.2x_6 + \\ &\quad 0.1x_7 + 0.1x_8 - 0.2x_9\end{aligned} \tag{6.10}$$

得到以式(6.10)为目标的0-1规划模型。将这一模型输入LINGO,求解得到结果:$x_1=x_2=x_3=x_4=x_5=x_6=x_7=x_9=1$,即只有"预测理论"不需要选修,共28学分。

评注:用0-1变量表示选择策略是常用的方法。该模型涉及一类"选择问题"。整数规划模型能够很好地处理这类问题。事件间的选择有各种情况,下面以 Ⅰ、Ⅱ 两事件为例,说明各种选择应如何处理。

设 x_1,x_2 分别代表 Ⅰ、Ⅱ 两个事件,且 $x_1=0$ 或 1;$x_2=0$ 或 1。

如果两个事件必须且只能选择一个,则可以表示为 $x_1+x_2=1$;

如果至多只能选择一个,则表示为 $x_1+x_2\leq 1$;

如果至少选择一个,则表示为 $x_1+x_2\geq 1$;

如果事件 Ⅱ 的中选必须以事件 Ⅰ 被选择为前提,则可表示为 $x_2\leq x_1$;

如果两个事件同时被选中,要么同时不被选中,则可表示为 $x_1=x_2$。

对于两个以上的多个事件间的选择问题,均可根据实际情况,列出与上面相类似的数学关系式。

通过本例题可总结一下多目标规划问题的处理办法,其基本思路有两种:

1) 将多个目标通过加权组合形成一个新的目标,从而化为单目标规划;

2) 把一个目标作为约束条件,解另一个目标的规划模型,也是处理多目标规划的方法。

以上两种处理方法应结合实际问题进行具体分析,选择恰当的方法将多目标规划模型转化为单目标规划模型。

例6.7 "乘公交,看奥运"问题(CUMCM2007B)中的多目标优化问题

问题简述 我国人民翘首企盼的第29届奥运会于2008年8月在北京举行,当时有大量观众到现场观看奥运比赛,其中大部分人乘坐公共交通工具(简称公交,包括公共汽车、地铁等)出行。这些年来,城市的公交系统有了很大发展,北京市的公交线路已达800条以上,使得公众的出行更加通畅、便利,但同时也面临多条线路的选择问题。针对市场需求,某公司准备研制开发一个解决公

交线路选择问题的自主查询计算机系统。

为了设计这样的一个系统，其核心是，线路选择的模型与算法应该从实际情况出发考虑，满足查询者的各种不同需求。请解决如下问题：

仅考虑公交线路，给出任意两公交站点之间线路选择问题的一般数学模型与算法。

这里仅讨论第1）问，详细题目及附件读者可参考 http//www.mcm.edu.cn 下载相应试题。

问题分析 本题根据"公交线路系统的实际需求简化研究"改编而成。问题容易理解，相关参考文献较多，但涉及公共汽车与地铁线路的联系，以及换乘时间等细节的处理，加上需要处理的数据量较大，问题并不简单。这是一个多目标优化问题，换乘次数最少、费用最低、时间最短显然是乘客在选择乘车线路上最关心的几个目标，从该问题的实际背景来看，采取加权合成将问题转化为单目标问题的解题思路不太合适。比较适合的方法是对每个目标寻求最佳线路，然后让乘客根据自己的需求选择。从乘客角度考虑，优化目标应是以下三个目标之一：换乘次数最少、费用最省、时间最短。分别考虑对此三个目标的优化，按照第一目标最优，第二、三目标在第一目标的前提下最优或次优来求解。

注意：虽然在处理多目标优化问题时，经常采用线性加权的方法化为单目标问题进行求解，但是一定也要注意具体问题具体分析。

6.4 非线性规划建模方法

例6.8 选址问题

某公司有6个建筑工地要开工，工地的位置 (x_i, y_i)（单位：km）和水泥日用量 d_i（单位：t）由表6-6给出，公司目前有两个临时存放水泥的场地（简称料场），分别位于 $A(5, 1)$ 和 $B(2, 7)$，日存储量各20t，请解决以下问题：

（1）假设从料场到工地之间均有直线道路相连，试制定日运输计划，即从 A、B 两个料场分别向各工地运送多少水泥，使总的吨千米㊀数最小。

（2）为了进一步减少吨千米数，打算舍弃目前的两个临时料场，改建两个新料场，日存储量仍然是各20t，问建在何处为好？

解 下面建立该问题的数学规划模型：

设料场的位置用 (px_j, py_j) 表示，日存储量用 g_j 表示，从料场 j 向工地 i 的运输量为 c_{ij}。

㊀ 吨千米数是用运送货物的重量（单位：t）乘以运送的距离（单位：km），它是用来衡量运输能力的指标。——编辑注

表 6-6　各工地的位置和水泥日需求量

工地		1	2	3	4	5	6
位置	x	1.25	8.75	0.5	5.75	3	7.25
	y	1.25	0.75	4.75	5	6.5	7.75
日用量		3	5	4	7	6	11

决策变量：对问题（1），px_j 和 py_j 是已知数，决策变量是 c_{ij}；

目标函数：目标是总的吨千米数最小，料场 j 向工地 i 的距离为

$$\sqrt{(px_j - x_i)^2 + (py_j - y_i)^2}$$

故目标函数为

$$\min z = \sum_{i=1}^{6} \sum_{j=1}^{2} \sqrt{(px_j - x_i)^2 + (py_j - y_i)^2} c_{ij}$$

约束条件：一是满足各工地的日需求；二是各料场的总出货量不超过日存储量，可得数学规划模型如下：

$$\min z = \sum_{i=1}^{6} \sum_{j=1}^{2} \sqrt{(px_j - x_i)^2 + (py_j - y_i)^2} c_{ij}$$

$$\text{s.t.} \begin{cases} \sum_{i=1}^{6} c_{ij} \leq g_j & (j = 1, 2) \\ \sum_{j=1}^{2} c_{ij} = d_i & (i = 1, 2, \cdots, 6) \end{cases} \quad (6.11)$$

各料场到各工地的距离是常数，目标和约束条件也是线性的，故该模型是线性规划模型，编写 LINGO 程序如下：

```
Model:
Title  location problem;
Sets:
demand/1..6/:a,b,d;
supply/1..2/:x,y,e;
link(demand,supply):c;
Endsets
data:
a=1.25,8.75,0.5,5.75,3,7.25;
b=1.25,0.75,4.75,5,6.5,7.75;
d=3,5,4,7,6,11;
e=20,20;
x,y=5,1,2,7;
enddata
min=@sum(link(i,j):c(i,j)* ((x(j)-a(i))^2+(y(j)-b(i))^2)^(1/2));
@for(demand(i):@sum(supply(j):c(i,j))=d(i););
```

```
@ for(supply(j):@ sum(demand(i):c(i,j)) < =e(j););
@ for(supply: @ free(x); @ free(y););
end
```

运行程序得部分结果如下：

```
Local optimal solution found.
Objective value:    85.26604

                 C( 1, 1)        3.000000
                 C( 2, 2)        5.000000
                 C( 3, 1)        4.000000
                 C( 4, 1)        7.000000
                 C( 5, 1)        6.000000
                 C( 6, 2)        11.00000
```

求解结果为目标函数最优值为 85.26604（总的吨千米数），调运方案见表 6-7：

表 6-7　最优调运方案

工地		1	2	3	4	5	6	合计
运量	料场 A	3	0	4	7	6	0	20
	料场 B	0	5	0	0	0	11	16
合计		3	5	4	7	6	11	36

对于问题（2），(px_j, py_j) 是未知数，与 c_{ij} 一样是决策变量，此时 $\sqrt{(px_j-x_i)^2+(py_j-y_i)^2}\,c_{ij}$ 对决策变量 (px_j, py_j) 来说是非线性的，目标函数成了非线性函数，所以式（6.11）变成了非线性规划模型。对上一问的程序作如下修改：

```
Model:
Title  location problem;
Sets:
demand/1..6/:a,b,d;
supply/1..2/:x,y,e;
link(demand,supply):c;
Endsets
data:
a=1.25,8.75,0.5,5.75,3,7.25;
b=1.25,0.75,4.75,5,6.5,7.75;
d=3,5,4,7,6,11;
e=20,20;
enddata
Init:
x=5,2;
```

```
y=1,7;
endinit
min=@sum(link(i,j):c(i,j)* ((x(j)-a(i))^2 + (y(j)-b(i))^2)^(1/2));
@for(demand(i):@sum(supply(j):c(i,j))=d(i););
@for(supply(j):@sum(demand(i):c(i,j))<=e(j););
@for(supply:@free(x);@free(y););
end
```

与前面程序的不同之处是 data 语句中取消了对 x 和 y 的赋值。因为该模型是非线性规划模型，所以 LINGO 菜单 Options 参数设置中全局优化求解器（Global Solver）的选项设置可能会影响计算结果。具体设置方法如下：单击 LINGO→Options，弹出参数设置对话框，选择 Global Solver 选项卡，选中 "Use Global Solver"（单击它左侧的空白复选按钮），单击 "OK" 按钮确定，然后运行 LINGO 程序。我们发现，为了得到全局最优解，运行时间非常长，运行一段时间后，单击 "Interrupt Solver" 按钮强制终止求解，此时目标函数最优值仍然是 85.26604，新料场的位置也没有变化，看来这就是近似全局最优解了。

例 6.9 投资组合问题

已知美国某三种股票（A、B、C）近 12 年来的投资收益率 R_i（$i=1,2,3$）如表 6-8 所示（表 6-8 中还列出各年度 500 种股票的指数供参考）其中，收益率=（本金+收益）/本金。假设你在 1955 年有一笔资金打算投资这三种股票，希望年收益率达到 1.15，试给出风险最小的投资方案。

表 6-8 美国三种股票 1943—1954 的收益率

年 份	股票 A	股票 B	股票 C	股票指数
1943	1.3	1.225	1.149	1.258997
1944	1.103	1.29	1.26	1.197526
1945	1.216	1.216	1.419	1.364361
1946	0.954	0.728	0.922	0.919287
1947	0.929	1.144	1.169	1.057080
1948	1.056	1.107	0.965	1.055012
1949	1.038	1.321	1.133	1.187925
1950	1.089	1.305	1.732	1.317130
1951	1.09	1.195	1.021	1.240164
1952	1.083	1.39	1.131	1.183675
1953	1.035	0.928	1.006	0.990108
1954	1.176	1.715	1.908	1.526236
平均	1.0891	1.2137	1.2346	

解 设投资三种股票的资金份额分别为 x_i ($i=1, 2, 3$),则有

$$0 \leq x_i \leq 1, \text{且} \sum_{i=1}^{3} x_i = 1$$

投资的年收益率为 $Y = \sum_{i=1}^{3} x_i R_i$,其中 R_i 是第 i 种股票的年收益率,它是随机变量,用每种股票12年的平均收益率 $\overline{R_i}$ 代表该股票年收益率的数学期望 $E(R_i)$,则 Y 的数学期望为

$$E(Y) = E\left(\sum_{i=1}^{3} x_i R_i\right) = \sum_{i=1}^{3} x_i E(R_i) = \sum_{i=1}^{3} x_i \overline{R_i}$$

投资者希望年收益率达到1.15,数学表达式为

$$\sum_{i=1}^{3} x_i \overline{R_i} \geq 1.15$$

用什么来衡量投资的风险呢?马柯维茨(Markowitz)建议用收益率的方差或标准差来衡量,即方差越大则风险越大,反之则风险小。

按概率论知识,Y 的方差为

$$D(Y) = D\left(\sum_{i=1}^{3} x_i R_i\right) = \sum_{i=1}^{3} x_i^2 D(R_i) + 2x_1 x_2 \text{COV}(R_1, R_2) + \\ 2x_1 x_3 \text{COV}(R_1, R_3) + 2x_2 x_3 \text{COV}(R_2, R_3) D(Y) = D\left(\sum_{i=1}^{3} x_i R_i\right) \quad (6.12)$$

式中,COV(R_i, R_j) 是随机变量 R_i 和 R_j 之间的协方差,当 $i=j$ 时,协方差即为方差,于是式(6.12)可以写成

$$D(Y) = \sum_{i=1}^{3} \sum_{j=1}^{3} x_i x_j \text{COV}(R_i, R_j)$$

当 $i=1, 2, 3$, $j=1, 2, 3$ 时,COV(R_i, R_j) 构成一个 3×3 对称矩阵,称为协方差矩阵,它的主对角线上的3个元素分别为 R_1、R_2、R_3 的方差,建立规划模型如下:

$$\min z = \sum_{i=1}^{3} \sum_{j=1}^{3} x_i x_j \text{COV}(R_i, R_j)$$

$$\text{s.t.} \begin{cases} \sum_{i=1}^{3} x_i \overline{R_i} \geq 1.15 \\ 0 \leq x_i \leq 1 \\ \sum_{i=1}^{3} x_i = 1 \end{cases} \quad (6.13)$$

均值和协方差矩阵的计算可以在 MATLAB 中完成,分别利用 MATLAB 中的 mean 和 cov 函数完成。计算所得到的均值和协方差矩阵可以存放在 Excel 文件 "touzhizuhe.xls" 中,分别定义为 "mean" 和 "COV",再利用 LINGO 软件中的

@ole 函数传到 LINGO 中，实现对以上优化模型的求解，所用到的 LINGO 求解程序如下：

```
Model:
Sets:
Stocks/1..3/:mean,x;
Stst(stocks,stocks):COV;
Endsets
Data:
Mean=@ole('touzizuhe.xls','mean');
COV=Mean=@ole('touzizuhe.xls','COV');
Enddata
Min=@sum(stst(i,j):COV(i,j)*x(i)*x(j));
@sum(stocks:x)=1;
@sum(stocks:mean*x)>=1.15;
@for(stocks:0<=x<=1);
End
```

例 6.10 补考日程安排问题

1. 问题简述

某高校开学前补考通常是在开学前的周六、周日完成，每天的考试时间分为 4 个时段，分别为：8：00—9：35，9：55—11：30，13：30—15：05，15：25—17：00。由于有的学生有多门补考，因此，有些课程安排在一个时段补考会产生冲突（例如，学生张三要补考高等数学和普通物理，如果将这两门课安排在一个时段补考就会产生冲突）。现有 11 门课程（K1，K2，…，K11）需要安排补考，表 6-9 给出 11 门课程的补考是否有冲突的情况。

表 6-9 11 门课程补考是否有冲突的情况（×为有冲突，—为无冲突）

课程	K1	K2	K3	K4	K5	K6	K7	K8	K9	K10	K11
K1	—	×	—	—	×	—	×	—	—	×	×
K2	×	—	—	—	×	—	×	—	—	×	×
K3	—	—	—	×	×	—	×	—	—	—	×
K4	—	—	×	—	—	×	×	—	—	—	×
K5	×	×	×	×	—	—	—	×	—	×	×
K6	—	—	—	×	—	—	×	—	—	×	×
K7	×	×	×	×	—	×	—	×	—	×	×
K8	—	—	—	—	×	—	×	—	—	×	×
K9	—	—	—	—	—	—	—	—	—	—	×
K10	×	×	—	—	×	×	×	×	—	—	×
K11	×	×	×	×	×	×	×	×	×	×	—

为此，要完成以下工作：

1) 就该问题建立相应的数学模型并求解，帮助教务处制定一份详细的补考时间表，使得每位学生在每个时段都只需要参加一门考试；

2) 如果有可能，补考时间尽量安排在上午；

3) 如果无法解决冲突问题，尽量使重要的课程不冲突（课程编号越小越重要，例如，K1 比 K2 重要）。

2. 问题分析及模型建立

考虑两个集合，一个是补考的课程集合（EXAM），另一个是考试的时间段（TIME）。将补考课程与时间段作匹配，当两课程有冲突时，不能放在同一时间段。

数学模型建立：将课程按编号定义它的重要程度，考虑时间段时也可按时间段定义重要程度，重要的课排在上午权重就高，然后建立目标函数求极大值（如果编号越小越好，则求极小值）。

本问题的约束条件如下：

$$\sum_{t \in TIME} x_{et} = 1, \forall e \in EXAM$$

$$x_{et} + x_{dt} \leq 1, \forall e, d \in EXAM \cap incomp(e,d) = 1, \forall t \in TIME$$

$$x_{et} \in \{0,1\}, \forall e \in EXAM, t \in TIME,$$

其中，$incomp(e, d) = 1$ 表示课程 e 与课程 d 有冲突。

3. 模型求解

利用 LINGO 软件编写程序，求解以上模型，程序如下：

```
sets:
exam/k1..k11/: a;
time/sat1, sat2, sat3, sat4, sun1, sun2, sun3, sun4/:b;
EXE(exam, exam): incomp;
EXT(exam, time): x;
endsets
data:
    a = 1 2 3 4 5 6 7 8 9 10 11;
    b = 1 2 3 4 1 2 3 4;
    incomp =
     0 1 0 0 1 0 1 0 0 1 1
     1 0 0 0 1 0 1 0 0 1 1
     0 0 0 1 1 1 1 0 1 1 1
     0 0 1 0 1 1 1 0 0 1 1
     1 1 1 1 0 1 1 1 1 1 1
     0 0 1 1 1 0 1 0 1 1 1
     1 1 1 1 1 1 0 1 1 1 1
     0 0 0 0 1 0 1 0 0 1 1
```

```
          0 0 1 0 1 1 1 0 0 1 1
          1 1 1 1 1 1 1 1 1 0 1
          1 1 1 1 1 1 1 1 1 1 0;
   enddata
   @ for(exam(e):
      @ sum(time(t): x(e,t)) =1;
   );
   @ for(EXE(e, d) | d #lt# e #and# incomp(e,d) #eq# 1:
      @ for(time(t):
         x(e,t) +x(d,t) < =1;
      );
   );
   @ for(EXT: @ bin(x));
   min = @ sum(EXT(e,t): (a(e) +b(t))* x(e,t));
```

运行结果如下：

```
Global optimal solution found.
  Objective value:              86.00000
  Extended solver steps:             0
  Total solver iterations:          29
           Variable       Value     Reduced Cost
        X( K1, SAT1)    1.000000     2.000000
        X( K2, SUN1)    1.000000     3.000000
        X( K3, SAT1)    1.000000     4.000000
        X( K4, SUN1)    1.000000     5.000000
        X( K5, SAT2)    1.000000     7.000000
        X( K6, SUN2)    1.000000     8.000000
        X( K7, SUN3)    1.000000     10.00000
        X( K8, SUN1)    1.000000     9.000000
        X( K9, SUN1)    1.000000     10.00000
        X( K10, SAT3)   1.000000     13.00000
        X( K11, SAT4)   1.000000     15.00000
```

同时考虑到课程及时间段的重要性，得到以下一组结果，如表 6-10 所示（注意：答案不唯一）。

表 6-10 补考时间表

	8：00—9：55	9：55—11：30	13：30—15：05	15：25—17：00
周六	K1, K3,	K5	K10	K11
周日	K2, K4, K8, K9	K6	K7	

注意：本题也可以用其他的方法（如图的着色）求解，也可以得到相应的结果。请读者课下自行完成。

6.5 应用案例——DVD 在线租赁问题（CUMCM2005B）

6.5.1 DVD 在线租赁问题的描述

随着信息时代的到来，网络成为人们生活中越来越不可或缺的元素之一。许多网站利用其强大的资源和知名度，面向其会员群提供日益专业化和便捷化的服务。例如，音像制品的在线租赁就是一种可行的服务。这项服务充分发挥了网络的诸多优势，包括传播范围广泛、直达核心消费群、强烈的互动性、感官性强、成本相对低廉等，为顾客提供更为周到的服务。

考虑如下的 DVD 在线租赁问题。顾客缴纳一定数量的月费成为会员，订购 DVD 租赁服务。会员对哪些 DVD 有兴趣，只要在线提交订单，网站就会通过快递的方式尽可能满足要求。会员提交的订单包括多张 DVD，这些 DVD 是基于其偏爱程度排序的。网站会根据手头现有的 DVD 数量和会员的订单进行分发。每个会员每个月租赁次数不得超过 2 次，每次获得 3 张 DVD。会员看完 3 张 DVD 之后，只需要将 DVD 放进网站提供的信封里寄回（邮费由网站承担），就可以继续下次租赁。请考虑以下问题：

表 6-11 中列出了网站上 100 种 DVD 的现有张数和当前需要处理的 1000 位会员的在线订单（表 6-11 仅为表格格式示例，具体数据太多，这里不再列出），如何对这些 DVD 进行分配，才能使会员获得最大的满意度？请具体列出前 30 位会员（即 C0001～C0030）分别获得哪些 DVD。

表 6-11 DVD 现有张数和当前需要处理的会员的在线订单（表格格式示例）

	DVD 编号	D001	D002	D003	D004	…
	DVD 现有数量	10	40	15	20	…
会员在线订单	C0001	6	0	0	0	…
	C0002	0	0	0	0	…
	C0003	0	0	0	3	…
	C0004	0	0	0	0	…
	⋮	⋮	⋮	⋮	⋮	⋮

6.5.2 基本假设

1) 每月租两次的会员所租的 DVD 在将近半个月但不超过半个月时归还，每月租一次的会员在接近一个月但不超过一个月时归还。

2）每个会员只租看自己已有观看意愿（作过选择）的 DVD，网站不能把会员不想看的 DVD 强制分给他。

3）各种 DVD 的单价相同。

6.5.3 问题的分析、建模和解答

1. 分析

对表 6-11 列出的网站 100 种 DVD 现有张数和 1000 位会员在线订单数据（详见该赛题附件中的 Excel 文件）作统计和分析，100 种 DVD 现有总张数 3007，1000 名会员每人分配 3 张，共需 3000 张，似乎够分，但是其中 37 号 DVD 的库存量为 106，而有愿望观看该 DVD 的人数只有 91 人，考虑到网站不能把会员不想看的 DVD 强制分给他，故 37 号 DVD 至多分出去 91 张，余 15 张，总数 3007 张至多分出去 2992 张，如果每人分 3 张的话，至少欠缺 8 张，于是可以肯定有会员分不到 3 张。对此有两种做法可供考虑：一种是让一部分人分不到，从而保证其他人分到 3 张；另一种是让一部分人分到 2 张，其他人分 3 张，究竟哪一种方法更合理、总体满意度更高呢？

我们作一些比较，如果会员想看 10 张左右 DVD，网站一张也无法满足，必然会使会员产生较大抱怨，很可能转而找其他网站，即会员流失。如果先满足 2 张，会员可以先看起来，看过归还，一个月内还能再租一次，本月内看到 5 张，只比正常情况下的 6 张少一张，即使有一些不满意，但程度不严重。两种方案相比较，分 2 张比分 0 张好，整体满意度高。

2. 满意度的量化及归一化

设某会员对喜欢的 DVD 排序为 $x(x=1,2,3,\cdots,10)$，用 11 减去订单中的数字，再除以 10，计算公式为 $f_1(x)=(11-x)/10$，于是得到对应于 x 的满意度依次为 $1, 0.9, 0.8, \cdots, 0.1$，接着还要对该组数据进行归一化处理。

3. 建立模型

用 c_{ij} 表示第 i 个会员得到第 j 种 DVD 时的满意度，用变量 x_{ij} 表示 DVD 的分配情况，$x_{ij}=1$ 表示给第 i 个会员分配第 j 种 DVD，$x_{ij}=0$ 时表示不分。b_j 表示第 j 种 DVD 的现有数量。

采用每个会员至少满足 2 张 DVD 的分配方法，目标函数是 1000 名会员的总体满意度最大，约束条件为每种 DVD 的库存约束和每人分配 DVD 的张数约束（2~3 张），建立 0-1 规划模型如下：

$$\max z = \sum_{i=1}^{1000}\sum_{j=1}^{100} c_{ij}x_{ij}$$

$$\text{s.t.} \begin{cases} 2 \leqslant \sum_{j=1}^{100} x_{ij} \leqslant 3 & (i = 1, 2 \cdots, 1000) \\ \sum_{i=1}^{1000} x_{ij} \leqslant b_j & (j = 1, 2 \cdots, 100) \\ x_{ij} = 0 \text{ 或 } 1 \end{cases} \tag{6.14}$$

该模型的变量总数在 10 万以上, 可以用 LINGO 来求解, 由于数据量比较大, 应考虑 LINGO 与 Excel 链接以实现数据的输入与结果的输出, 编写 LINGO 程序如下:

```
MODEL:
SETS:
RM/1..1000/:A;
DVD/1..100/:D;
FP(RM,DVD):C,X;
ENDSETS
DATA:
D=@OLE('myidu.xls','KUCUN');
C=@OLE('myidu.xls','MANYIDU');
@OLE('myidu.xls','SOLUTION')=X;
ENDDATA
MAX=@SUM(FP:C*X);
@FOR(FP:@BIN(X));
@FOR(RM(I):A(I)=@SUM(DVD(J):X(I,J)));
@FOR(RM:@BND(2,A,3));
@FOR(DVD(J):@SUM(RM(I):X(I,J))<=D(J));
N=@SUM(RM:A);
END
```

运行以上程序, 所得具体结果如表 6-12 所示:

表6-12 前 30 位会员的 DVD 分配方案

会员序号	DVD 号	会员序号	DVD 号	会员序号	DVD 号
1	8, 41, 98	11	59, 63, 66	21	45, 50, 53
2	6, 44, 62	12	2, 31, 41	22	38, 55, 57
3	32, 50, 80	13	21, 78, 96	23	29, 81, 95
4	7, 18, 41	14	23, 52, 89	24	37, 41, 76
5	11, 66, 68	15	13, 52, 85	25	9, 69, 81
6	19, 53, 66	16	10, 84, 97	26	22, 68, 95
7	26, 66, 81	17	47, 51, 67	27	50, 58, 78
8	31, 35, 71	18	41, 60, 78	28	8, 34
9	53, 78, 100	19	66, 84, 86	29	26, 30, 55
10	41, 55, 85	20	45, 61, 89	30	37, 62, 98

评注：规划（优化）类数学模型在全国大学生数学建模竞赛中得到了广泛的应用，基本上每年都会涉及数学规划（优化）类问题，因此，学好本章的内容是非常重要的。在本章中，呈现了线性规划、非线性规划、整数规划及多目标规划这样几类规划模型。但是读者还需要注意以下几点：规划的种类不止以上几类，优化类数学模型还有许多形式，涉及的数学方法也有许多，例如变分法等，优化类数学模型的难度往往在算法上，因此，读者还需要不断学习；在竞赛中出现的问题一般要比上面提到的题目更难一些，虽然是用相同的方法，但是涉及的运算量就大多了，求解优化问题是一个难题。学好本章的内容只是给大家打好基础，大家还需要不断学习。

习 题 6

1. 某厂生产 A、B、C 三种产品，其所需劳动力、材料等有关数据如表 6-13 所示。

表 6-13　三种产品的数据图

	A	B	C	可用量/单位
劳动力	6	3	5	45
材料	3	4	5	30
产品利润（元/件）	3	1	4	

问题：（1）确定获利最大的产品生产计划；

（2）产品 A 的利润在什么范围内变动时，上述最优计划不变？

（3）如果劳动力数量不增，材料不足时可从市场购买，每单位 0.4 元，问该厂要不要购进原材料扩大生产，以购进多少为宜？

2. 某部门在今后五年内考虑给下列项目投资，已知：

项目 A，从第一年到第四年年初需要投资，并于次年年末回收本利 110%；

项目 B，第三年年初需要投资，到第五年年末能回收本利 115%，但规定最大投资额不超过 4 万元；

项目 C，第二年年初需要投资，到第五年年末能回收本利 130%，但规定最大投资额不超过 3 万元；

项目 D，五年内每年年初可购买公债，于当年年末归还，并加利息 3%。

该部门现有资金 10 万元，问：应如何确定给这些项目每年的投资额，使得到第五年年末拥有资金的本利总额为最大？

3. 设土地开发有两个目的，一是用于发展农业，二是用于发展城市。有三个部门提出了各自的要求：（1）城市建设部门要求至少开发 4000 亩土地用于城市建设；（2）农业部门要求至少开发 5000 亩土地用于农业发展；（3）土地开发部门要求至少开发 10000 亩土地。已知城市用地每亩开发费用是 400 元，农业用地每亩开发费用是 300 元。问：怎样计划，才能使开发费用花费最少？

4. （加工奶制品的生产计划）

一奶制品加工厂用牛奶生产 A_1、A_2 两种奶制品，1 桶牛奶可以在设备甲上用 12h 加工成 3kg 的 A_1，或者在设备乙上用 8h 加工成 4kg 的 A_2。根据市场需求，生产的 A_1、A_2 能全部售出，且每千克 A_1 获利 24 元，每千克 A_2 获利 16 元。现在加工厂每天能得到 50 桶牛奶的供应，每天正式工人总的劳动时间为 480h，并且设备甲每天至多能加工 100kg 的 A_1，设备乙的加工能力没有限制。试为该厂制订一个生产计划，使每天获利最大，并进一步讨论以下三个附加问题：

(1) 若用 35 元可以购买到 1 桶牛奶，应否作这项投资？若投资，每天最多购买多少桶牛奶？

(2) 若可以聘用临时工人以增加劳动时间，付给临时工人的工资最多是每小时几元？

(3) 由于市场需求变化，每千克 A_1 的获利增加到 30 元，是否应改变生产计划？

5. （混合泳接力队的选拔问题）

某班准备从 5 名游泳队员中选择 4 人组成接力队，参加学校的 $4\times 100m$ 混合泳接力比赛。5 名队员的 4 种泳姿的百米平均成绩如表 6-14 所示，问：应如何选拔队员组成接力队？

如果最近队员丁的蛙泳成绩有较大退步，只有 1′15″2；而队员戊经过艰苦训练自由泳成绩有所进步，达到 57″5，组成接力队的方案是否应该调整？

表 6-14 5 名队员 4 种泳姿的百米平均成绩

泳姿\队员	甲	乙	丙	丁	戊
蝶泳	1′06″8	57″2	1′18″	1′10″	1′07″4
仰泳	1′15″6	1′06″	1′07″8	1′14″2	1′11″
蛙泳	1′27″	1′06″4	1′24″6	1′09″6	1′23″8
自由泳	58″6	53″	59″4	57″2	1′02″4

6. 有一场由 4 个项目（高低杠、平衡木、跳马、自由体操）组成的女子体操团体赛，赛程规定：每个队至多允许 10 名运动员参赛，每一个项目可以有 6 名选手参加。每个选手参赛的成绩评分从高到低依次为：10 至 0。每个代表队的总分是参赛选手所得总分之和，总分最多的代表队为优胜者。此外，还规定每个运动员只能参加全能比赛（4 项全参加）与单项比赛这两类中的一类，参加单项比赛的每个运动员至多只能参加三项单项。每个队应有 4 人参加全能比赛，其余

运动员参加单项比赛。现某代表队的教练已经对其所带领的 10 名运动员参加各个项目的成绩进行了大量测试，教练发现每个运动员在每个单项上的成绩期望值如表 6-15 所示。请建立模型为该队排出一个出场阵容，使该队团体总分尽可能高。

表 6-15 运动员各项目得分及概率分布表

队员\项目	1（高低杠）	2（平衡木）	3（跳马）	4（自由体操）
1	9	9	9.5	9.1
2	9.6	9	9	9.3
3	9	9.1	9	9.8
4	9.1	9.1	9.5	9
5	9	9.4	8.9	9.7
6	9.7	9.1	9	9
7	9.8	9	8.9	9.2
8	9	9.8	9.1	9.3
9	9	9.2	9	9.7
10	9.4	9.1	9.2	9.5

7. （原油采购与加工问题）

某公司用两种原油（A 和 B）混合加工成两种汽油（甲和乙）。甲、乙两种汽油含原油 A 的最低比例分别为 50% 和 60%，每吨售价分别为 4800 元和 5600 元。该公司现有原油 A 和 B 的库存量分别为 500t 和 1000t，还可以从市场上买到不超过 1500t 的原油 A。原油 A 的市场价为：购买量不超过 500t 时的单价为 10000 元/t；购买量超过 500t 但不超过 1000t 时，超过 500t 的部分 8000 元/t；购买量超过计划 1000t 时，超过计划 1000t 的部分 6000 元/t。该公司应如何安排原油的采购和加工？

8. 一个水库由个人承包，为了提高经济效益，保证优质鱼类有良好的生活环境，必须对水库的杂鱼做一次彻底清理，因此放水清库。水库现有水位平均为 15m，自然放水每天水位降低 0.5m，经与当地协商水库水位最低降至 5m，这样预计需要 20 天时间，水位可达到目标。据估计水库内尚有草鱼 25000kg。鲜活草鱼在当地市场上，若日供应量在 500kg 以下，其价格为 30 元/kg；日供应量在 500~1000kg，其价格降至 25 元/kg；日供应量超过 1000kg 时，价格降至 20 元/kg 以下；日供应量到 1500kg，已处于饱和。捕捞草鱼的成本水位在 15m 时，每千克 6 元；当水位降至 5m 时，为 3 元/kg。同时，随着水位的下降草鱼死亡和捕捞造成损失增加，降至最低水位 5m 时损失率为 10%。承包人提出了这样一个问题：如何捕捞鲜活草鱼投放市场，效益最佳？

9. 某钻井队要从 10 个可供选择的井位中确定 5 个钻井探油，使总的钻井费用为最少。若 10 个井位的代号分别为 s_1, s_2, ···, s_{10}, 相应的钻探费分别为 c_1, c_2, ···, c_{10}, 并且井位选择方面要满足下列要求：

(1) 或选择 s_1 和 s_7, 或选择钻探 s_8；

(2) 选择了 s_3 或 s_4 就不能选择 s_5, 或反过来也一样；

(3) 在 s_5, s_6, s_7, s_8 中最多选两个。

10. 某企业拟用 1000 万元投资于 A、B 两个项目的技术改造。设 x_1、x_2 分别表示分配给 A、B 项目的投资（万元）。据估计，投资项目 A、B 的年收益分别为投资的 60% 和 70%；但投资风险损失，与总投资和单项投资均有关系

$$0.001x_1^2 + 0.002x_2^2 + 0.001x_1x_2$$

据市场调查显示，A 项目的投资前景好于 B 项目，因此希望 A 项目的投资额不小于 B 项目。试问应该如何在 A、B 两个项目之间投资，才能既使年利润最大，又使风险损失为最小？

11. NBA 篮球比赛中，选择哪些队员上场参加比赛要同时考虑队员的进攻能力和防守能力，分别用指标 RSR1 和 RSR2 表示，休斯敦火箭队有 11 名队员，各自的进攻能力和防守能力以及赛场上的位置如表 6-16 所示。现要选择 5 名队员上场，其中只能有 2 名前锋, 2 名后卫, 1 名中锋。

问：(1) 为了使比赛时球队具有最大的进攻能力，如何选择队员？

(2) 为了使比赛时球队具有最大的防守能力，如何选择队员？

(3) 如果比赛时同时兼顾球队的进攻能力和防守能力，如何选择队员？

表 6-16 队员能力指标及位置

球员名字	RSR1	RSR2	位 置
威瑟斯庞	0.473	0.364	前锋
皮亚考斯基	0.361	0.212	前锋或后卫
泰勒	0.633	0.833	前锋
帕吉特	0.348	0.333	前锋
维尔克斯	0.427	0.273	后卫
纳齐巴	0.261	0.379	前锋
杰克逊	0.679	0.652	前锋
卡托	0.394	0.879	前锋或中锋
莫布里	0.758	0.576	后卫
弗朗西斯	0.745	0.742	后卫
姚明	0.794	0.939	中锋

12. 在一年一度的中国和美国大学生数学建模竞赛活动中,任何一个参赛院校都会遇到如何选拔最优秀的队员和科学合理地组队问题。这是一个最实际的,而且首先需要解决的数学模型问题。

现假设有 20 名队员准备参加竞争,根据队员的能力和水平要选出 18 名优秀队员分别组成 6 个队,每个队 3 名队员去参加比赛。选择队员主要考虑的条件依次为有关学科成绩(平均成绩)、智力水平(反应思维能力、分析问题和解决问题的能力等)、动手能力(计算机的使用和其他方面实际操作能力)、写作能力、外语能力、协作能力(团结协作能力)和其他特长。每个队员的基本条件量化后如表 6-17 所示。

假设所有队员接受了同样的培训,外部环境相同,竞赛中不考虑其他的随机因素,竞赛水平的发挥只取决于表中所给的各项条件,并且参赛队员都能正常发挥自己的水平。现在的问题是:

(1) 如何在 20 名队员中选拔 18 名优秀队员参加竞赛;

(2) 确定一个最佳的组队使竞赛的技术水平最高;

(3) 给出由 18 名队员组成 6 个队的组队方案,使整体竞赛的技术水平最高,并给出每个队的竞赛技术水平。

表 6-17 队员能力数据表

队 员	科学成绩	智力水平	动手能力	写作能力	外语水平	协作能力	其他特长
A	8.6	9.0	8.2	8.0	7.9	9.5	6
B	8.2	8.8	8.1	6.5	7.7	9.1	2
C	8.0	8.6	8.5	8.5	9.2	9.6	8
D	8.6	8.9	8.3	9.6	9.7	9.7	8
E	8.8	8.4	8.5	7.7	8.6	9.2	9
F	9.2	9.2	8.2	7.9	9.0	9.0	6
G	9.2	9.6	9.0	7.2	9.1	9.2	9
H	7.0	8.0	9.8	6.2	8.7	9.7	6
I	7.7	8.2	8.4	6.5	9.6	9.3	5
J	8.3	8.1	8.6	6.9	8.5	9.4	4
K	9.0	8.2	8.0	7.8	9.0	9.5	6
L	9.6	9.1	8.1	9.9	8.7	9.7	6
M	9.5	9.6	8.3	8.1	9.0	9.3	7
N	8.6	8.3	8.2	8.1	9.0	9.0	6
O	9.1	8.7	8.8	8.4	8.8	9.4	5
P	9.3	8.4	8.6	8.8	8.6	9.5	6

队员	科学成绩	智力水平	动手能力	写作能力	外语水平	协作能力	其他特长
Q	8.4	8.0	9.4	9.2	8.4	9.1	7
R	8.7	8.3	9.2	9.1	8.7	9.2	8
S	7.8	8.1	9.6	7.6	9.0	9.6	9
T	9.0	8.8	9.5	7.9	7.7	9.0	6

13. 某厂生产 3 种布料 A_1，A_2，A_3，该厂两班生产，每周生产时间为 80h，能耗不得超过 160t 标准煤，其他数据如表 6-18 所示。问：每周应生产三种布料各多少才能使该厂的利润最高，而能源消耗又最少？

表 6-18 某厂生产数据表

布料	生产数量/(m/h)	利润/(元/m)	最大销售量/(m/周)	能耗/(t/km)
A_1	400	0.15	40000	1.2
A_2	510	0.13	51000	1.3
A_3	360	0.20	30000	1.4

14. 设水库可分配水资源量为 7 个单位，供给 3 个用户，用户在分配水量 q_k 下的效益函数为 $g_i(q_k)$，$i=1,2,3$，如表 6-19 所示。求水资源量的最优分配方案。

要求：直接写出该问题的 LINGO 求解程序。

表 6-19 效益函数表

$g_i(q_k)$ \ q_k	0	1	2	3	4	5	6	7
$g_1(q_k)$	0	5	15	40	80	90	95	100
$g_2(q_k)$	0	5	15	40	60	70	73	75
$g_3(q_k)$	0	4	26	40	45	50	51	53

15. 某河沿岸有三个工厂 A、B、C，它们均向河中排放污水，形成了水体污染。环保局要求三个工厂共同协商进行污水处理，并按规定处理后的污水中 BOD_5ⓘ 值不能超过 1.6mg/L（三厂总值）。三个工厂共同研究后，得出三个处理等级方案：方案 1 是作一级处理；方案 2 是作一级与二级处理；方案 3 是作一

ⓘ BOD_5 是一种用微生物代谢作用所消耗的溶解氧量来间接表示水体被有机物污染程度的一个重要指标。——编辑注

级、二级和三级处理。各污水处理等级方案所需要的费用以及处理后的 BOD_5 值如表 6-20 所示。现在的问题是如何确定处理方案可使处理总费用最少。

要求：直接写出该问题的 LINGO 求解程序。

表 6-20　各方案的 BOD_5 值与处理费用

处理方案		BOD_5 值/(mg/L)			费用/万元		
方案号	说明	A 厂	B 厂	C 厂	A 厂	B 厂	C 厂
0	无处理	1.2	0.8	1.6	0	0	0
1	一级处理	0.6	0.6	1.0	8	4	10
2	一级和二级处理	0.2	0.4	0.6	14	8	15
3	一级、二级和三级处理	0	0	0	17	14	22

第 7 章　图与网络建模方法

图与网络是运筹学中的一个重要的分支，其研究领域涉及经济管理、工业工程、交通运输、计算机科学与信息技术等。本章介绍图与网络模型。这里所谓的"图"是指某类具体事物和这些事物之间的联系。在图中，以点表示具体事物，以连接两点的线段（直的或曲的）表示两个事物之间特定的联系，则得到了描述该"图"的几何形象，即一个具体的问题用图形方式直观地描述和表达出来。图论为任何一个包含了一种二元关系的离散系统提供了一个数学模型，借助于图论的概念、理论和方法，可以对该模型求解。与图和网络相关的最优化问题即为网络优化问题。

7.1　图与网络的基本概念

7.1.1　图与网络的基本概念

图论是以图为研究对象的数学分支。在图论中，图由一些点和点之间的连线所组成。例如，公交交通网的示意图由站点和站点之间的连线（公路）组成，通常情况下点之间的连线没有方向性，如可双向行车的公路即是如此；但是有时候连线具有方向性，如供水管道、煤气管道或单行道等；再如体育竞赛，若干支队伍参加某项竞赛，如果用图来表示各队将与哪些对手比赛，有连线的两个队需要比一场，则连线没有方向性，如果比赛已经结束，用带箭头的连线表示比赛的胜负，箭头从甲指向乙表示甲胜乙，此连线具有方向性。称图中的点为顶点（节点），称连接顶点的没有方向的线段为边，称有方向的线段为弧，所有线段都没有方向的图称为无向图，所有线段都有方向的图称为有向图。既有边也有弧的图称为混合图。

用 $V=\{v_1,v_2,\cdots,v_n\}$ 表示全体顶点的集合，用 $E=\{e_1,e_2,\cdots,e_m\}$ 表示全体边的集合，则图 G 可记为 $G=\{V,E\}$。点与边相连接称为关联，与边 e 关联的顶点称为该边的端。具有相同顶点的边称为平行边，两个端点重合的边称为环。在无向图中，没有平行边和环的图称为简单图；任意一对顶点都有一条边相连的简单图称为完全图。任意两个顶点之间有且只有一条弧相连的有向图称为竞赛图。

如果图 G 的每条边 e 都对应一个实数 $C(e)$，则称 $C(e)$ 为该边 e 的权，称图 G 为赋权图。通常称赋权图的有向图为网络。

每一对不同的顶点都有一条边相连的简单图称为完全图（Complete Graph）。n 个顶点的完全图记为 K_n。若 $V(G) = X \cup Y$，$X \cap Y = \phi$，$|X| \cdot |Y| \neq 0$（这里 $|X|$ 表示集合 X 中的元素个数），X 中无相邻顶点对，Y 中亦然，则称 G 为二分图（Bipartite Graph）；特别地，若 $\forall x \in X$，$\forall y \in Y$，那么 $xy \in E(G)$，那么称 G 为完全二分图，记成 $K_{|X|, |Y|}$。

图 H 叫做图 G 的子图（Subgraph），记作 $H \subset G$，如果 $V(H) \subset V(G)$，$E(H) \subset E(G)$。若 H 是 G 的子图，则 G 称为 H 的母图。G 的支撑子图（Spanning Subgraph，也称生成子图）是指满足 $V(H) = V(G)$ 的子图 H。

设 $v \in V(G)$，G 中与 v 关联的边数（每个环算作两条边）称为 v 的度（Degree），记作 $d(v)$。若 $d(v)$ 是奇数，则称 v 是奇顶点（Odd Point）；若 $d(v)$ 是偶数，则称 v 是偶顶点（Even Point）。

7.1.2 图与网络的矩阵表示

虽然图的图形表示用来进行直观的研究已经很方便，但当需要借助计算机处理图的问题时，用矩阵表示图则更便于计算机存储和处理。不仅如此，矩阵在代数运算方面的结果，也有助于我们用代数的方法研究图的结构特性。因此，关于图论应用的实际问题也可通过转化为矩阵形式来进行讨论，而且网络优化研究的是网络上的各种优化模型与算法。为了在计算机上实现网络优化的算法，就要求我们必须有一种方法（即数据结构）在计算机上来描述图与网络。一般来说，算法的好坏与网络的具体表示方法，以及中间结果的操作方案是有关系的。这里我们介绍计算机上用来描述图与网络的两种常用表示方法：邻接矩阵表示法和关联矩阵表示法

1. 邻接矩阵

邻接矩阵表示法是将图以邻接矩阵（Adjacency Matrix）的形式存储在计算机中。图 $G = (V, A)$ 的邻接矩阵是如下定义的：C 是一个 $n \times n$ 的 0-1 矩阵，即

$$C = (c_{ij})_{n \times n} \in \{0, 1\}^{n \times n}, \quad c_{ij} = \begin{cases} 1, (i, j) \in A \\ 0, (i, j) \notin A \end{cases}$$

也就是说，如果两个节点之间有一条弧，则邻接矩阵中对应的元素为 1；否则为 0。可以看出，这种表示法非常简单、直接。但是，在邻接矩阵的所有 n^2 个元素中，只有 m 个为非零元。如果网络比较稀疏，这种表示法就会浪费大量的存储空间，从而增加了在网络中查找弧的时间。

例 7.1 对于如图 7-1 所示的图，可以用邻接矩阵表示为

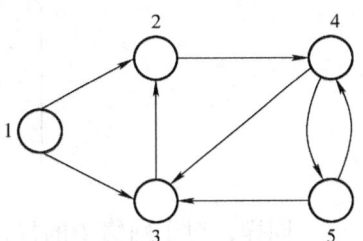

图 7-1　例 7.1 网络图

$$\begin{pmatrix} 0 & 1 & 1 & 0 & 0 \\ 0 & 0 & 0 & 1 & 0 \\ 0 & 1 & 0 & 0 & 0 \\ 0 & 0 & 1 & 0 & 1 \\ 0 & 0 & 1 & 1 & 0 \end{pmatrix}$$

同样,对于网络中的权,也可以用类似邻接矩阵的 $n \times n$ 矩阵来表示。只是此时一条弧所对应的元素不再是 1,而是相应的权而已。如果网络中每条弧赋有多种权,则可以用多个矩阵来表示这些权。

2. 关联矩阵

关联矩阵表示法是将图以关联矩阵(Incidence Matrix)的形式存储在计算机中。图 $G = (V, A)$ 的关联矩阵 B 是如下定义的:B 是一个 $n \times m$ 的矩阵,即

$$B = (b_{ik})_{n \times m} \in \{-1, 0, 1\}^{n \times m}, \quad b_{ik} = \begin{cases} 1, & \exists j \in V, k = (i, j) \in A, \\ -1, & \exists j \in V, k = (j, i) \in A, \\ 0, & 其他. \end{cases}$$

也就是说,在关联矩阵中,每行对应于图中的一个节点,每列对应于图中的一条弧。如果一个节点是一条弧的起点,则关联矩阵中对应的元素为 1;如果一个节点是一条弧的终点,则关联矩阵中对应的元素为 -1;如果一个节点与一条弧不关联,则关联矩阵中对应的元素为 0。对于简单图,关联矩阵每列中只含有两个非零元(一个 +1,一个 -1)。可以看出,这种表示法也非常简单、直接。但是,在关联矩阵的所有 $n \times m$ 个元素中,只有 $2m$ 个为非零元。如果网络比较稀疏,这种表示法也会浪费大量的存储空间。但由于关联矩阵有许多特别重要的理论性质,因此它在网络优化中是非常重要的概念。

例 7.2 对于例 7.1 所示的图,如果关联矩阵中每列对应弧的顺序为 (1, 2), (1, 3), (2, 4), (3, 2), (4, 3), (4, 5), (5, 3) 和 (5, 4),则关联矩阵可表示为

$$\begin{pmatrix} 1 & 1 & 0 & 0 & 0 & 0 & 0 & 0 \\ -1 & 0 & 1 & -1 & 0 & 0 & 0 & 0 \\ 0 & -1 & 0 & 1 & -1 & 0 & -1 & 0 \\ 0 & 0 & -1 & 0 & 1 & 1 & 0 & -1 \\ 0 & 0 & 0 & 0 & 0 & -1 & 1 & 1 \end{pmatrix}$$

同样,对于网络中的权,也可以通过对关联矩阵的扩展来表示。例如,如果网络中每条弧有一个权,我们可以把关联矩阵增加一行,把每一条弧所对应的权

存储在增加的行中。如果网络中每条弧赋有多个权,我们可以把关联矩阵增加相应的行数,把每一条弧所对应的权存储在增加的行中。

7.1.3 图与网络的矩阵表示应用举例——"乘公交,看奥运"（CUMCM2007B）

问题简述 第6章中的例6.7已对"乘公交,看奥运"的问题进行过介绍,这里不再重复。

问题分析 很明显,这个题目容易想到用图论的方法去思考。但是,究竟怎样用对象和对象间的关系表示好这个问题却并不简单。如果用一条线表示一路公交车的行驶线路,所有的停车站就是这条线上的所有的点,进而把所有的公交线路都画在一个图里。这样的图很直观,最接近城市的地图,但是却无法直接使用迪克斯特拉（Dijkstra）算法和弗洛伊德（Floyd）算法,原因是它们都无法表示换乘关系。正确的使用图论的方法是构成直达图:将所有站点作为图的全部点,在每条公交线路的所有站点间,只要有直达关系就画一条有向边,边的权值可以表示不同的含义,从而得到有向图。对应的邻接矩阵就是直达关系矩阵,进而还可以定义直达时间和直达费用两个权矩阵。在这样一个直达图的基础上,再采用许多方法去计算就不是很难的事了,可以说这是建立模型的一个好的出发点。

问题求解 直达矩阵的建立

首先,建立直达矩阵 $\boldsymbol{A}^{(0)}=(a_{ij}^{(0)})_{n\times n}$,

$$a_{ij}^{(0)}=\begin{cases}0, & i=j\\ \infty, & i\ 到\ j\ 无直达车\\ l_{ij}, & 其他\end{cases}$$

其中,n 为公交站点个数,在本题中 $n=3957$;l_{ij} 表示由 i 站点直达 j 站点付出的代价,可以为时间或费用。根据 l_{ij} 的意义不同,可分别称 $\boldsymbol{A}^{(0)}$ 为直达时间矩阵或直达费用矩阵。注意 $\boldsymbol{A}^{(0)}$ 不是对称矩阵。

图论描述 以上步骤用图论语言描述,相当于建立了一个带权有向图,图中的点表示站点,图中的弧表示前一站点能够到达后一站点,弧上的权值则表示前一站点直达后一站点需要付出的代价（时间或费用）。

7.2 最短路径问题

最短路径问题是网络中应用最广泛的问题之一。许多优化问题可以使用这个模型,如设备更新、管道铺设、线路安排、厂区布局等。

最短路径问题的一般提法如下：设 $G = (V, E)$ 为连通图，图中各边 (v_i, v_j) 有权值 l_{ij} ($l_{ij} = \infty$ 表示 v_i, v_j 间无边)，v_s 和 v_t 为图中任意两点，求一条道路 μ，使它是从 v_s 到 v_t 的所有路线中总权值最小的，即 $L(\mu) = \sum\limits_{(v_i, v_j) \in \mu} l_{ij}$ 最小。

有些最短路径问题也可以是求网络中某指定点到其余各点的最短路径，或求网络中任意两点间的最短路径。下面我们介绍两种算法，可分别用于求解这几种最短路径问题。

7.2.1 两个指定顶点之间的最短路径

问题如下：给出了一个连接若干个城镇的铁路网络，在这个网络的两个指定城镇间，找一条最短的铁路线。

以各城镇为图 G 的顶点，两城镇间的直通铁路为图 G 相应两顶点间的边，得图 G。对 G 的每一边 e，赋以一个实数 $w(e)$ ——直通铁路的长度，称为 e 的权，得到赋权图 G。G 的子图的权是指子图的各边的权和。问题就是求赋权图 G 中指定的两个顶点 u_0 和 v_0 间的具有最小权的轨。这条轨叫做 u_0 和 v_0 间的最短路径，它的权叫做 u_0 和 v_0 间的距离，亦记作 $d(u_0, v_0)$。

求最短路径已有成熟的算法：迪克斯特拉（Dijkstra）算法，其基本思想是按距 u_0 从近到远为顺序，依次求得 u_0 到 G 的各顶点的最短路径和距离，直至 v_0（或直至 G 的所有顶点），算法结束。为避免重复并保留每一步的计算信息，采用了标号算法。下面是该算法。

1) 令 $l(u_0) = 0$，对 $v \neq u_0$，令 $l(v) = \infty$，$S_0 = \{u_0\}$，$i = 0$。

2) 对每个 $v \in \bar{S}_i$ ($\bar{S}_i = V \setminus S_i$)，用 $\min\limits_{u \in S_i}\{l(v), l(u) + w(uv)\}$ 代替 $l(v)$。计算 $\min\limits_{v \in \bar{S}_i}\{l(v)\}$，并把达到这个最小值的一个顶点记为 u_{i+1}，令 $S_{i+1} = S_i \cup \{u_{i+1}\}$。

3) 若 $i = |V| - 1$，停止；若 $i < |V| - 1$，用 $i + 1$ 代替 i，转 2)。

算法结束时，从 u_0 到各顶点 v 的距离由 v 的最后一次的标号 $l(v)$ 给出。在 v 进入 S_i 之前的标号 $l(v)$ 叫做 T 标号，v 进入 S_i 时的标号 $l(v)$ 叫做 P 标号。算法就是不断修改各顶点的 T 标号，直至获得 P 标号。若在算法运行过程中，将每一顶点获得 P 标号所组成的边在图上标明，则算法结束时，u_0 至各项点的最短路也在图上标示出来了。

例 7.3 某公司在 6 个城市 c_1, c_2, …, c_6 都有分公司，从 c_i 到 c_j 的直接航程票价记在下述矩阵的 (i, j) 位置上（∞ 表示无直接航路）。请帮助该公司设计一张城市 c_1 到其他城市间的票价最便宜的路线图（要求用 MATLAB 编程实现）。

$$\begin{pmatrix} 0 & 50 & \infty & 40 & 25 & 10 \\ 50 & 0 & 15 & 20 & \infty & 25 \\ \infty & 15 & 0 & 10 & 20 & \infty \\ 40 & 20 & 10 & 0 & 10 & 25 \\ 25 & \infty & 20 & 10 & 0 & 55 \\ 10 & 25 & \infty & 25 & 55 & 0 \end{pmatrix}$$

解 用矩阵 $a_{n \times n}$（n 为顶点个数）存放各边权的邻接矩阵，行向量 pb、$index1$、$index2$、d 分别用来存放 P 标号信息、标号顶点顺序、标号顶点索引、最短通路的值。其中分量

$$pb(i) = \begin{cases} 1, & \text{当第 } i \text{ 点已标号}, \\ 0, & \text{当第 } i \text{ 点未标号}; \end{cases}$$

$index1(i)$ 存放最短路径经过的第 i 个顶点的标号；

$index2(i)$ 存放起点到第 i 点最短通路中第 i 点前一顶点的序号；

$d(i)$ 存放由起点到第 i 点最短通路的值。

求第一个城市到其他城市的最短路径的 MATLAB 程序如下：

```
clear;
clc;
M=10000;
a(1,:)=[0,50,M,40,25,10];
a(2,:)=[zeros(1,2),15,20,M,25];
a(3,:)=[zeros(1,3),10,20,M];
a(4,:)=[zeros(1,4),10,25];
a(5,:)=[zeros(1,5),55];
a(6,:)=zeros(1,6);
a=a+a';
pb(1:length(a))=0;pb(1)=1;index1=1;index2=ones(1,length(a));
d(1:length(a))=M;d(1)=0;temp=1;
while sum(pb)<length(a)
    tb=find(pb==0);
    d(tb)=min(d(tb),d(temp)+a(temp,tb));
    tmpb=find(d(tb)==min(d(tb)));
    temp=tb(tmpb(1));
    pb(temp)=1;
    index1=[index1,temp];
    index=index1(find(d(index1)==d(temp)-a(temp,index1)));
    if length(index)>=2
        index=index(1);
    end
    index2(temp)=index;
```

```
end
d, index1, index2
```

以上程序运行结果如下：
```
d =
    0    35    45    35    25    10
index1 =
    1     6     5     2     4     3
index2 =
    1     6     5     6     1     1
```

7.2.2 每对顶点之间的最短路径

要计算赋权图中各对顶点之间最短路径，显然可以调用 Dijkstra 算法。具体方法是：每次以不同的顶点作为起点，用迪克斯特拉算法求出从该起点到其余顶点的最短路径，反复执行 n 次这样的操作，就可得到从每一个顶点到其他顶点的最短路径。这种算法的时间复杂度为 $O(n^3)$。另一种解决这一问题的方法是由弗洛伊德（R. W.）Floyd 提出的算法，称之为弗洛伊德算法。

假设图 G 权的邻接矩阵为 $\boldsymbol{A}_0$，

$$\boldsymbol{A}_0 = \begin{pmatrix} a_{11} & a_{12} & \cdots & a_{1n} \\ a_{21} & a_{22} & \cdots & a_{2n} \\ \vdots & \vdots & & \vdots \\ a_{n1} & a_{n2} & \cdots & a_{nn} \end{pmatrix}$$

来存放各边长度，其中：

$$a_{ij} = \begin{cases} 0, & i=j=1, 2, \cdots, n, \\ \infty, & i, j \text{ 之间没有边，在程序中以各边都不可能达到的充分大的数代替}, \\ w_{ij}, & w_{ij} \text{ 是 } i, j \text{ 之间边的长度 } (i, j=1, 2, \cdots, n)。\end{cases}$$

对于无向图，$\boldsymbol{A}_0$ 是对称矩阵，$a_{ij} = a_{ji}$。

弗洛伊德算法的基本思想是：递推产生一个矩阵序列 $\boldsymbol{A}_0, \boldsymbol{A}_1, \cdots, \boldsymbol{A}_k, \cdots, \boldsymbol{A}_n$，其中 $A_k(i, j)$ 表示从顶点 v_i 到顶点 v_j 的路径上所经过的顶点序号不大于 k 的最短路径长度。

计算时用迭代公式

$$A_k(i, j) = \min \{A_{k-1}(i, j), A_{k-1}(i, k) + A_{k-1}(k, j)\}$$

其中，k 是迭代次数 $(i, j, k = 1, 2, \cdots, n)$。

最后，当 $k = n$ 时，$\boldsymbol{A}_n$ 即是各顶点之间的最短通路值。

例 7.4 求如图 7-2 所示的加权图中的任意两点间的距离与路径。

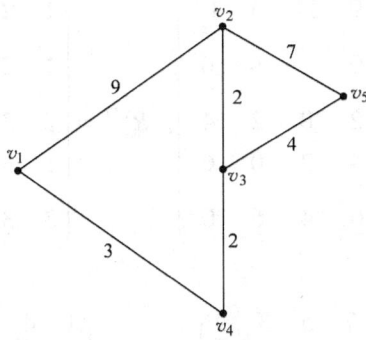

图 7-2　例 7.4 网络图

解

$$D^{(0)} = \begin{pmatrix} 0 & 9 & \infty & 3 & \infty \\ 9 & 0 & 2 & \infty & 7 \\ \infty & 2 & 0 & 2 & 4 \\ 3 & \infty & 2 & 0 & \infty \\ \infty & 7 & 4 & \infty & 0 \end{pmatrix}, \quad R^{(0)} = \begin{pmatrix} 1 & 2 & 3 & 4 & 5 \\ 1 & 2 & 3 & 4 & 5 \\ 1 & 2 & 3 & 4 & 5 \\ 1 & 2 & 3 & 4 & 5 \\ 1 & 2 & 3 & 4 & 5 \end{pmatrix}$$

插入 v_1，得

$$D^{(1)} = \begin{pmatrix} 0 & 9 & \infty & 3 & \infty \\ 9 & 0 & 2 & \underline{12} & 7 \\ \infty & 2 & 0 & 2 & 4 \\ 3 & \underline{12} & 2 & 0 & \infty \\ \infty & 7 & 4 & \infty & 0 \end{pmatrix}, \quad R^{(1)} = \begin{pmatrix} 1 & 2 & 3 & 4 & 5 \\ 1 & 2 & 3 & \underline{1} & 5 \\ 1 & 2 & 3 & 4 & 5 \\ 1 & \underline{1} & 3 & 4 & 5 \\ 1 & 2 & 3 & 4 & 5 \end{pmatrix}$$

矩阵中带"＝"的项为经迭代比较以后有变化的元素，即需引入中间点 v_1，从而 $R^{(1)}$ 中相应的位置换为 1。

插入 v_2，得

$$D^{(2)} = \begin{pmatrix} 0 & 9 & \underline{11} & 3 & \underline{16} \\ 9 & 0 & 2 & 12 & 7 \\ \underline{11} & 2 & 0 & 2 & 4 \\ 3 & \infty & 2 & 0 & \underline{19} \\ \underline{16} & 7 & 4 & \underline{19} & 0 \end{pmatrix}, \quad R^{(2)} = \begin{pmatrix} 1 & 2 & \underline{2} & 4 & \underline{2} \\ 1 & 2 & 3 & 1 & 5 \\ \underline{2} & 2 & 3 & 4 & 5 \\ 1 & 1 & 3 & 4 & 2 \\ \underline{2} & 2 & 3 & \underline{2} & 5 \end{pmatrix}$$

插入 v_3，得

$$D^{(3)} = \begin{pmatrix} 0 & 9 & 11 & 3 & \underline{\underline{15}} \\ 9 & 0 & 2 & 4 & \underline{\underline{6}} \\ 11 & 2 & 0 & 2 & 4 \\ 3 & \underline{\underline{4}} & 2 & 0 & \underline{\underline{6}} \\ \underline{\underline{15}} & \underline{\underline{6}} & 4 & \underline{\underline{6}} & 0 \end{pmatrix}, \quad R^{(3)} = \begin{pmatrix} 1 & 2 & 2 & 4 & \underline{\underline{3}} \\ 1 & 2 & 3 & 3 & \underline{\underline{3}} \\ 2 & 2 & 3 & 4 & 5 \\ 1 & \underline{\underline{3}} & 3 & 4 & \underline{\underline{3}} \\ \underline{\underline{3}} & \underline{\underline{3}} & 3 & \underline{\underline{3}} & 5 \end{pmatrix}$$

插入 v_4，得

$$D^{(4)} = \begin{pmatrix} 0 & \underline{\underline{7}} & \underline{\underline{5}} & 3 & \underline{\underline{9}} \\ \underline{\underline{7}} & 0 & 2 & 4 & 6 \\ \underline{\underline{5}} & 2 & 0 & 2 & 4 \\ 3 & 4 & 2 & 0 & 6 \\ \underline{\underline{9}} & 6 & 4 & 6 & 0 \end{pmatrix}, \quad R^{(4)} = \begin{pmatrix} 1 & \underline{\underline{4}} & \underline{\underline{4}} & 4 & \underline{\underline{4}} \\ \underline{\underline{4}} & 2 & 3 & 3 & 3 \\ \underline{\underline{4}} & 2 & 3 & 4 & 5 \\ 1 & 3 & 3 & 4 & 3 \\ \underline{\underline{4}} & 3 & 3 & 3 & 5 \end{pmatrix}$$

$$D^{(5)} = D^{(4)}, \quad R^{(5)} = R^{(4)},$$

从 $D^{(5)}$ 中得各顶点间的最距离，从 $R^{(5)}$ 中可追溯出最短的路径。例如，从 $D^{(5)}$ 中得 $d_{51}^{(5)} = 9$，故从 v_5 到 v_1 的最距离为 9。从 $R^{(5)}$ 中可得 $r_{51}^{(5)} = 4$。由 v_4 向 v_5 追溯：$r_{54}^{(5)} = 3, r_{53}^{(5)} = 3$，由 v_4 向 v_1 追溯：$r_{41}^{(5)} = 1$。所以从 v_5 到 v_1 的最短路径为

$$5 \to 3 \to 4 \to 1$$

例 7.5 利用 Floyd 算法求解例 7.3 中任意两个城市间的票价最便宜的路线图。（要求用 MATLAB 编程实现）。

解 矩阵 path 用来存放每对顶点之间最短路径上所经过的顶点的序号。Floyd 算法的 MATLAB 程序如下：

```
clear;
clc;
M = 10000;
a(1,:) = [0,50,M,40,25,10];
a(2,:) = [zeros(1,2),15,20,M,25];
a(3,:) = [zeros(1,3),10,20,M];
a(4,:) = [zeros(1,4),10,25];
a(5,:) = [zeros(1,5),55];
a(6,:) = zeros(1,6);
b = a + a'; path = zeros(length(b));
for k = 1:6
    for i = 1:6
        for j = 1:6
            if b(i,j) > b(i,k) + b(k,j)
```

```
            b(i,j) = b(i,k) + b(k,j);
            path(i,j) = k;
         end
      end
   end
end
b, path
```

运行以上程序，所得结果如下：

```
b =
        0    35    45    35    25    10
       35     0    15    20    30    25
       45    15     0    10    20    35
       35    20    10     0    10    25
       25    30    20    10     0    35
       10    25    35    25    35     0
path =
        0     6     5     5     0     0
        6     0     0     0     4     0
        5     0     0     0     0     4
        5     0     0     0     0     0
        0     4     0     0     0     1
        0     0     4     0     1     0
```

例 7.6 图 7-3 是 7 个村子之间的道路交通情况，每条边的数（权值）表示两个村子之间的距离。现在 7 个村要联合办一所小学，已知各村的小学生人数如表 7-1 所示，问：学校应建在哪个村子，学生上学时走的总路程最短？

表 7-1 各村小学生数量表

村子编号	1	2	3	4	5	6	7
学生人数	30	40	25	20	50	60	60

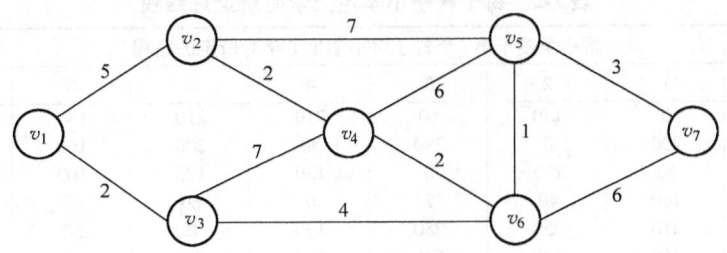

图 7-3 7 个村庄道路交通图

解 利用弗洛伊德算法，先求出任意两个村子之间最短的距离。

所用 MATLAB 程序如下：

```
clear;
clc;
M=10000;
b=[0 5 2 M M M M;5 0 M 2 7 M M;2 M 0 7 M 4 M;M 2 7 0 6 2 M;M 7 M 6 0 1 3;M M 4 2 1 0 6;M M M M 3 6 0];
path = zeros(length(b));
for k = 1:7
    for i = 1:7
        for j = 1:7
            if b(i,j) > b(i,k) + b(k,j)
                b(i,j) = b(i,k) + b(k,j);
                path(i,j) = k;
            end
        end
    end
end
b
```

运行以上程序，所得结果如下：

```
b =
     0   5   2   7   7   6  10
     5   0   7   2   5   4   8
     2   7   0   6   5   4   8
     7   2   6   0   3   2   6
     7   5   5   3   0   1   3
     6   4   4   2   1   0   4
    10   8   8   6   3   4   0
```

以上矩阵即为任意两个村庄之间的最短距离矩阵，将该矩阵的第 i 行元素乘以第 i 个村子的小学生人数，则其乘积表示，如果小学建在各个村子时，第 i 个村子小学生上学时所走的路程，由此得表 7-2。

表 7-2 每个村子小学生上学时所走总路程

	将小学建于第 i 个村子时小学生上学时所走的路程						
	1	2	3	4	5	6	7
	0	150	60	210	210	180	300
	200	0	280	80	200	160	320
	50	175	0	150	125	100	200
	140	40	120	0	60	40	120
	350	250	250	150	0	50	150
	360	240	240	120	60	0	240
	600	480	480	360	180	240	0
合计	1700	1375	1430	1070	835	770	1330

由此可见，小学应建在第6个村子，这样可以使7个村子所有小学生上学时所走的总路程最短。

7.2.3 最短路径应用举例（CUMCM2011B）

1. 问题概述

"有困难找警察"是家喻户晓的一句流行语。人民警察肩负着刑事执法、治安管理、交通管理、服务群众四大职能。为了更有效地贯彻实施这些职能，需要在市区的一些交通要道和重要部位设置交、巡警服务平台。每个交、巡警服务平台的职能和警力配备基本相同。由于警务资源是有限的，如何根据城市的实际情况与需求合理地设置交、巡警服务平台、分配各平台的管辖范围、调度警务资源是警务部门面临的一个实际课题。试就某市设置交、巡警服务平台的相关情况，建立数学模型，分析研究下面的问题：

根据该市中心城区A相关的数据信息为各交、巡警服务平台分配管辖范围，使其在所管辖的范围内出现突发事件时，尽量能在3min内有交、巡警（警车的时速为60km/h）到达事发地。

详细题目及附件读者可参考http：//www.mcm.edu.cn下载相应试题。

2. 模型的假设

1) 假设材料中所给的数据真实可靠；
2) 假设A区任意两路口之间的道路为直线；
3) 假设警车以60km/h的速度匀速行驶，并且在执行任务的过程中不会出现故障；
4) 假设不考虑交通堵塞、红绿灯等问题；
5) 假设在整个路途中，转弯处不需要花费时间；
6) 假设出警时道路保持畅通（无交通事故、交通堵塞等发生），警车行驶正常。

3. 变量及符号说明

x_i：A区第i个路口（$i=1, 2, \cdots, m$）；
y_j：A区第j个交巡警服务平台（$j=1, 2, \cdots, n$且$m \neq n$）；
L：A区所有路口对应的邻接矩阵；
A_{ij}：A区所有路口对应的最短路径矩阵；
T：区域内各个路口到达其管辖平台的最短路程（或时间）矩阵；
X：决策矩阵；
W：A区各个路口的的发案量；
G：工作量；
$F(t)$：时间t内逃跑区域内所有路口节点的集合；

$E(t)$：$F(t)$ 内的所有边界路口节点集合。

4. 模型的建立与求解

（1）分析问题

对于本问题，要求合理分配各服务平台的管辖范围，使得在突发事件中，交、巡警能在 3min 内抵达案发现场。问题的关键在于求出各个服务平台到每个路口节点的最短路程，因此，首先利用弗洛伊德算法与附件中所给的数据，使用 MATLAB 编程计算出路口到路口之间的最短路径，进而再算出 20 个服务平台到 92 个路口的最短路径，然后剔除各个服务平台在 3min 之内都不能到达的路口节点，对于这些路口，找到最短路径最小的服务平台作为其管辖范围。

（2）建立模型

1）A 区交通网络赋权图和最短路径矩阵

将 A 区的交通线路抽象为交通网络赋权图，用 x_i 表示第 i（$i=1,2,\cdots,m$）个路口，y_j 表示第 j（$j=1,2,\cdots,n$）个交巡警服务平台，以路口为节点，路口之间的公路为边，其公路的长为对应边的权重，于是，就可以建立 A 区的一个交通网络赋权图，将相应的邻接矩阵记为 $L=(l_{ij})_{m\times m}$，根据网络优化中求最短路径问题的弗洛伊德算法，用 MATLAB 编程计算出任意两个节点之间的最短距离，记相应的最短路径矩阵为 A_{ij}（$i,j=1,2,\cdots,m$），单位为 km。

具体实现方法：本题目中给出的是 A 区网络图和 A 区各路口所在点的坐标及编号，但是网络图中并没有给出各个路口的标号，这给我们写出 A 区网络图的邻接矩阵带来了麻烦，如果我们按照坐标在 A 区网络图中逐个去找，再手工给每个路口进行标号，这无疑会造成很大的工作量，而且准确程度也不能保证。这时，我们首先应想办法借助于软件给 A 区网络图中各个路口进行自动标号，利用 MARLAB 软件编写如下程序即可实现自动标号：

```
x = [403 413 …444];                    % 给出各路口所在点的横坐标
y = [359 343…360];                     % 给出各路口所在点的纵坐标
plot(x,y,'* ')                         % 描点绘图
for i = 1:92                           % 批量并按顺序逐个给图中的点进行标号
text(a(i)+0.01,b(i)+0.01,num2str(i));  % 加上 0.01 使标号和点不重合
end
% axis([300 410 300 400])
% 当有些区域点比较密集,不易看清楚时可用此语句调整所观察的坐标轴的坐标范围
```

运行以上程序，可得标号后的 A 区网络图如图 7-4 所示。

参照此图，再将题目中给出的 A 区的网络图打印出来，进行手工标号即可。

2）A 区平台管辖范围的优化模型

要确定 A 区平台的管辖范围，就是将 A 区内的每一个交通路口合理地分配给一个指定平台管辖的方案，这里所说的合理性主要是体现在两个方面：

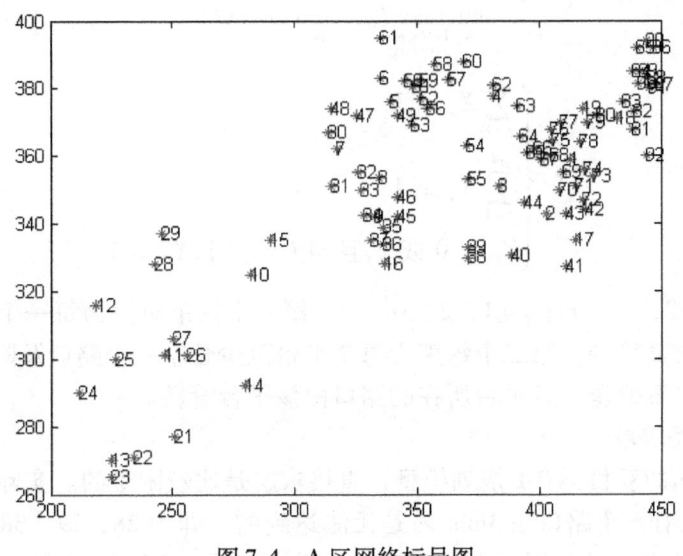

图 7-4　A 区网络标号图

一是尽量在 3min 内平台交、巡警能够到达各管辖的路口，即要求每个平台到达所有管辖路口的最大时间尽量小；

二是从实际出发，要求各个平台的出警工作量应尽量均衡。为此，构造决策矩阵 $X=(X_{ij})_{m\times n}$，其中决策变量为

$$X_{ij}=\begin{cases}1,\text{若路口 }x_i\text{ 由平台 }y_j\text{ 管辖}\\0,\text{其他}\end{cases}$$

用 B_{ij} 表示 A 区内路口 x_i 到平台 $y_j(i=1,2,\cdots,m;j=1,2,\cdots,n)$ 的最短路程（或时间），即 $B=(B_{ij})_{m\times n}$，在决策矩阵 X 下，该区域内各个路口到达其管辖平台的最短路程（时间）矩阵为 $T=(T_{ij})_{m\times n}=(X_{ij}\cdot B_{ij})_{m\times n}$，于是，对于平台 y_j 来说，最大出警时间为

$$\max_{1\leqslant i\leqslant m}T_{ij}(j=1,2,\cdots,n)$$

另一方面，将 A 区内各个路口发案量记为向量 $W=(w_1,w_2,\cdots,w_n)$，其中 ω_i 表示 A 区内路口 $x_i(i=1,2,\cdots,m)$ 的发案量，则各平台的工作量可表示为 $G=W\cdot X=(G_1,G_2,\cdots,G_n)$，为了使各平台的工作量尽量均衡，则各平台工作量的标准差应最小，即要求

$$\sigma(G)=\sqrt{\frac{1}{n}\sum_{j=1}^{n}(G_j-\overline{G})^2}$$

最小，其中 $\overline{G}$ 为平均工作量。

综上所述，以 A 区内所有平台的最大出警时间的最小值和各个交、巡警平台工作量标准差最小值为目标函数，建立各平台管辖范围分配的双目标优化模型如下：

$$\min_{X} \max_{\substack{1\leq i\leq m \\ 1\leq j\leq n}} T_{ij}, \quad \min_{X} \sigma(G)$$

$$\text{s. t.} \begin{cases} \sum_{j=1}^{n} X_{ij} = 1 \\ \sum_{i=1}^{m} X_{ij} \geq 1 \\ X_{ij} = 0 \text{ 或 } 1, \text{且当 } i = j \text{ 时}, X_{ij} = 1 \end{cases}$$

其中，$i=1,2,\cdots,m$；$j=1,2,\cdots,n$。第一个约束条件为每一个路口有且仅有一个平台对其管辖；第二个约束为每个平台至少管辖一个路口及附近区域；第三个约束为决策变量，且平台所在的路口由该平台管辖。

(3) 模型求解

对于上面的双目标 0-1 规划模型，直接求解是比较困难的。实际上，由图 7-4 可以看出，有 6 个路口在 3min 内是无法达到的，即为 28、29、38、39、61 和 92 号路口，为此，按就近原则分别直接分配给 15 号、16 号、2 号、7 号和 20 号平台管辖，除此之外的路口都可以满足在 3min 内到达的要求，即可将约束条件

$$\max_{\substack{1\leq i\leq m \\ 1\leq j\leq n}} T_{ij} \leq 3$$

加入模型中，则将其转化为以各平台工作量均衡指标（标准差）最小为目标的 0-1 规划模型。

一种可行分配方案的结果：20 个平台平均最大出警时间为 2.1759min，最大时间为 5.7min，平均每天的出警次数为 6.225 次，最多的为 11.5 次，最少为 2.83 次，不能在 3min 内到达的路口有 6 个。

(4) 附录：所用程序

说明：求最短路程序略，前面例 7.5 中已有过用 MATLAB 的编程实现，下面是求解以上优化模型所用 LINGO 程序代码：

```
model:
sets:
    lukou/1..92/:W;
    pingtai/1..20/:G;
    assign (lukou,pingtai):x,T;
endsets
data:
W=@ole('jiaoxunjing.xls','W');% jiao xun jing.xls 为存放本题相关数据的 Excel 文件
T=@ole('jiaoxunjing.xls','T');
@ole('jiaoxunjing.xls','x')=x;
Enddata
@for(pingtai(j):G(j)=@sum(lukou(i):W(i)*x(i,j)));
```

```
Gavg = @ sum(pingtai(j):G(j))/20;
Min = @ sqrt(@ sum(pingtai(j):(G(j) - Gavg)^2)/20);
x(28,15) =1;
x(29,15) =1;
x(38,16) =1;
x(39,2) =1;
x(61,7) =1;
x(92,20) =1;
tmax = @ max(pingtai(j):@ max(lukou(i):T(i,j)));
tmax < =3 ;
@ for(pingtai(j):@ sum(lukou(i):x(i,j)) > =1);
@ for(lukou(i):@ sum(pingtai(j):x(i,j)) =1);
@ for(assign(i,j):@ bin(x(i,j)));
@ for(pingtai(i):x(i,i) =1);
end
```

7.3 树

7.3.1 基本概念

连通的无圈图叫做树,记之为 T。若图 G 满足 $V(G) = V(T)$,$E(T) \subset E(G)$,则称 T 是由 G 生成的树。图 G 连通的充分必要条件为 G 有生成树。一个连通图的生成树的个数很多时,用 $\tau(G)$ 表示 G 的生成树的个数,则有公式

$$\tau(K_n) = n^{n-2}$$

$$\tau(G) = \tau(G - e) + \tau(G \cdot e)$$

其中,$G - e$ 表示从 G 上删除边 e,$G \cdot e$ 表示把 e 的长度收缩为零得到的图。

关于树有下面常用的 5 个充要条件。

定理 7.1 Ⅰ)G 是树$\Leftrightarrow G$ 中任意两顶点之间有且仅有一条通路;

Ⅱ)G 是树$\Leftrightarrow G$ 无圈,且 $\varepsilon = v - 1$;

Ⅲ)G 是树$\Leftrightarrow G$ 连通,且 $\varepsilon = v - 1$;

Ⅳ)G 是树$\Leftrightarrow G$ 连通,且 $\forall e \in E(G)$,$G - e$ 不连通;

Ⅴ)G 是树$\Leftrightarrow G$ 无圈,$\forall e \notin E(G)$,$G + e$ 恰有一个圈。

其中,ε 表示图中边的条数;v 表示图中顶点数。

7.3.2 应用——连线问题

欲修筑连接 n 个城市的铁路,已知 i 城与 j 城之间的铁路造价为 C_{ij},试设计一个线路图,使总造价最低。

连线问题的数学模型是在连通赋权图上求权值最小的生成树。赋权图的具有最小权值的生成树叫做最小生成树。

下面介绍构造最小生成树的两种常用算法。

1. Prim 算法

设置两个集合 P 和 Q，其中 P 用于存放 G 的最小生成树中的顶点，集合 Q 用于存放 G 的最小生成树中的边。令集合 P 的初值为 $P = \{v_1\}$（假设构造最小生成树时，从顶点 v_1 出发），集合 Q 的初值为 $Q = \phi$。Prim 算法的思想是，从所有 $p \in P$，$v \in V - P$ 的边中，选取具有最小权值的边 pv，将顶点 v 加入集合 P 中，将边 pv 加入集合 Q 中，如此不断重复，直到 $P = V$ 时，最小生成树构造完毕，这时集合 Q 中包含了最小生成树的所有边。

Prim 算法如下：

1) $P = \{v_1\}$，$Q = \phi$；
2) while $P \sim = V$

   $pv = \min\{w_{pv}, p \in P, v \in V - P\}$
   $P = P + \{v\}$
   $Q = Q + \{pv\}$

   end

例 7.7 用 Prim 算法求图 7-5 中的最小生成树。

解 我们用矩阵 $result_{3 \times n}$ 的第一、二、三行分别表示生成树边的起点、终点、权集合。MATLAB 程序如下：

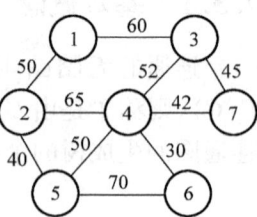

图 7-5 例 7.7 图

```
clc;clear;
M=1000;
a(1,2)=50;a(1,3)=60;
a(2,4)=65;a(2,5)=40;
a(3,4)=52;a(3,7)=45;
a(4,5)=50;a(4,6)=30;a(4,7)=42;
a(5,6)=70;
a=[a;zeros(2,7)];
a=a+a';a(find(a==0))=M;
result=[];p=1;tb=2:length(a);
while length(result)~=length(a)-1
  temp=a(p,tb);temp=temp(:);
  d=min(temp);
  [jb,kb]=find(a(p,tb)==d);
  j=p(jb(1));k=tb(kb(1));
  result=[result,[j;k;d]];p=[p,k];tb(find(tb==k))=[];
end
result
```

运行以上程序所得结果如下：
```
result =
     1    2    5    4    4    7
     2    5    4    6    7    3
    50   40   50   30   42   45
```

2. 科茹斯克尔算法

科茹斯克尔（Kruskal）算法如下：

1) 选 $e_1 \in E(G)$，使得 $w(e_1) = \min$；

2) 若 $e_1, e_2, \cdots, e_i$ 已选好，则从 $E(G) - \{e_1, e_2, \cdots, e_i\}$ 中选取 e_{i+1}，使得
① $G[\{e_1, e_2, \cdots, e_i, e_{i+1}\}]$ 中无圈；
② $w(e_{i+1}) = \min$。

3) 直到选得 e_{v-1} 为止。

例 7.8 用科茹斯克尔算法构造例 7.7 中的最小生成树。

解 我们用矩阵 $\text{index}_{2 \times n}$ 存放各边端点的信息，当选中某一边之后，就将此边对应的顶点序号中较大序号 u 改记为此边的另一序号 v，同时把后面边中所有序号为 u 的改记为 v。此方法的几何意义是：将序号为 u 的这个顶点收缩到顶点 v，顶点 u 不复存在。后面继续寻找，当发现某边的两个顶点序号相同时，就认为该边已被收缩掉，失去了被选取的资格。

MATLAB 程序如下：

```
clc;clear;
M=1000;
a(1,2)=50;a(1,3)=60;
a(2,4)=65;a(2,5)=40;
a(3,4)=52;a(3,7)=45;
a(4,5)=50;a(4,6)=30;a(4,7)=42;
a(5,6)=70;
[i,j]=find((a~=0)&(a~=M));
b=a(find((a~=0)&(a~=M)));
data=[i';j';b'];index=data(1:2,:);
loop=max(size(a))-1;
result=[];
whilelength(result)<loop
    temp=min(data(3,:));
    flag=find(data(3,:)==temp);
    flag=flag(1);
    v1=data(1,flag);v2=data(2,flag);
    if index(1,flag)~=index(2,flag)
        result=[result,data(:,flag)];
    end
```

```
    ifv1 > v2
        index(find(index = = v1)) = v2;
    else
        index(find(index = = v2)) = v1;
    end
    data(:,flag) = [];
    index(:,flag) = [];
end
result
```

运行以上程序所得结果如下：
```
result =
        4    2    4    3    1    4
        6    5    7    7    2    5
       30   40   42   45   50   50
```

7.4 最大流问题

7.4.1 最大流问题的数学描述

定义 7.1 在以 V 为节点集，A 为弧集的有向图 $G = (V, A)$ 上定义如下的权函数。

ⅰ）$L: A \to R$ 为弧上的权函数，弧 $(i, j) \in A$ 对应的权 $L(i, j)$ 记为 l_{ij}，称为弧 (i, j) 的容量下界（Lower Bound）；

ⅱ）$U: A \to R$ 为弧上的权函数，弧 $(i, j) \in A$ 对应的权 $U(i, j)$ 记为 u_{ij}，称为弧 (i, j) 的容量上界，或直接称为容量（Capacity）；

ⅲ）$D: V \to R$ 为顶点上的权函数，节点 $i \in V$ 对应的权 $D(i)$ 记为 d_i，称为顶点 i 的供需量（Supply/Demand）；

此时所构成的网络称为流网络（Flow Network，一般仍简称为网络），可以记为 $N = (V, A, L, U, D)$。

由于我们只讨论 V 和 A 为有限集合的情况，所以对于弧上的权函数 L、U 和顶点上的权函数 D，可以直接用所有弧上对应的权组成的有限维向量表示，因此，L、U、D 有时直接称为权向量，或简称权。由于给定有向图 $G = (V, A)$ 后，我们总是可以在它的弧集合和顶点集合上定义各种权函数，所以流网络一般也直接简称为网络。

在流网络中，弧 (i, j) 的容量下界 l_{ij} 和容量上界 u_{ij} 表示的物理意义分别是：通过该弧发送某种"物质"时，必须发送的最小数量为 l_{ij}，而发送的最大

数量为 u_{ij}。顶点 $i \in V$ 对应的供需量 d_i 则表示该顶点从网络外部获得的"物质"数量（$d_i<0$ 时），或从该顶点发送到网络外部的"物质"数量（$d_i>0$ 时）。下面我们给出严格定义。

定义 7.2 对于流网络 $N=(V, A, L, U, D)$，其上的一个流（Flow）f 是指从 N 的弧集 A 到 R 的一个函数，即对每条弧 (i, j) 赋予一个实数 f_{ij}（称为弧 (i, j) 的流量）。如果流 f 满足

$$\sum_{j:(i,j)\in A} f_{ij} - \sum_{j:(j,i)\in A} f_{ji} = d_i, \forall i \in V \tag{7.1}$$

$$l_{ij} \leq f_{ij} \leq u_{ij}, \forall (i,j) \in A \tag{7.2}$$

则称 f 为可行流（Feasible Flow）。至少存在一个可行流的流网络称为可行网络（Feasible Network）。式（7.1）称为流量守恒条件（也称流量平衡条件），式（7.2）称为容量约束。

可见，当 $d_i>0$ 时，表示有 d_i 个单位的流量从该顶点流出，因此，顶点 i 称为供应点（Supply Node）或源（Source），有时也形象地称为起始点或发点等；当 $d_i<0$ 时，表示有 $|d_i|$ 个单位的流量流入该点（或说被该顶点吸收），因此，顶点 i 称为需求点（Demand Node）或汇（Sink），有时也形象地称为终止点或收点等；当 $d_i=0$ 时，顶点 i 称为转运点（Transshipment Node）或平衡点、中间点等。此外，由式（7.1）可知，对于可行网络，必有

$$\sum_{i \in V} d_i = 0 \tag{7.3}$$

也就是说，所有节点上的供需量之和为 0 是网络中存在可行流的必要条件。

一般来说，我们总是可以把 $L \neq 0$ 的流网络转化为 $L=0$ 的流网络进行研究。所以，除非特别说明，以后我们总是假设 $L=0$（即所有弧 (i, j) 的容量下界 $l_{ij}=0$），并将 $L=0$ 时的流网络简记为 $N=(V, A, U, D)$。此时，相应的容量约束即式（7.2）为

$$0 \leq x_{ij} \leq u_{ij}, \forall (i, j) \in A$$

定义 7.3 在流网络 $N=(V, A, U, D)$ 中，对于流 f，$\forall (i, j) \in A$，如果 $f_{ij}=0$，则称 f 为零流，否则为非零流；如果某条弧 (i, j) 上的流量等于其容量（$f_{ij}=u_{ij}$），则称该弧为饱和弧（Saturated Arc）；如果某条弧 (i, j) 上的流量小于其容量（$f_{ij}<u_{ij}$），则称该弧为非饱和弧（Unsaturated Arc）；如果某条弧 (i, j) 上的流量为 0（$f_{ij}=0$），则称该弧为空弧（Void Arc）。

7.4.2 最大流问题

考虑如下流网络 $N=(V, A, U, D)$：节点 s 为网络中唯一的源点，t 为唯一的汇点，而其他节点为转运点。如果网络中存在可行流 f，此时称流 f 的流量或流值（Flow Value）为 d_s [根据式（7.3），它自然也等于 $-d_t$]，通常记为 v 或

$v(f)$，即 $v = v(f) = d_s = -d_t$。

对这种单源单汇的网络，如果我们并不给定 d_s 和 d_t（即流量不给定），则网络一般记为 $N = (s, t, V, A, U)$。最大流问题（Maximum Flow Problem）就是在 $N = (s, t, V, A, U)$ 中找到流值最大的可行流（即最大流）。我们将会看到，最大流问题的许多算法也可以用来求解流量给定的网络中的可行流。也就是说，当我们解决了最大流问题以后，对于在流量给定的网络中寻找可行流的问题，通常也就可以解决了。

因此，用线性规划的方法，最大流问题可以从形式上描述如下：

$$\max v$$

$$\text{s.t.} \sum_{j:(i,j) \in A} x_{ij} - \sum_{j:(j,i) \in A} x_{ji} = \begin{cases} v, i = s \\ -v, i = t \\ 0, i \neq s, t \end{cases} \quad (7.4)$$

$$0 \leq x_{ij} \leq u_{ij}, \forall (i,j) \in A \quad (7.5)$$

定义 7.4 如果一个矩阵 A 的任何子方阵的行列式的值都等于 0，1 或 -1，则称 A 是全幺模的（TU, Totally Unimodular，又译为全单位模的），或称 A 是全幺模矩阵。

定理 7.2 （整流定理）最大流问题所对应的约束矩阵是全幺模矩阵。若所有弧容量均为正整数，则问题的最优解为整数解。

最大流问题是一个特殊的线性规划问题。我们将会看到，利用图的特点解决这个问题的方法较之线性规划的一般方法要方便、直观得多。

7.4.3 单源和单汇运输网络

实际问题往往是多源多汇网络，为了计算的规格化，可将多源多汇网络 G 化成单源单汇网络 G'。设 X 是 G 的源，Y 是 G 的汇，具体转化方法如下：

1）在原图 G 中增加两个新的顶点 x 和 y，令其分别为新图 G' 中的单源和单汇，则 G 中所有顶点 V 成为 G' 的中间顶点集。

2）用一条容量为 ∞ 的弧把 x 连接到 X 中的每个顶点。

3）用一条容量为 ∞ 的弧把 Y 中的每个顶点连接到 y。

G 和 G' 中的流以一个简单的方式相互对应。若 f 是 G 中的流，则由

$$f'(a) = \begin{cases} f(a), & \text{若 } a \text{ 是 } G \text{ 的弧} \\ f^+(v) - f^-(v), & \text{若 } a = (x,v) \\ f^-(v) - f^+(v), & \text{若 } a = (v,y) \end{cases}$$

所定义的函数 f' 是 G' 中使得 $v(f') = v(f)$ 的流。反之，G' 中的流在 G 的弧集上的限制就是 G 中具有相同值的流。

7.4.4 最大流和最小割关系

设 $N=(s, t, V, A, U)$，$S \subset V$，$s \in S$，$t \in V-S$，则称 $(S, \bar{S})$ 为网络的一个割，其中 $\bar{S}=V-S$，$(S, \bar{S})$ 为尾在 S、头在 $\bar{S}$ 的弧集，称 $C(S,\bar{S}) = \sum\limits_{\substack{(i,j) \in A \\ i \in S, j \in \bar{S}}} u_{ij}$ 为割 $(S, \bar{S})$ 的容量。

定理 7.3 f 是最大流，$(S, \bar{S})$ 是容量最小的割的充要条件是 $v(f) = C(S, \bar{S})$。

在网络 $N=(s, t, V, A, U)$ 中，对于轨 $(s, v_2, \cdots, v_{n-1}, t)$（此轨为无向的），若 $v_i v_{i+1} \in A$，则称它为前向弧；若 $v_{i+1} v_i \in A$，则称它为后向弧。

在网络 N 中，从 s 到 t 的轨 P 上，若对所有的前向弧 (i, j) 都有 $f_{ij} < u_{ij}$，对所有的后向弧 (i, j) 恒有 $f_{ij} > 0$，则称这条轨 P 为从 s 到 t 的关于 f 的可增广轨。

令

$$\delta_{ij} = \begin{cases} u_{ij} - f_{ij}, & \text{当}(i,j)\text{为前向弧} \\ f_{ij}, & \text{当}(i,j)\text{为后向弧} \end{cases}$$

$$\delta = \min\{\delta_{ij}\}$$

则在这条可增广轨上每条前向弧的流都可以增加一个量 δ，而相应的后向弧的流可减少 δ，这样就可使得网络的流量获得增加，同时也可以使每条弧的流量不超过它的容量，而且保持为正，也不影响其他弧的流量。总之，网络中 f 可增广轨的存在是有意义的，因为这意味着 f 不是最大流。

7.4.5 最大流的一种算法——标号法

标号法是由 Ford 和 Fulkerson 在 1957 年提出的。用标号法寻求网络中最大流的基本思想是寻找可增广轨，使网络的流量得到增加，直到最大为止。

首先给出一个初始流，这样的流是存在的，例如零流。如果存在关于它的可增广轨，那么调整该轨上每条弧上的流量，就可以得到新的流。对于新的流，如果仍存在可增广轨，则用同样的方法使流的值增大，继续这个过程，直到网络中不存在关于新得到流的可增广轨为止，则该流就是所求的最大流。

这种方法分为标号和增流这两个过程：

标号过程：通过标号过程寻找一条可增广轨。

增流过程：沿着可增广轨增加网络的流量。

这两个过程的步骤分述如下。

1. 标号过程：

1) 给发点标号为 (s^+, ∞)。

2）若顶点 x 已经标号，则对 x 的所有未标号的邻接顶点 y 按以下规则标号：

① 若 $(x, y) \in A$，且当 $f_{xy} < u_{xy}$ 时，令 $\delta_y = \min\{u_{xy} - f_{xy}, \delta_x\}$，则给顶点 y 标号为 (x^+, δ_y)，若 $f_{xy} = u_{xy}$，则不给顶点 y 标号。

② $(y, x) \in A$，且 $f_{yx} > 0$，令 $\delta_y = \min\{f_{yx}, \delta_x\}$，则给 y 标号为 (x^-, δ_y)，若 $f_{yx} = 0$，则不给 y 标号。

3）不断地重复步骤2）直到收点 t 被标号，或不再有顶点可以标号为止。当 t 被标号时，表明存在一条从 s 到 t 的可增广轨，则转向增流过程。如果收点 t 不能被标号，且不存在其他可以标号的顶点时，则表明不存在从 s 到 t 的可增广轨，算法结束，此时所获得的流就是最大流。

2. 增流过程

1）令 $u = t$。

2）若 u 的标号为 (v^+, δ_t)，则 $f_{vu} = f_{vu} + \delta_t$；若 u 的标号为 (v^-, δ_t)，则 $f_{uv} = f_{uv} - \delta_t$。

3）若 $u = s$，则把全部标号去掉，并回到标号过程。否则，令 $u = v$，并回到增流过程的第2）步。

求网络 $N = (s, t, V, A, U)$ 中的最大流 x 的算法的程序设计，其具体步骤如下：

对每个节点 j，其标号包括两部分信息：

$$(\mathrm{pred}(j), \max f(j))$$

其中，$\mathrm{pred}(j)$ 表示该节点在可能的增广轨中的前一个节点；$\max f(j)$ 表示沿该可能的增广轨到该节点为止可以增广的最大流量。

STEP0：置初始可行流 x（如零流）；对节点 t 标号，即令 $\max f(t) =$ 任意正值（如1）。

STEP1：若 $\max f(j) > 0$，继续下一步；否则，结束程序，已经得到最大流。

STEP2：取消所有 $j \in V$ 节点的标号，即令 $\max f(j) = 0$，$\mathrm{pred}(j) = 0$；令 LIST $= \{s\}$，对节点 s 标号，即令 $\max f(s) =$ 充分大的正值。

STEP3：如果 LIST $\neq \emptyset$ 且 $\max f(t) = 0$，继续下一步；否则

(3a) 如果 t 已经有标号，即 $\max f(t) > 0$，则找到了一条增广轨，沿该增广轨对流 x 进行增广，增广的流量为 $\max f(t)$，增广轨可以由 pred 函数进行回溯得到），转 STEP1。

(3b) 如果 t 没有标号，即 LIST $= \emptyset$ 且 $\max f(t) = 0$，转 STEP1。

STEP4：从 LIST 中移走一个节点 i；寻找从节点 i 出发的所有可能的增广弧。

(4a) 对非饱和前向弧 (i, j)，若节点 j 没有标号[即 $\mathrm{pred}(j) = 0$]，则对 j 进行标号，即令

$$\max f(j) = \min\{\max f(i), u_{ij} - x_{ij}\}, \mathrm{pred}(j) = i,$$

并将 j 加入 LIST 中。

(4b) 对非空后向弧 (j, i)，若节点 j 没有标号 [即 $\text{pred}(j) = 0$]，则对 j 进行标号，即令

$$\max f(j) = \min \{\max f(i), x_{ij}\}, \quad \text{pred}(j) = -i,$$

并将 j 加入 LIST 中。

例 7.9 用 Ford-Fulkerson 算法计算如图 7-6 所示的网络中的最大流，每条弧上的两个数字分别表示容量和当前流量。

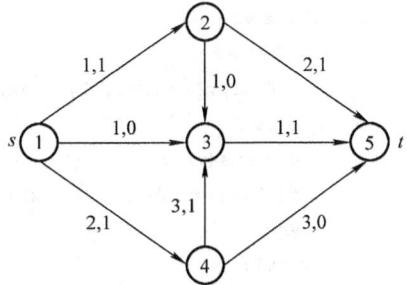

图 7-6 例 7.9 图

解 编写 MATLAB 程序如下：

```
clc,clear,M=1000;
u(1,2)=1;u(1,3)=1;u(1,4)=2;
u(2,3)=1;u(2,5)=2;
u(3,5)=1;
u(4,3)=3;u(4,5)=3;
f(1,2)=1;f(1,3)=0;f(1,4)=1;
f(2,3)=0;f(2,5)=1;
f(3,5)=1;
f(4,3)=1;f(4,5)=0;
n=length(u);
list=[];
maxf=zeros(1:n);maxf(n)=1;
while maxf(n)>0
  maxf=zeros(1,n);pred=zeros(1,n);
  list=1;record=list;maxf(1)=M;
  while (~isempty(list))&(maxf(n)==0)
    flag=list(1);list(1)=[];
    index1=(find(u(flag,:)~=0));
    label1=index1(find(u(flag,index1)...
    -f(flag,index1)~=0));
    label1=setdiff(label1,record);
    list=union(list,label1);
    pred(label1(find(pred(label1)==0)))=flag;
    maxf(label1)=min(maxf(flag),u(flag,label1)...
    -f(flag,label1));
    record=union(record,label1);
    label2=find(f(:,flag)~=0);
    label2=label2';
    label2=setdiff(label2,record);
    list=union(list,label2);
    pred(label2(find(pred(label2)==0)))=-flag;
```

```
        maxf(label2)=min(maxf(flag),f(label2,flag));
        record=union(record,label2);
      end
    if maxf(n)>0
      v2=n;
      v1=pred(v2);
      while v2~=1
        if v1>0
          f(v1,v2)=f(v1,v2)+maxf(n);
        else
          v1=abs(v1);
          f(v2,v1)=f(v2,v1)-maxf(n);
        end
        v2=v1;
        v1=pred(v2);
      end
    end
  end
f
```

运行以上程序，所得结果如下：

```
f =
     0     1     1     2     0
     0     0     0     0     1
     0     0     0     0     1
     0     0     0     0     2
```

7.5 最小费用流及其求法

7.5.1 最小费用流

前面我们介绍了一个网络上最短路径以及最大流的算法，但是还没有考虑到网络上流的费用问题，而在许多实际问题中，费用的因素很重要。例如，在运输问题中，人们总是希望在完成运输任务的同时，寻求一个使总的运输费用最小的运输方案。这就是下面将要介绍的最小费用流问题。

在运输网络 $N=(s,t,V,A,U)$ 中，设 c_{ij} 是定义在 A 上的非负函数，它表示通过弧 (i,j) 单位流的费用。所谓最小费用流问题就是从发点到收点怎样以最小费用输送一已知量为 $v(f)$ 的总流量。

最小费用流问题可以用如下的线性规划问题描述：

$$\min \sum_{(i,j) \in A} c_{ij} f_{ij}$$

$$s.t. \sum_{j:(i,j) \in A} f_{ij} - \sum_{j:(j,i) \in A} f_{ji} = \begin{cases} v(f), & i = s \\ -v(f), & i = t \\ 0, & i \neq s,t \end{cases} \quad (7.6)$$

$$0 \leq f_{ij} \leq u_{ij}, \quad \forall \ (i,j) \in A$$

显然，如果 $v(f) = $ 最大流 $v(f_{\max})$，则本问题就是关于最小费用的最大流问题。如果 $v(f) > v(f_{\max})$，则本问题无解。

7.5.2 求最小费用流的一种方法——迭代法

这里所介绍的求最小费用流的方法叫做迭代法。这个方法是由 Busacker 和 Gowan 在 1961 年提出的。其主要步骤如下：

1) 求出从发点到收点的最小费用通路 $\mu(s, t)$。
2) 对通路 $\mu(s, t)$ 分配最大可能的流量

$$\bar{f} = \min_{(i,j) \in \mu(s,t)} \{u_{ij}\}$$

并让通路上的所有边的容量相应减少 $\bar{f}$。这时，对于通路上的饱和边，其单位流费用相应改为 ∞。

3) 作该通路 $\mu(s, t)$ 上所有边 (i, j) 的反向边 (j, i)，令 $u_{ji} = \bar{f}$，$c_{ji} = -c_{ij}$。

4) 在这样构成的新网络中，重复上述步骤 1) ~ 3)，直到从发点到收点的全部流量等于 $v(f)$ 为止（或者再也找不到从 s 到 t 的最小费用道路）。

7.6 应用案例——"乘公交，看奥运"问题（CUMCM2007B）

7.6.1 问题概述

前面例 6.7 已经就"乘公交，看奥运"的问题进行过介绍，这里不再重复。详细题目及附件读者可参考 http://www.mcm.edu.cn 下载相应试题。

7.6.2 问题分析

1. 思路分析

本题根据公交线路系统研制的实际需求简化改编而成。问题容易理解，相关参考文献也较多，但涉及公交与地铁线路的联系，以及换乘时间等细节的处理，加上需要处理的数据量较大，问题实际上并不简单。这是一个多目标优化问题，

换乘次数最少、费用最低、时间最短等显然都是乘客在选择乘车线路时最关心的几个目标,从该问题的实际背景来看,采取加权合成的方法将问题转化为单目标问题的解题思路不太合适。比较适当的方法是对每个目标寻求最佳线路,然后让乘客根据自己的需求选择。

很明显,这个题目容易想到的是可以用图论的方法去思考。但是究竟怎样用对象和对象间的关系表示好这个问题却并不简单。如果用一条线表示一路公交车的行驶线路,所有的停车站就是这条线上的所有的点,进而把所有的公交线路都画在一个图里。这样的图很直观,最接近城市的地图。但是却无法直接使用迪克斯特拉算法和弗洛伊德算法,原因是它们无法表示换乘关系。正确的使用图论的方法是构成直达图:将所有站点作为图的全部点,每条公交线的所有站点间,只要有直达关系就画一条有向边,边的权值可以表示不同的含义,从而得到有向图。对应的邻接矩阵就是直达关系矩阵,进而还可以定义直达时间和直达费用两个权矩阵。在这样一个直达图的基础上,再采用许多方法去计算就不是很难的事了,可以说这是建立模型的一个好的出发点。

2. 建立直达矩阵

不考虑地铁:首先建立直达矩阵 $\boldsymbol{A}^{(0)} = (a_{ij}^{(0)})_{n \times n}$,

$$a_{ij}^{(0)} = \begin{cases} 0, & i = j \\ \infty, & i \text{ 到 } j \text{ 无直达车} \\ l_{ij}, & \text{其他} \end{cases} \quad (7.7)$$

式中,n 为公共汽车站点的个数,在本题中 $n = 3957$;l_{ij} 表示由 i 站直达 j 站点付出的代价(时间或费用),根据 l_{ij} 的意义不同,可分别称 $\boldsymbol{A}^{(0)}$ 为直达时间矩阵或直达费用矩阵。注意 $\boldsymbol{A}^{(0)}$ 不是对称矩阵。

考虑地铁:与上的过程类似建立"直达"矩阵

$$\boldsymbol{A}^{(0)} = (a_{ij}^{(0)})_{n \times n}$$

其中,n 为公共汽车站点个数 + 地铁站点个数,在本题中 $n = 3957 + 39 = 3996$。当站点 i 与站点 j 同为公共汽车站点(以下简称公汽站点)或同为地铁站点时,$a_{ij}^{(0)}$ 的定义与上面的定义相同;当站点 i 与站点 j 中一个为公汽站点,另一个为地铁站点时,分为以下情形讨论。

1) i 站点是公汽站点,j 站点为地铁站点。

① 若 j 站点不是 i 站点所在公汽线路 L 与地铁线的地铁换乘站点,则令 $a_{ij}^{(0)} = \infty$。

② 若 j 站点是 i 站点所在公汽线路 L 与地铁线的地铁换乘站点,设 t 站点为公汽线路 L 与地铁线的公汽换乘站点:

若 $\boldsymbol{A}^{(0)}$ 为直达时间矩阵,则令

$$a_{ij}^{(0)} = a_{it}^{(0)} + t \text{ 站点与 } j \text{ 站点间的步行时间}$$

若 $A^{(0)}$ 为直达费用矩阵，则令
$$a_{ij}^{(0)} = a_{it}^{(0)}$$

2) j 站点为公汽站点，i 站点为地铁站点。

① 若 i 站点不是 j 站点所在公汽线路 L 与地铁线的地铁换乘站点，则令 $a_{ij}^{(0)} = \infty$。

② 若 i 站点是 j 站点所在公汽线路 L 与地铁线的地铁换乘站点，设 t 站点为公汽线路 L 与地铁线的公汽换乘站点：

若 $A^{(0)}$ 为直达时间矩阵，则令
$$a_{ij}^{(0)} = a_{tj}^{(0)} + i \text{ 站点与 } t \text{ 站点间的步行时间}$$

若 $A^{(0)}$ 为直达费用矩阵，则令
$$a_{ij}^{(0)} = a_{tj}^{(0)}$$

经过如此处理后，除换乘时间不同，在以下建模与求解过程中，就不必区分站点类型了。

图论描述：用图论语言描述，以上步骤相当于建立了一个带权有向图，图中的点表示站点，图中的弧表示前一站点能够到达后一站点，弧上的权表示前一站点直达后一站点所需付出的代价（时间或费用）。

3. 优化目标考虑

从乘客角度考虑，优化目标应是以下三个目标之一：换乘次数最少、费用最省、时间最短。分别考虑对此三个目标的优化，按照第一目标最优，第二、三目标在第一目标的前提下最优或次优来求解。

4. 矩阵算子"Θ"的定义

定义矩阵算子 Θ 如下：设为 A、B 均为 n 阶方阵，
$$C = A \Theta B \tag{7.8}$$

式中，矩阵 C 中的元素为
$$c_{ij} = \min\{a_{ik} + b_{kj} + \sigma_{i,j,k}\} \quad (k = 1, 2, \cdots, n) \tag{7.9}$$

而 $\sigma_{i,j,k}$ 的定义如下：

当考虑费用矩阵之间运算时，$\sigma_{i,j,k} = 0$；当考虑时间矩阵之间运算时，$\sigma_{i,j,k}$ 表示换乘时间，具体来说：当 $i = j$ 或 $k = i, j$ 时，$\sigma_{i,j,k} = 0$；

以下设 $i \neq j$，$k \neq i, j$。当 i、j 为公汽站点而 k 为地铁站点，或者 i、j 为地铁站点而 k 为公汽站点时，令 $\sigma_{i,j,k} = \infty$。

其他形式有
$$\sigma_{i,j,k} = \begin{cases} 5, & \text{若公汽换乘公汽} \\ 4, & \text{若地铁换乘地铁} \\ 3, & \text{若地铁换乘公汽} \\ 2, & \text{若公汽换乘地铁} \end{cases}$$

考虑直达矩阵 $A^{(0)} = (a_{ij}^{(0)})_{n \times n}$，令

$$A^{(1)} = A^{(0)} \Theta A^{(0)}$$
$$A^{(2)} = A^{(1)} \Theta A^{(0)}$$
$$\vdots$$
$$A^{(k)} = A^{(k-1)} \Theta A^{(0)} \quad (7.10)$$
$$\vdots$$

记

$$A^{(k)} = (a_{ij}^{(k)})_{n \times n} \quad (k = 0, 1, 2, \cdots)$$

由式（7.8）和式（7.9）的定义可知：

对直达时间（费用）矩阵

$$A^{(0)} = (a_{ij}^{(0)})_{n \times n}$$

表示从 i 站点至 j 站点至多换乘 1 次能够到达所需的最短时间（最少费用），同理 $a_{ij}^{(k)}$ 表示从 i 站点到 j 站点至多换乘 k 次能够到达所需的最短时间（最少费用）。

5. 换乘次数最少

考虑换乘次数最少为第一目标。对直达费用矩阵 $A^{(0)} = (a_{ij}^{(0)})_{n \times n}$，按式（7.10）重复地进行 Θ 运算得到 $A^{(k)}$，当 $a_{ij}^{(k-1)} = \infty$，$a_{ij}^{(k)} \neq \infty$ 时，表示从 i 站点到 j 站点最少换乘 k 次能够到达，且 $a_{ij}^{(k)}$ 即表示换乘 k 次到达所需的最短时间。在运算过程中可记录下换乘站点信息，随之可得到相关线路信息。若有若干条最小换乘线路，则比较另外两个目标来选择最佳路线。

6. 费用最省

考虑费用最省为第一目标。对直达费用矩阵 $A^{(0)} = (a_{ij}^{(0)})_{n \times n}$ 按式（7.10）重复地进行 Θ 运算得到 $A^{(k)}$，运算适当次数后若 $A^{(k)} = A^{(k-1)}$，则表示已得到所有站点间的最小费用，$a_{ij}^{(k)}$ 即表示从 i 站点到 j 站点所需的最小费用。在运算过程中可记录下换乘站点信息，随之可得到相关线路信息。若有若干条最小费用线路，则比较另外两个目标来选择最佳路线。

以上算法本质上相当于图论中求所有点对间最短路径的弗洛伊德算法，也可以应用已知点对间最短路径的迪克斯特拉算法解决此问题。

7. 时间最短

考虑时间最短为第一目标。对直达费用矩阵 $A^{(0)} = (a_{ij}^{(0)})_{n \times n}$ 按式（7.10）重复地进行 Θ 运算得到 $A^{(k)}$，运算适当次数后若 $A^{(k)} = A^{(k-1)}$，则表示已得到所有站点间的最短时间，$a_{ij}^{(k)}$ 即表示从 i 站点到 j 站点所需的最短时间。在运算过程中可记录下换乘站点信息，随之可得到相关线路信息。若有若干条最短时间线路，则比较另外两个目标来选择最佳路线。

以上算法大体相当于图论中求所有点对间最短路径的弗洛伊德算法，只是要多考虑一个换乘时间因素，故可称为改进的弗洛伊德算法。

交巡警服务平台问题是直接调用弗洛伊德算法，而此问题则是将 Floyd 算法改进后再进行使用。

习 题 7

1. 如图 7-7 所示，给定一个网络，从点 A_0 铺设一条煤气管道到点 A_6，必须经过 5 个中间站，第一站可以在 A_1 和 B_1 中选择，其余类似。能用管道相连的两站之间的距离已经给定；如果两点之间没有连线，则表示这两点之间不能铺设管道。要求选择一条由 A_0 到 A_6 的管道铺设路线，并使总距离最短。

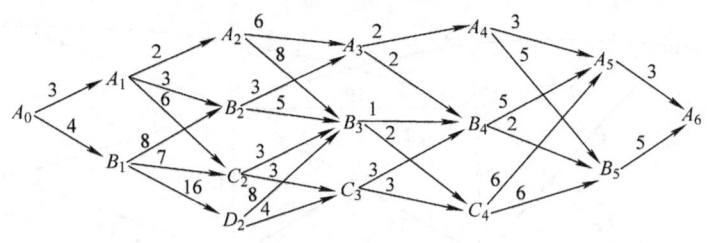

图 7-7　习题 1 网络图

2. 如图 7-8 所示的网络中，v_1 为发点，v_6 为收点，弧上前一个数字是容量，后一个数字是单位费用，求：

(1) 从 v_1 到 v_6 流量为 2 的最小费用流；

(2) 从 v_1 到 v_6 的最小费用最大流；

(3) 从 v_1 到 v_6 的费用不超过 29 的最大流。

3. 图 7-9 中 $v_1 \sim v_7$ 是 7 个居民点，在其中一个点上建一个消防站以便为这 7 个点服务，使其到最远一个点的距离最短，问建在哪里最合适？

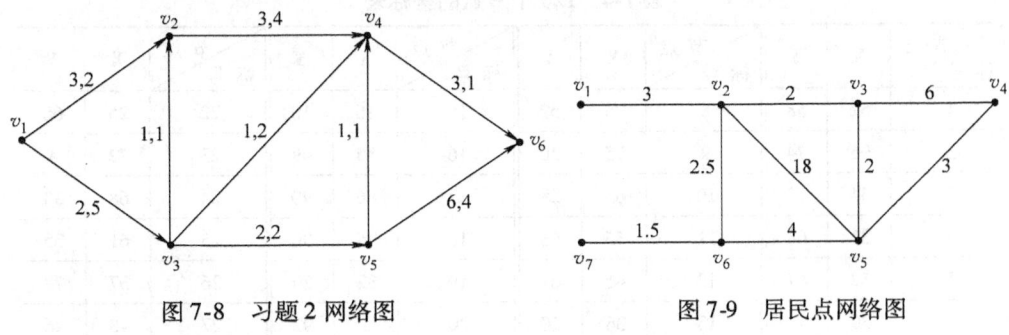

图 7-8　习题 2 网络图　　　　　图 7-9　居民点网络图

4. 某海岛上有 12 个主要居民点，各居民点的位置（用平面坐标 x 和 y 表示，单位：km）和居住的人数如表7-3，现在准备在岛上建一个服务中心为居民提供各种服务，问服务中心建在何处好？

表 7-3 居民点的位置

居民点	1	2	3	4	5	6	7	8	9	10	11	12
x	0	8.2	0.5	5.7	0.77	2.87	4.43	2.58	0.72	9.76	3.19	5.55
y	0	0.5	4.9	5.0	6.49	8.76	3.26	9.32	9.96	3.16	7.20	7.88
人数	600	1000	800	1400	1200	700	600	800	1000	1200	1000	1100

5. 由两家工厂 x_1 和 x_2 生产的一种特定商品，通过下列网络运送到市场 y_1、y_2 和 y_3，试确定从工厂到市场所能运送的最大总量。

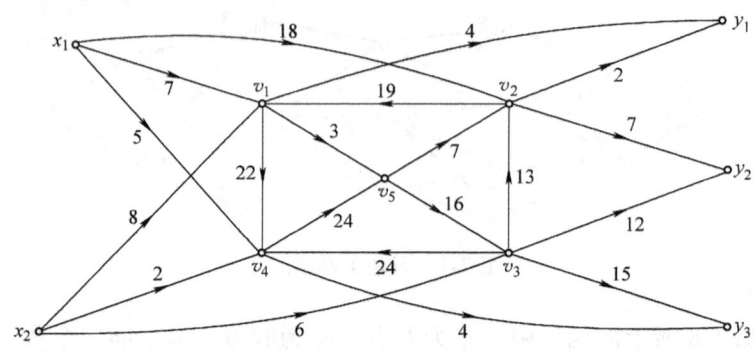

图 7-10 习题 5 网络图

6. 在一个监视区域为边长 100km 的正方形中，每个节点的覆盖半径为 10km。已知在该监视区域内放置了 120 个节点，它们位置的横、纵坐标如表7-4所示。请设计一种节点间的通信模型，给出任意 10 组两节点之间的通信通路，比如节点1与节点90如何通信等。

表 7-4 120 个节点的坐标表

节点标号	X	Y	节点标号	X	Y	节点标号	X	Y	节点标号	X	Y
1	57	58	8	75	52	15	16	10	22	25	66
2	95	74	9	75	30	16	85	49	23	72	4
3	34	12	10	65	28	17	86	90	24	68	33
4	31	68	11	55	63	18	75	90	25	61	35
5	52	67	12	41	61	19	32	20	26	37	78
6	30	4	13	36	20	20	5	92	27	48	46
7	15	75	14	72	24	21	16	35	28	81	31

(续)

节点标号	X	Y	节点标号	X	Y	节点标号	X	Y	节点标号	X	Y
29	23	90	52	17	33	75	80	55	98	10	80
30	35	66	53	90	5	76	45	61	99	8	89
31	6	33	54	25	74	77	92	40	100	15	95
32	85	9	55	58	47	78	78	22	101	45	90
33	64	37	56	95	2	79	89	45	102	70	82
34	22	13	57	87	72	80	51	51	103	90	78
35	69	43	58	68	88	81	40	90	104	84	78
36	80	83	59	30	28	82	65	49	105	20	70
37	76	13	60	9	9	83	76	7	106	40	71
38	88	94	61	32	95	84	30	98	107	55	70
39	25	95	62	47	71	85	26	34	108	5	95
40	62	45	63	50	43	86	28	99	109	73	18
41	70	70	64	56	43	87	25	8	110	22	28
42	45	42	65	56	25	88	29	63	111	17	80
43	35	9	66	47	25	89	40	83	112	50	10
44	75	41	67	80	64	90	4	11	113	55	20
45	35	91	68	10	96	91	74	44	114	87	22
46	56	30	69	12	33	92	41	25	115	72	98
47	27	92	70	63	70	93	39	21	116	55	79
48	92	90	71	39	9	94	95	51	117	7	2
49	25	58	72	81	89	95	72	76	118	85	20
50	44	52	73	43	14	96	79	8	119	35	50
51	5	80	74	17	25	97	78	44	120	10	68

7. 有一项工程,要埋设电缆并将中央控制室与15个控制点连通。图7-11中的各线段标出了允许挖电缆沟的地点和距离(单位:百米)。若电缆的造价为10元/m,挖电缆沟(深1m,宽0.6m)费用为每土方⊖3元,其他材料和施工费用为5元/m,请作该项工程预算,回答至少需多少元。

8. 如图7-12所示,某人每天从住处①开车至工作单位⑦上班。图中各箭头旁的数字为该人开车上班时在各条路线上不会遭遇到交通拥堵的可能性,试问该

⊖ 挖土、填土、运土的工作量通常用立方米(m^3)来计算,一立方米称为一个土方。——编辑注

人应选择哪一条"绿色通道",使他在从家至工作单位的路上遇到路阻的可能性最小。

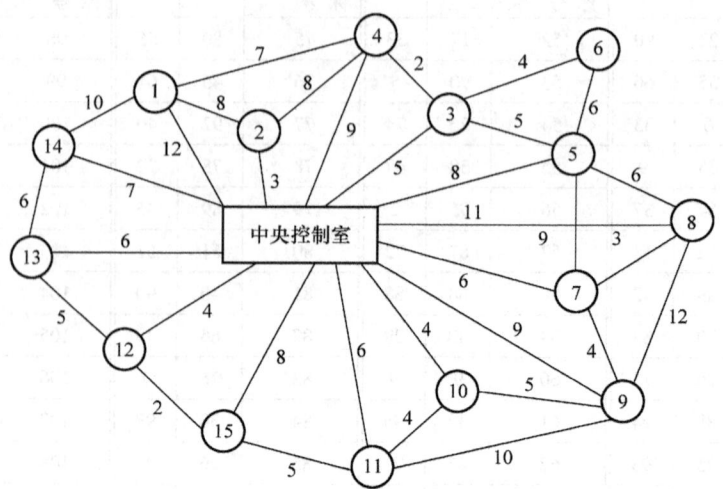

图 7-11 习题 7 电缆图

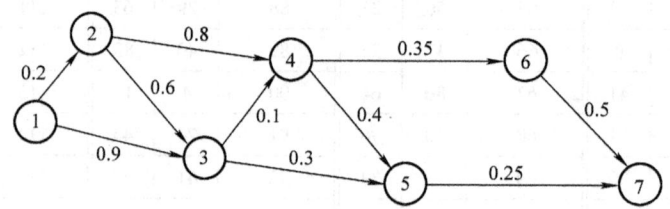

图 7-12 习题 8 交通网络图

附 录

附录 A MATLAB 软件使用入门

A.1 MATLAB 简介

1. MATLAB 发展历史

MATLAB 是由美国 MathWorks 公司推出的一款科技应用软件，它的名字是分别由矩阵（Matrix）和实验室（Laboratory）这两个单词的头三个字母组成。顾名思义，它相当于把矩阵放在实验室里做实验，MATLAB 是以矩阵为单位进行处理的，即使是一个数也是如此。MATLAB 是一种高性能的、用于工程计算的编程软件，它把科学计算、结果可视化和编程都集中在一个使用非常方便的环境中。MATLAB 语言的首创人是 Cleve Moler。1984 年 MathWorks 公司推出了 MATLAB1.0 的第一个商业版本，其后用 C 语言作了完全的改写，又增添了丰富的图形图像处理、符号运算、多媒体功能以及与其他流行软件的接口功能，使得 MATLAB 的功能越来越强大。历经二十多年的发展与竞争，发展为 MATLAB 2012 版，并在不断地更新，已成为国际公认的最优秀的工程应用开发环境之一。MATLAB 功能强大、简单易学、编程效率高，深受广大科技工作者的欢迎。在欧美各高等院校，MATLAB 已经成为线性代数、自动控制理论、数字信号处理、时间序列分析、动态系统仿真、图像处理等课程的基本教学工具，成为理工科类的高校师生都必须掌握的基本技能。

2. MATLAB 的工作环境

假定在您的计算机里已经安装了 MATLAB，在 Windows 桌面上就会出现 MATLAB 的图标，双击此图标，进入 MATLAB 主界面（见附图 A-1）。MATLAB 的工作界面由菜单、工具栏、命令窗口、工作空间管理窗口、命令历史窗口和当前目录窗口组成。

（1）菜单和工具栏

MATLAB 的菜单和工具栏与 Windows 系统的类似，只要稍加实践就可以掌握其功能和使用方法。

（2）命令窗口查询帮助

当用户对 MATLAB 有了一定了解之后，可以通过在命令窗口直接输入命令

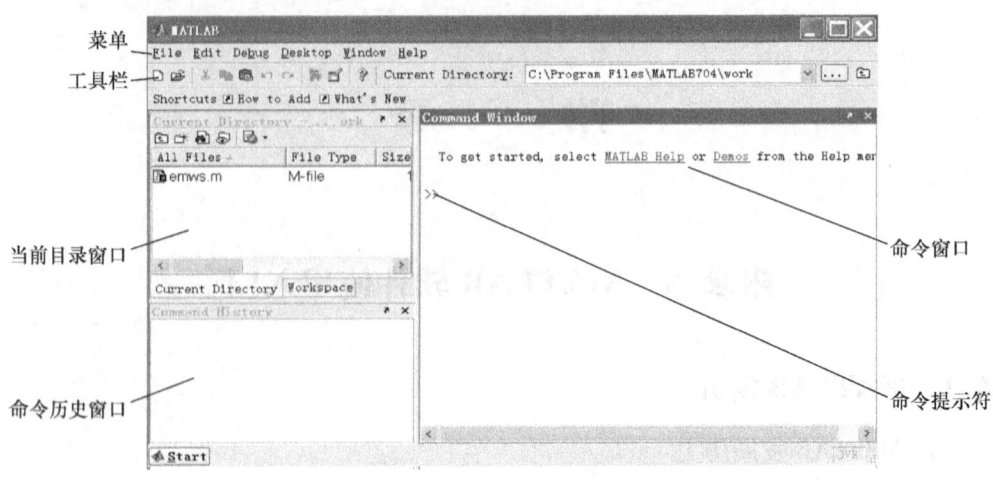

附图 A-1 MATLAB 主界面

来获得相关的帮助信息。在命令窗口中获取帮助信息的途径主要是 help 和 lookfor 函数。

1）help 函数

若用户只知道某个函数的名称，但又不了解该函数的具体用法时，只需在命令窗口中输入"help 函数名"。例如用户想了解 sqrt 函数（求平方根）的具体用法，只需在命令窗口中输入"help sqrt"，即可得到关于此函数的基本信息，如下代码所示：

```
>> help sqrt
SQRT   Square root.
    SQRT(X) is the square root of the elements of X. Complex
    results are produced if X is not positive.

    See also SQRTM.

Overloaded methods
    help sym/sqrt.m
```

2）lookfor 函数

一般来说，当用户知道某个函数的具体名称时，可以使用 help 函数很方便地找到相关的帮助信息。但对于初学者来说，往往不知道一些函数的确切名称，此时 help 函数就无能为力了，但可以使用 lookfor 函数方便地解决这个问题。在使用 lookfor 函数时，用户只需知道某个函数的部分关键字，在命令窗口中输入"lookfor 关键字"，就可以很方便地实现查找。

（3）MATLAB 常用操作命令

掌握常用的操作命令对有效地使用 MATLAB 具有重要意义，下面列出一些常用 MATLAB 操作命令，如附表 A-1 所示。

附表 A-1 MATLAB 常用命令

命　　令	命 令 说 明	命　　令	命 令 说 明
cd	显示或改变工作目录	dir	显示目录下文件
type	显示文件内容	disp	显示变量或文字内容
clear	清理内存变量	path	显示搜索目录
clf	清理图形窗口	echo	工作窗口信息显示开关
clc	清除工作窗口	hold	图形保持开关

3. MATLAB 的主要功能

(1) 数值计算功能

1) MATLAB 以矩阵作为基本单位，但不用预先指定维数（动态定维）；

2) 按照电气和电子工程师协会（IEEE, Institute of Electrical and Electronics Engineers）的数值计算标准进行计算；

3) 提供十分丰富的数值计算函数，方便计算，提高效率；

4) MATLAB 命令与数学中的符号、公式非常接近，可读性强，容易掌握。

(2) 符号运算功能

和著名的 Maple 软件结合后，使得 MATLAB 具有强大的符号计算功能。

(3) 绘图功能

MATLAB 提供了丰富的绘图命令，能实现一系列的可视化操作。

(4) 编程功能

MATLAB 具有程序结构控制、函数调用、数据结构、输入输出、面向对象等程序语言特征，而且简单易学、编程效率高。

(5) 丰富的工具箱（Toolbox）

MATLAB 包含两部分内容：基本部分和根据专门领域中的特殊需要而设计的各种可选工具箱。常见的工具箱如下：

```
PDE              Signal process      Control System
Optimization     Image Process       System Identification
Symbolic Math    Statistics          …
```

(6) Simulink 动态仿真集成环境

MATLAB 提供建立系统模型、选择仿真参数和数值算法、启动仿真程序对该系统进行仿真、设置不同的输出方式来观察仿真结果等功能。

4. 数据的读入与读出

用户在使用 MATLAB 进行科学计算时，不可避免地要用到大量的数据，而方便的数据处理方法会让用户更得心应手。MATLAB 提供了多种处理数据的方法，一种方法是将数据输出，然后复制粘贴到其他软件进行处理，但这种方法不方便；另一种方法是与 Excel 和记事本进行数据交互，这种方法方便了大规模数据的操作。

(1) Excel 与 MATLAB 的数据交互

MATLAB 中的 Excel Link 工具是一个实现与 Excel 进行交互的插件。通过连接 Excel 和 MATLAB，用户可以在 Excel 工作表空间和宏编程工具中使用 MATLAB 的数值计算和图形处理等功能，不需要脱离 Excel 环境，同时由 Excel Link 来保证两个工作环境中的数据交换和同步更新。

Excel Link 的安装和设置：首先，在系统中安装 Excel 软件；然后，安装 MATLAB 和 Excel Link，用 MATLAB 安装盘开始安装，选择自定义安装中，再选中组件 Excel Link。安装完 Excel Link 后还需要在 Excel 中进行一些设置后才能使用。启动 Excel，依次单击"工具"→"加载宏"，在弹出的对话框中选中 Excel Link 项。如果该项不存在，则通过浏览目录，在目录/MATLAB/toolboxexlink 下找到 excellink.xla 文件，并确定。选中 Excel Link 项并确定后，在 Excel 的工具栏中多了一个 Excel Link 工具条，经过以上的设置后就可以开始使用 Excel Link 了。

(2) 记事本[⊖]与 MATLAB 的数据交互

在 MATLAB 中可以读取存入记事本的数据，也可以将内存中的变量数据保存到记事本中，以便后期操作。

1) MATLAB 读取记事本中的数据

当记事本中记录的全部都是数据时，可以用 load 函数，其形式是

```
load('filename.* * *')
```

其中，文件扩展名可以是任意记事本文件的扩展名。运行此函数后就会把记事本中的数据按矩阵的形式放入名为 filename 的变量中。

当记事本中的数据结构比较复杂时，如附表 A-2 中的数据（第 1 行除外）就不能用 load 函数了，此时 textread 函数是最优的选择，其形式为

```
[A,B,C,…] = textread('filename','format',N)
```

其中，A，B，C，…为每一列数据将要保存的变量名；format 为读取格式；N 为读取次数。

附表 A-2 数据示例

Names	Types	m	n	answer
Tom	Type1	42	5.2	Yes
Lisa	Type1	36	6.3	No
Nacy	Type3	1	2.0	Uncertain
Peter	Type2	60	0.5	Yes

将附表 A-2 中的数据保存到当前路径下的 shuju.txt 文件中，输入命令得到：

⊖ Windows 操作系统中的一种文本编辑器，以下简称记事本。——编辑注

```
>> [names,type,m,n,answer] = textread('shuju.txt','% s Type% n % n % f % s',2)
names =
    'Tom'
    'Lisa'
type =
    1
    1
m =
    42
    36
n =
    5.2000
    6.3000
answer =
    'Yes'
    'No'
```

在命令中"% s Type% n % n % f % s"即为读取格式（format）的内容，最后一个参数 2 表示读取两行数据。

在 MATLAB 中，还有一个函数 fscanf 可以读取记事本中的文件，其功能更加强大，如有需要，读者可以直接在 help 中寻求帮助。

2）将 MATLAB 中的数据写入记事本

如果只需要保存数据，并且以后也只用 MATLAB 调用，可以用 save 命令，其语法是

save file obj1 obj2…

将各变量 obj1，obj2，…存入文件 file 中（为 .mat 格式），用户无法直接查看文件中保存的数据。

如果想将数据保存为平常的 txt 文档，可以由其他软件进行读取，函数 fprintf 是一个不错的选择。还以附表 A-2 中的数据为例，要将这些量按格式保存在一个名为 sjcp.txt 的文档中，可以建立以下命令文件。

```
fid = fopen('sjcp.txt','wt');
name = 'Tom';types = 1;m = 42;n = 5.2;answer = 'Yes';
fprintf(fid,'% s Type % u % u % f % s \n',name,types,m,n,answer);
name = 'Lisa';types = 1;m = 36;n = 6.3;answer = 'No';
fprintf(fid,'% s Type % u % u % f % s \n',name,types,m,n,answer);
name = 'Nacy';types = 1;m = 36;n = 2.0;answer = 'Uncertain';
fprintf(fid,'% s Type % u % u % f % s \n',name,types,m,n,answer);
name = 'Peter';types = 2;m = 60;n = 0.5;answer = 'Yes;
fprintf(fid,'% s Type % u % u % f % s \n',name,types,m,n,answer);
fclose(fid)
```

运行后，就建立了一个名为 sjcp.txt 的文档，其中的内容如下：

```
Tom     Type    1    42    5.200000    Yes
Lisa    Type    1    36    6.300000    No
Nacy    Type    1    36    2.000000    Uncertain
Peter   Type    2    60    0.500000    Yes
```

程序中第一行的作用是打开一个文件，返回一个指标 fid，然后每赋一次值，就向文件中写入一次：

fprintf(fid,'%s Type %u %u %f %s\n',name,types,m,n,answer);

其格式为

fprintf(id,'format','arg1,arg2,…');

其中，%s 表示字符串（string）；%f 表示浮点数（float）；%u 表示十进制数。

另外，还有很多格式，读者使用时可参阅 help 中的 fprint 以及其下的 formatting strings。

在这里还要注意，不能用 textread 函数读取后再用 fprintf 函数进行写操作。这是因为 textread 函数读取数据后保存为 cell 结构，而 fprintf 函数不能进行 cell 结构数据的写操作。

A.2　MATLAB 中的变量与函数

1. 变量与运算符

（1）MATLAB 中变量的命名规则

1）变量名必须是不含空格的单个词；

2）变量名区分大小写；

3）变量名最多不超过 31 个字符；

4）变量名必须以字母打头，之后可以是任意字母、数字或下画线，变量名中不允许使用标点符号；

5）除了上述命名规则，MATLAB 还有几个特殊变量，见附表 A-3。

（2）关系运算号和逻辑运算符号（见附表 A-4）

附表 A-3　特殊变量表

特殊变量	取值
ans	用于结果的默认变量名
pi	圆周率
NaN	缺失数据
inf	无穷大，如 1/0
eps	计算机中的最小数，当它和 1 相加就产生一个比 1 大的数

附表 A-4 关系与逻辑运算符号表

符 号	意 义	符 号	意 义
>	大于	~ =	不等于
<	小于	&	与
> =	大于等于	|	或
< =	小于等于	~	非
= =	等于	Xor	异或

关系运算符主要用来比较数与数、矩阵与矩阵之间的大小,并返回真(用"1"表示)、假(用"0")。逻辑运算:与、或、非、异或的运算结果也是以"1"表示"真",以"0"表示"假"。

(3) 数学运算符号及标点符号(见附表 A-5)。

附表 A-5 数学运算符号表

符 号	意 义
+	加法运算,适用于两个数或两个同阶矩阵相加
-	减法运算
*	乘法运算
.*	点乘运算
/	除法运算
./	点除运算
^	乘幂运算
.^	点乘幂运算
\	反斜杠表示左除

MATLAB 中标点符号的含义:

1) MATLAB 的每条命令后若为**逗号**或无标点符号,则显示命令的结果;若命令后为**分号**,则禁止显示结果。

2) % 后面所有文字为注释。

3) …表示续行。

注:MATLAB 中的标点符号需要在英文输入法(半角状态)下输入,如果在中文输入法下输入将会发生编译错误。

2. 常用函数

MATLAB 所支持的部分常用函数如附表 A-6 所示。

附表 A-6　常用基本函数

函　数	名　称	函　数	名　称
sin(x)	正弦函数	asin(x)	反正弦函数
cos(x)	余弦函数	acos(x)	反余弦函数
tan(x)	正切函数	atan(x)	反正切函数
abs(x)	绝对值	max(x)	最大值
min(x)	最小值	sum(x)	元素的总和
sqrt(x)	开平方	exp(x)	以 e 为底的指数
log(x)	自然对数	log10(x)	以 10 为底的对数
sign(x)	符号函数	fix(x)	取整

3. m 文件入门

MATLAB 的文件类型有两种，一种为命令式（Script），一种为函数式（Function）。它们各有自己的特点，下面将分别予以介绍。

（1）命令式 m 文件

有时候用户需要输入较多的命令，而且经常要对这些命令进行重复输入，此时如果直接在命令窗口输入则比较麻烦，而利用命令式文件就显得比较简单。用户可以将需要重复输入的所有命令按顺序放到一个扩展名为 .m 的文本文件下，每次运行时只要输入该 m 文件的文件名即可。

m 文件的建立方法：

1）在 MATLAB 中，依次单击 File→New→M File；

2）在编辑窗口中输入程序内容；

3）依次单击 File→Save，存盘，m 文件名必须用字母开头。

由于命令式文件的运行相当于在命令窗口中顺次输入运行命令，因此在编辑这类文件时，只需将所要执行的语句逐行编辑到指定的文件中，且变量不需要预先定义。在命令式文件中的变量都是全局变量，因而任何其他的命令文件和函数都可以访问这些变量，也不存在文件名对应的问题。

（2）函数式 m 文件

MATLAB 的内部函数是有限的，有时为了研究函数的某一个性态，需要为 MATLAB 定义新函数，为此，必须编写函数文件，其建立方法和命令式 m 文件的步骤一样，格式如下

```
function  因变量名 = 函数名（自变量名）
```

函数式 m 文件的第 1 行都是以 function 开始，说明此文件是一个函数，其实质为用户往 MATLAB 函数库里边添加的子函数。函数式 m 文件名必须与函数名一致，且函数名必须用字母开头，区分大小写。

注：无论是命令式 m 文件还是函数式 m 文件，其文件名要避免与 MATLAB 的内置函数和工具箱中的函数重名，以免发生内置函数被替换的情况。同时，当用户创建的 m 文件不在当前搜索路径下时，该函数将无法调用。

例 1 计算函数 $f(x_1, x_2) = x_1^2 \lg x_2$ 在 (1, 2) 处的函数值。

1）建立 m 文件 fun.m。

```
function f = fun(x)
f = x(1)^2 * log(x(2))
```

2）在 MATLAB 命令窗口中输入以下命令

```
>> x = [1 2];
>> fun(x)
```

3）程序运行结果如下

```
f =
    0.6931
ans =
    0.6931
```

A.3 MATLAB 的数值计算功能

1. 数组的建立

简单数组的输入方法如附表 A-7 所示。

附表 A-7 简单数组的建立

建立方法	说　　明
x = [a b c d e f]	创建包含指定元素的行向量
x = first：last	创建从 first 开始，步长为 1，到 last 结束的量
x = first：increment：last	创建从 first 开始，步长为 increment，last 结束的行向量
x = linspace(first, last, n)	创建从 first 开始，到 last 结束（默认步长为 1），有 n 个元素的行向量

2. 数组元素的访问

为了访问数组元素（分量），可对数组元素进行编址。

1）**访问一个元素**：数组元素可以用下标访问，如 x(i) 表示访问数组 x 的第 i 个元素。

2）**访问一块元素**：访问矩阵的某些元素或子块。

x(a：b：c) 表示访问数组 x 的从第 a 个元素开始，以步长 b 到第 c 个元素（但不超过 c），b 可以为负数，b 默认时为 1。

3）**直接使用元素编址序号**：x([a b c d]) 表示提取数组 x 的第 a、b、c、d 个元素构成一个新的数组 [x(a)　x(b)　x(c)　x(d)]。

3. 数组的方向

前面例子中的数组都是一行数列，是行方向分布的，因此称之为行向量。数组也可以是列向量，它的数组操作和运算与行向量是一样的，唯一的区别是结果以列形式显示。

产生列向量有两种方法。

直接产生：例如，
$$c = [1;2;3;4]$$

转置产生：例如，
$$b = [1\ 2\ 3\ 4]; c = b'$$

说明：元素之间以空格或逗号分隔生成行向量，而以分号分隔生成列向量。

4. 数组的运算

(1) 标量-数组运算

数组对标量的加、减、乘、除、乘方是数组的每个元素对该标量施加相应的加、减、乘、除、乘方运算。

设
$$a = [a1, a2, \cdots, an], c = 标量$$

则
$$a + c = [a1 + c, a2 + c, \cdots, an + c]$$
$$a * c = [a1 * c, a2 * c, \cdots, an * c]$$
$$a/c = [a1/c, a2/c, \cdots, an/c] \text{ (右除)}$$
$$a \backslash c = [c/a1, c/a2, \cdots, c/an] \text{ (左除)}$$
$$a\verb|^|c = [a1\verb|^|c, a2\verb|^|c, \cdots, an\verb|^|c]$$
$$c.\verb|^|a = [c\verb|^|a1, c\verb|^|a2, \cdots, c\verb|^|an]$$

(2) 数组-数组运算

当两个数组有相同维数时，加、减、乘、除、幂运算可按元素对元素方式进行，不同大小或维数的数组不能进行运算。

设
$$a = [a1, a2, \cdots, an], b = [b1, b2, \cdots, bn]$$

则
$$a + b = [a1 + b1, a2 + b2, \cdots, an + bn]$$
$$a * b = [a1 * b1, a2 * b2, \cdots, an * bn]$$
$$a/b = [a1/b1, a2/b2, \cdots, an/bn]$$
$$a.\backslash b = [b1/a1, b2/a2, \cdots, bn/an]$$
$$a.\verb|^|b = [a1\verb|^|b1, a2\verb|^|b2, \cdots, an\verb|^|bn]$$

5. 矩阵的建立

逗号或空格用于分隔矩阵中某一行的元素，分号则用于区分矩阵中不同的行。除了分号，在输入矩阵时，按〈Enter〉键也表示开始一新行。输入矩阵时，严格要求所有行有相同的列。

例2 m = [1 2 3 4;5 6 7 8;9 10 11 12]

　　　　p = [1 1 1 1

```
         2 2 2 2
         3 3 3 3]
```
例2演示了输入矩阵的两种方法。

MATLAB还提供了几个建立特殊矩阵的命令。

```
a = [ ]              % 产生一个空矩阵,当对一项操作无结果时,返回空矩阵,空矩阵的大小为零
b = zeros(m,n)       % 产生一个m行、n列的零矩阵
c = ones(m,n)        % 产生一个m行、n列的元素全为1的矩阵
d = eye(m,n)         % 产生一个m行、n列的单位矩阵
```

6. 矩阵中元素的操作

1) 提取矩阵 A 的第 r 列　A(:, r);

2) 提取矩阵 A 的第 r 行　A(r,:);

3) 依次提取矩阵 A 的每一列，将 A 拉伸为一个列向量　A(:);

4) 取矩阵 A 的第 i1～i2 行、第 j1～j2 列构成新矩阵　A(i1: i2, j1: j2);

5) 删除 A 的第 i1～i2 行，构成新矩阵　A(i1: i2,:) = [ ];

6) 删除 A 的第 j1～j2 列，构成新矩阵　A(:, j1: j2) = [ ];

7) 将矩阵 A 和 B 拼接成新矩阵　［A　B］；（增加列）
　　　　　　　　　　　　　　　［A；B］。（增加行）

7. 矩阵的运算

1) 标量-矩阵运算同标量-数组运算；

2) 矩阵加法　A + B；

3) 矩阵乘法　A * B；

4) 方阵的行列式　det(A);

5) 矩阵的转置　A′;

6) 方阵的逆　inv(A);

7) 方阵的特征值与特征向量

```
[V,D] = eig(A)       % D 为 A 的特征值构成的对角阵,每个特征值对应的 V 的列为属于该特征值的一个特征向量
```

8) 矩阵的秩　rank(A);

9) 矩阵的迹　trace(A);

10) 矩阵的范数

```
n = norm(A)          % 求矩阵 A 的谱范数,等于 A 的最大特征值
n = norm(A,1)        % 求矩阵 A 的列范数(1-范数),等于 A 最大列之和
n = norm(A,2)        % 求矩阵 A 的 2-范数,和 norm(A) 相同
n = norm(A,inf)      % 求矩阵 A 的行范数(无穷大范数),等于 A 的最大行之和。
```

例3　编写 m 文件如下：

```
a = [1 2 3;4 5 6]
b = [1 2;1 2;1 2]
c1 = a * b
```

```
c = [2 7 3;3 9 4;1 5 3]
c3 = det(c)
c4 = inv(c)
[v,d] = eig(c)
```

运行得以下结果：

```
a =    1    2    3
       4    5    6
b =    1    2
       1    2
       1    2
c1 =   6   12
      15   30
c =    2    7    3
       3    9    4
       1    5    3
c3 = -3
c4 = -2.3333    2.0000   -0.3333
      1.6667   -1.0000   -0.3333
     -2.0000    1.0000    1.0000
v  = -0.5515   -0.7857   -0.2743
     -0.7309    0.4412   -0.3391
     -0.4020   -0.4337    0.8999
d  = 13.4635    0         0
      0        -0.2747    0
      0         0         0.8112
```

A.4 MATLAB 的图形功能

MATLAB 作图是通过描点、连线来实现的，故在画一个图形之前，必须先取得该图形上一系列点的坐标，然后将该点集的坐标传给 MATLAB 函数画图。本节讲述二维图形、三维图形的绘制方法和常用的图形处理方法。

1. 二维图形

二元实数向量对 (x,y) 可用平面上的一组点表示，对于函数 $y_n = f(x_n)$，当 x_n 以递增（或递减）次序取值时，根据函数关系可求得同样数目的 y_n，用向量形式可记为：$x = [x_1, x_2, \cdots, x_n]$，$y = [y_1, y_2, \cdots, y_n]$。有了点的表示方法，MATLAB 提供了画平面曲线的函数。

(1) 曲线图

● `plot(X,Y,S,'linewidth',k)`

- plot(X,Y,S,'markersize',k)
- plot(X,Y)
- plot(X1,Y1,S1,X2,Y2,S2,…,Xn,Yn,Sn)

X，Y 是向量，分别表示点集的横坐标和纵坐标，命令 plot（X，Y，S）描绘该点集所表示的曲线，其线型由 S 确定（见附表 A-8），linewidth 代表线宽度（默认 0.5，一般选择 k=2）；markersize 代表数据点大小（默认 6）。命令 plot（X，Y）默认为画实线，参数 X、Y 与 plot（X，Y，S）相同。命令 plot（X1，Y1，S1，X，Y2，S2，…，Xn，Yn，Sn）将多条线画在一起，参数同 plot（X，Y，S）。

例 4 在区间 [0，2π] 上用红色实线画 sin(x)，用绿色圆圈画 cos(x)，如附图 A-2 所示。

解 输入命令
x = linspace(0,2* pi,30);
y = sin(x);
z = cos(x);
plot(x,y,'r',x,z,'go')

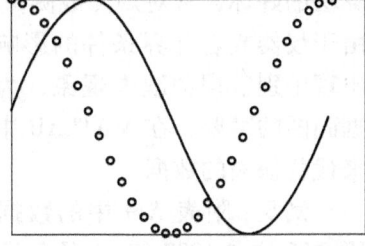

附图 A-2 y = sin(x)（红色实线）与 y = cos(x)（绿色圆圈）

附表 A-8 曲线的色彩、线型和数据点型参数定义

颜色符号	含义	数据点型	含义	线型	含义
b	蓝色	.	点	-	实线
g	绿色	x	×符号	:	点线
r	红色	+	+号	-.	点画线
c	蓝绿色	h	六角星形	- -	虚线
m	紫红色	*	星号		
y	黄色	s	方形		
k	黑色	d	菱形		
w	白色	v	下三角		
		^	上三角		
		<	左三角		
		>	右三角		
		p	五角星		
		o	圆		

（2）对数坐标图

在气象、经济、工程等很多问题中，经常遇到变量的数量级很大，而将数据进行对数转换则可以更清晰地看出数据的某些特征，在对数坐标系中描绘数据点的曲线，可以直接地表现对数转换。对数转换有双对数坐标转换和单轴对数坐标

转换两种。用 loglog 函数可以实现双对数坐标转换，用 semilogx 和 semilogy 函数可以实现单轴对数坐标转换。

- `loglog(X,Y)`   % 对 x 轴、y 轴的刻度用常用对数值(以 10 为底)
- `semilogx(X,Y)` % 对 x 轴的刻度用常用对数值,而 y 轴为线性刻度
- `semilogy(X,Y)` % 对 y 轴的刻度用常用对数值,而 x 轴为线性刻度

(3) 缺失数据的绘图

在气象、工程等科学实验中，为了寻找两个变量之间的关系或为了验证某个算法的好坏，常对观测或测量的实验数据进行画图，但在观测或测量的过程中，由于仪器或者外界条件的影响，经常会出现个别数据的缺失现象，为了整体数据画图的需要，在 MATLAB 中常用 NaN 来代替缺失的数据。

例 5   附表 A-9 中的数据是青藏高原 D66 站点 1997 年 11 月 2 号 19：00 ~ 11 月 3 号凌晨 4：00 地表 4cm 处的温度观测数据，11 月 2 号因测量仪器出现了故障，3 个小时的数据缺测，缺测数据用＊＊＊＊＊表示，请把观测数据在图形上描绘出来（见附图 A-3）。

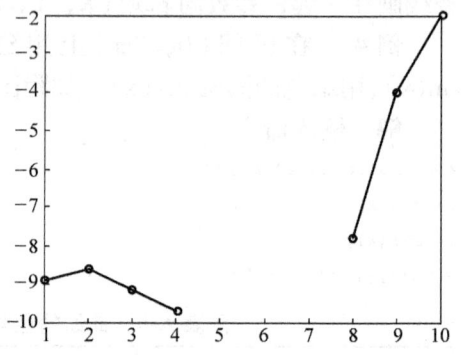

附图 A-3 缺失数据的绘图

附表 A-9 青藏高原 D66 站点地表 4cm 处的温度观测数据

年　份	日　期	时　间	温　度
1997	1102	1900	-8.9
1997	1102	2000	-8.6
1997	1102	2100	-9.2
1997	1102	2200	-9.7
1997	1102	2300	＊＊＊＊＊
1997	1102	2400	＊＊＊＊＊
1997	1103	100	＊＊＊＊＊
1997	1103	200	-7.8
1997	1103	300	-4
1997	1103	400	-2

解   输入命令

```
t=1:10;
temp=[-8.9 -8.6 -9.2 -9.7 NaN NaN NaN -7.8 -4 -2];%把缺测数据＊＊＊＊＊用 NaN 来代替
```

```
plot(t,temp,'-o')
```

2. 三维图形

画三维图形的数据点（x，y，z）中的 x、y、z 可以是以下两种情形：

x、y、z 是同维向量，分别表示函数曲线上点集的横坐标、纵坐标和函数值；

x、y、z 是同维矩阵，其数据产生步骤如下。

- 在画图前先产生自变量采样向量

  x = x1：dx：x2；

  y = y1：dy：y2；

- 产生自变量格点矩阵

  [x, y] = meshgrid(x, y)；

语句执行后，矩阵 x 的每一行都是向量 x，行数等于向量 y 中元素的个数，矩阵 y 的每一列都是向量 y，列数等于向量 x 中元素的个数。

- 计算自变量"格点"矩阵相应的函数值矩阵

  z = f (x, y)。

（1）三维曲线

绘制三维曲线的 plot3 函数与 plot 函数用法十分相似，其调用格式为

plot3 (x, y, z, S)。

其中，当 x、y、z 是同维向量时，则 x、y、z 对应元素构成一条三维曲线；当 x、y、z 是同维矩阵时，则以 x、y、z 对应列元素绘制三维曲线，曲线条数等于矩阵列数。S 表示颜色、线型等。

例 6 在区间[0, 10 * pi]上画出参数曲线 x = sin(t)，y = cos(t)，z = t（见附图 A-4）。

解 输入命令

```
t = 0:pi/50:10* pi;
plot3(sin(t),cos(t),t)
```

例 7 观察函数 Z = (X + Y).^2，画多条曲线（见附图 A-5）。

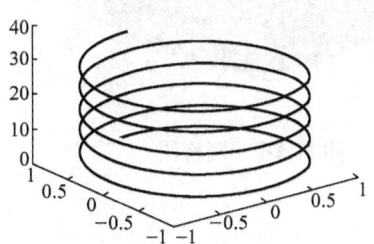 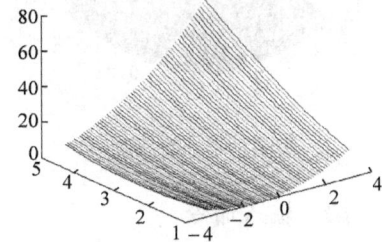

附图 A-4　用 plot3 函数画一条曲线　　　附图 A-5　用 plot3 函数画多条曲线

解 输入命令

```
x = -3:0.1:3;y=1:0.1:5;
[X,Y] = meshgrid(x,y);
Z = (X+Y).^2;
plot3(X,Y,Z)
```

（2）空间曲面

1）用 surf 函数可以绘制三维表面图形，其使用格式如下。

- surf(X,Y,Z,C)通过4个矩阵参数绘制彩色的三维表面图形。其中，图形的各轴范围由X、Y和Z通过当前的axis函数值定义；图形的颜色范围由C或者当前的axis值定义。
- surf(X,Y,Z)命令使用C=z，因此，图形的颜色随高度按一定比例变化。

例8 画函数 z = (x+y).^2 的曲面图（见附图A-6）。

解 输入命令

```
x = -3:0.1:3;
y = 1:0.1:5;
[X,Y] = meshgrid(x,y)
Z = (X+Y).^2;
surf(X,Y,Z)
```

2）用 mesh 函数可以绘制三维网格图形，使用格式如下。

$$mesh(X,Y,Z,C)$$

- mesh(X,Y,Z,C)通过4个矩阵参数绘制彩色的三维网格图形。其中，图形的各轴范围由X、Y和Z通过当前的axis函数值定义；图形的颜色范围由C或者当前的axix值定义。
- mesh(X,Y,Z)命令使用C=z，因此，图形的颜色随高度按一定比例变化。

例9 画出曲面 Z=(X+Y).^2 的网格图（见附图A-7）。

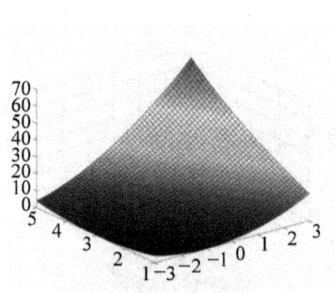 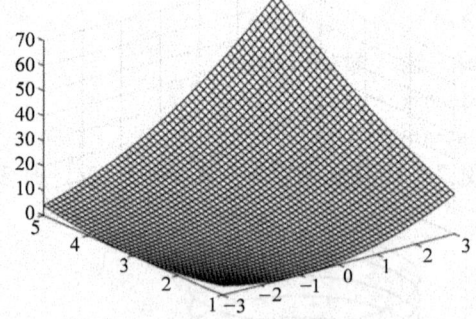

附图 A-6　曲面图　　　　　　附图 A-7　网格图

解 输入命令

```
x = -3:0.1:3;
y = 1:0.1:5;
[X,Y] = meshgrid(x,y);
```

```
Z = (X + Y).^2;
mesh(X,Y,Z)
```

3. 图形处理

(1) 在图形上加格栅、图例和标注等

```
grid on                                % 加格栅在当前图上
grid off                               % 删除格栅
hh = xlabel(string)                    % 在当前图形的 x 轴上加标注 string
hh = ylabel(string)                    % 在当前图形的 y 轴上加标注 string
hh = zlabel(string)                    % 在当前图形的 z 轴上加标注 string
hh = title('string')                   % 在当前图形的顶端上加标题 string
hh = legend('first','second',n)        % 对一个坐标系上的两幅图形做出图例解
axis square                            % 将图形设置为正方形
axis equal                             % x、y 轴单位刻度相同
hh = gtext('string')                   % 通过鼠标指针将标注放在现有图的指定位置上
H = figure                             % 创建图形并返回图形的句柄
figure(H)                              % 新建 H 窗口, 激活图形 H 使其可见, 并把它置于其他图形之上
```

注意：若想在一个界面上画一个图形，并将多个图形一起画，而又不能相互影响，则可用 H = figure。

例 10 在区间 $[0, 2\pi]$ 上画 $\sin(x)$ 的图形，并加注图例 "自变量 x" "函数 Y" "示意图"，以及格栅（见附图 A-8）。

解 输入命令

```
x = linspace(0,2π,30);
y = sin(x);
plot(x,y)
xlabel('自变量 X')
ylabel('函数 Y')
title('示意图')
grid on
```

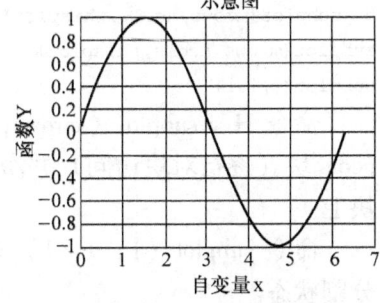

附图 A-8 加图例和格栅的 y = sin(x) 图

例 11 在区间 $[0, 2\pi]$ 上画 $\sin(x)$ 和 $\cos(x)$ 的图形，并分别标注 "$\sin(x)$" "$\cos(x)$"（见附图 A-9）。

解 输入命令

```
x = linspace(0,2* pi,30);
y = sin(x);
z = cos(x);
plot(x,y,x,z)
gtext('sin(x)');gtext('cos(x)')
```

注意：按〈Enter〉键后生成的图像中

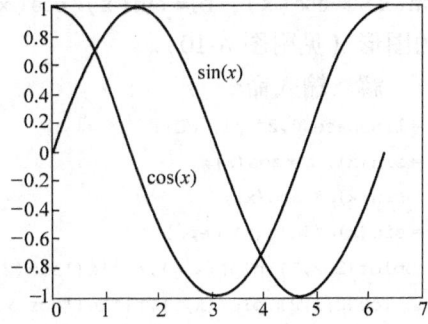

附图 A-9 gtext 函数的应用

并没有加标注，图中的标注需要通过鼠标指针来确定。

（2）定制坐标

```
axis([XMIN XMAX YMIN YMAX ZMIN ZMAX])
axis auto
```

第一个命令可用来定制图形坐标，其中 XMIN、XMAX、YMIN、YMAX、ZMIN、ZMAX 分别为 x，y，z 的最小值和最大值。

第二个命令 axis auto 则是将坐标轴返回到自动默认值。

（3）图形保持

hold on   hold off

命令 hold on 的作用是保持当前图形，以便继续画图到当前的图上。命令 hold off 的作用则是释放当前图形窗口。

注意：hold on 和 hold off 后不能跟分号";"，若想将多条曲线画在一起，则可用 hold on。

（4）图区控制（分割平面）

若打算在一个屏幕上画各自独立的多个图形，则需将屏幕分割为多块，并分别作图。

```
h = subplot(mrows,ncols,thisplot)
subplot(mrows,ncols,thisplot)
subplot(1,1,1)
```

命令 H = subplot (mrows, ncols, thisplot) 划分整个作图区域为 mrows * ncols 块（逐行对块访问）并激活第 thisplot 块，其后的作图语句会将图形画在该块上。

命令 subplot (1, 1, 1) 返回非分割状态。

例 12 将屏幕分割为 4 块，并分别画出 y = sin (x)，z = cos (x)，a = sin (x) * cos (x)，b = sin (x)/cos (x) 的图形（见附图 A-10）。

解 输入命令

```
x = linspace(0,2* pi,100);
y = sin(x); z = cos(x);
a = sin(x).* cos(x);
b = sin(x)./(cos(x) +eps)
subplot(2,2,1);plot(x,y),title('sin(x)')
subplot(2,2,2);plot(x,z),title('cos(x)')
subplot(2,2,3);plot(x,a),title('sin(x)cos(x)')
subplot(2,2,4);plot(x,b),title('sin(x)/cos(x)')
```

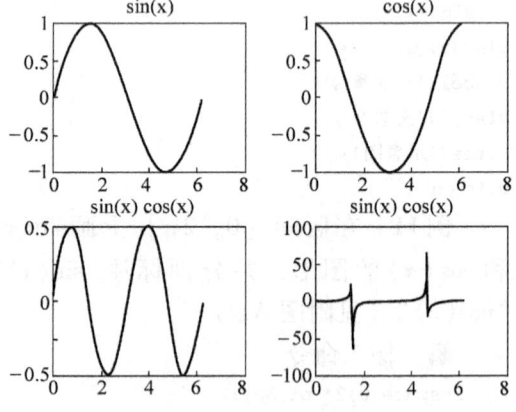

附图 A-10 屏幕分割图

A.5 MATLAB 程序设计

MATLAB 语言中的控制语句在程序编写时起着很重要的作用。最简单的程序控制结构就是顺序结构,用户只需依次输入命令语句即可。此外,MATLAB 还提供了 4 种高级的控制结构,它们分别是 if-else-end 结构、switch-case-otherwise-end 结构、for 循环和 while 循环。

1. 选择语句

在编写程序时,往往需要根据一定的条件,进行一定的选择,并执行不同的语句,此时,需要使用分支语句来控制程序的进程。

选择语句的格式:

1) if 表达式
    执行语句;
   end

2) if 表达式
    执行语句1;
   else
    执行语句2;
   end

3) if 表达式1
    执行语句1;
   elseif 表达式2
    执行语句2;
   else
    执行语句3;
   end

注意:

格式1) 中表达式非 0 时,执行下面语句,否则跳过,执行 end 后面的语句;

格式2) 中表达式非 0 时,执行语句1,否则执行语句2;

格式3) 中表达式1的值非 0 时,执行语句1并终止 if 语句,否则计算表达式2,依次类推。

2. for 循环语句

for 循环语句的格式:

for i = 表达式
    可执行语句1;

    ⋮
    可执行语句 n;
   end

注意：循环次数一般是给定的，除非用其他语句将循环提前结束（如 break）；表达式是一个向量；for 语句一定要有 end 作为结束标志；循环语句中的 ";" 可防止中间结果输出；循环体中，可以多次嵌套 for – end 结构体，但运算速度会受影响。

3. while 循环语句

  while 循环语句的格式：
    while 表达式
      可执行语句 1;
      ⋮
      可执行语句 n;
    end

注意：表达式一般是由逻辑运算和关系运算组成的表达式，表达式的值非 0，继续循环，表达式的值为 0，中止循环；while 语句一定要有 end 作为结束标志。

4. Switch 分支选择语句

  Switch 分支选择语句的格式：
    switch 表达式
      case 常量表达式 1
        语句块 1;
      case 常量表达式 2
        语句块 2;
        ⋮
      case 常量表达式 n
        语句块 n;
      otherwise
        语句块 n + 1;
    End

注意：

① switch 后面表达式可以为任何类型；

② 当表达式的值与 case 后面的常量表达式的值相等时，就执行 case 后面的语句块；

③ case 后面的常量表达式可以有多个，也可以是不同类型；

④ 每次只执行一个语句块，执行完一个语句块就退出 switch 语句。

5. 程序设计的优化

尽管 MATLAB 软件已将大多数的操作集成到功能强大的函数中，但由于 MATLAB 是一种解释性语言，所以有时 MATLAB 程序的执行速度不是很理想。这里给出一些能够加快 MATLAB 程序执行速度的建议。

（1）以矩阵为操作主体

在设计程序时，应当尽可能避免循环运算，应强调对矩阵本身整体的运算，避免对矩阵元素的操作，绝大多数的循环运算是可以转化为向量-向量运算的。

在必须使用循环的情况下，如果两个循环执行次数不同，则建议在循环的外环执行循环次数少的，内环执行循环次数多的，这样也可以提高速度。

（2）数据的预定义

虽然在 MATLAB 中没有规定变量使用时必须预先定义，但是对于未定义的变量，如果操作中出现越界赋值，系统将不得不对变量进行扩充。建议在定义大矩阵时，首先用 MATLAB 中的函数，如 zeros 或 ones 对之先进行定维，然后再进行赋值处理，这样会显著减少程序执行所需的时间。

（3）优先考虑 MATLAB 的函数

矩阵运算应尽量采用 MATLAB 中的函数，因为内在函数是由更底层的编程语言（C 语言）构造的，其执行速度要快于使用循环的矩阵运算。

A.6 MATLAB 解（微分）方程（组）

1. 线性方程组的求解

若原方程组写为 AX = B（A 为系数矩阵，B 为右端列向量），则可用矩阵左除"\"来进行运算，即 X = A \ B。如果将原方程组改写成 XA = B，则 X 可用矩阵右除"/"求解，即 X = B/A。若以逆矩阵运算求解 AX = B，即是 X = inv(A) * B，或是改写成 XA = B，即是 X = B * inv(A)。

2. 非线性方程的数值解

（1）最小二乘法

格式：

fsolve('fun',x0)% 求方程 fun = 0 在估计值 x0 附近的近似解

（2）零点法

格式：

fzero('fun',x0)% 求函数 fun 在 x0 附近的零点

注意：方程解的估计值 x0 可用 fplot 函数通过作图看出。对于零点法，估计值 x0 若为标量时，则在 x0 附近查找零点，x0 等于向量 [x1, x2] 时，则首先要求函数值 fun (x1) fun (x2) < 0，然后将严格在 [x1, x2] 区间内寻找零点；若找不到，系统将给出提示。

例13 求解方程 $5x^2\sin x - e^{-x} = 0$。

解 输入命令

```
fun = inline('5* x.^2.* sin(x) - exp(-x)');
fsolve(fun,[0,3,6,9],1e-6)
```

计算结果为

```
ans =
0.5018    3.1407    6.2832    9.4248
```

3. 微分方程（组）的解析解

MATLAB 解常微分方程式的语法是

$$\text{dsolve('equation','condition','variable')}$$

其中，equation 代表常微分方程式即 $y' = g(x, y)$，在表达微分方程时，用字母 D 表示求微分，D2、D3 等表示求高阶微分，任何 D 后所跟的字母为因变量，例如，微分方程 $\dfrac{d^2y}{dx^2} = 0$ 在 MATLAB 中应表达成 D2y = 0；condition 为初始条件；variable 是要求解方程的变量，MATLAB 默认变量为 t。

例14 求下列微分方程的特解。

$$\begin{cases} \dfrac{d^2y}{dx^2} + 4\dfrac{dy}{dx} + 29y = 0 \\ y(0) = 0, y'(0) = 15 \end{cases}$$

解 输入命令

```
y = dsolve('D2y + 4* Dy + 29* y = 0','y(0) = 0,Dy(0) = 15','x')
```

计算结果为

```
y = 3* exp(-2* x)* sin(5* x)
```

4. 微分方程（组）的数值解

当难以求得微分方程的解析解时，可以求其数值解。在 MATLAB 中求微分方程数值解的函数有 5 个：ode45、ode23、ode113、ode15s、ode23s。格式为

$$[t,x] = \text{solve}('f',ts,x0,options)$$

solve 取以上 5 个函数之一，不同的函数代表不同的内部算法。其中 ode23 运用一个组合的 2/3 阶龙格-库塔-费尔贝格算法，而 ode45 运用组合的 4/5 阶龙格-库塔-费尔贝格算法．一般常用函数 ode45。

f 是由待解方程写成的 m 文件名；ts = [t0, tf]，t0, tf 为自变量的初值和终值；x0 为函数的初值；option 用于设定误差限（可以省略，默认设定为相对误差 10^{-3}，绝对误差 10^{-6}），其格式为

$$\text{option} = \text{odeset}('reltol',rt,'abstol',at)$$

这里，rt 和 at 分别为设定的相对误差和绝对误差。

在解 n 个未知函数的方程组时，x0 和 x 均为 n 维向量，m 文件中的待解方程组应以 x 的分量形式写成。

下面通过例子来说明 ode 函数的用法。

例 15 解 $\begin{cases} \dfrac{d^2x}{dt^2} - 1000(1-x^2)\dfrac{dx}{dt} - x = 0 \\ x(0) = 0, x'(0) = 1 \end{cases}$。

解 与所有的微分方程数值解法一样，高阶微分方程式必须等价地变换成一阶微分方程组。对于上述微分方程，通过重新定义两个新的变量，来实现这种变换。

令 $y_1 = x$，$y_2 = y_1'$，则微分方程变为以下方程组

$$\begin{cases} y_1' = y_2 \\ y_2' = 1000(1-y_1^2)y_2 - y_1 \\ y_1(0) = 0, y_2(0) = 1 \end{cases}$$

1) 建立 m 文件 vdp1000.m 如下

```
function dy = vdp1000(t,y)
dy = zeros(2,1);
dy(1) = y(2);
dy(2) = 1000* (1-y(1)^2)* y(2) -y(1);
```

2) 取 t0 = 0，tf = 3000，输入命令

```
[T,Y] = ode15s('vdp1000',[0 3000],[0,1]);
plot(T,Y(:,1),'-');
```

得 x 与 t 的关系（见附图 A-11）。

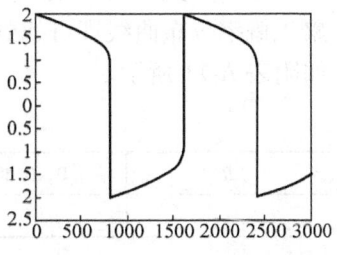

附图 A-11　x 与 t 的关系图

A.7　MATLAB 在概率统计中的应用

概率统计在科学研究和工程实际中有着非常广泛的应用，几乎遍及国民经济的各个领域。MATLAB 提供了专用的工具箱 statistics，该工具箱中有几百个专门用于求概率统计问题的功能函数，使用它们可以方便地解决在科学研究和实际工程中所遇到的问题。

1. 随机数的产生

随机数的产生是概率统计的基础，概率统计就是对各种样本数据进行分析。在实际中，各种样本可以用一些经典的分布数来表示。首先要有一个等概率密度随机数发生器，产生 0~1 范围内的等概率密度分布的随机数，使用时直接调用即可；将此 0~1 范围内的随机数进行一定的数字转换即可获得所要求的随机数，怎样进行数字转换则视所要求的分布函数来定。

(1) 逆转换法

例 16 产生参数为 λ 的负指数分布的模拟随机数数列。

解 负指数分布的概率密度函数：$f(x) = \lambda e^{-\lambda t}$，分布函数为

$$F(x) = \int_0^x \lambda e^{-\lambda t} dt = 1 - e^{-\lambda x}$$

因 $0 \leq F(x) \leq 1$，故 $0 \leq 1 - F(x) \leq 1$，令
$$1 - F(x) = e^{-\lambda x} = R$$
则 $x = -\dfrac{1}{\lambda}\ln R$。

例 17（离散分布随机数的产生） 设 x 为预测某公司投放某种产品到市场的数量，其数量与概率如附表 A-10 所示，求概率为 $P(x)$ 的随机列数 x。

附表 A-10 投放到市场的产品数量

x	10	24	40	60
$P(x)$	0.28	0.14	0.30	0.28

解 如附图 A-12 所示，利用累积概率分布即可进行转换计算。若等概率密度发生器产生了某一数 R，如 $R = 0.52$，在附图 A-12 的纵轴上找到 0.52，根据累积概率分布曲线即可找到随机数的数值，$x = 40$。附图 A-12 中的数字转换规律如附表 A-11 所示。

附表 A-11 随机数的转换

R	[0, 0.28]	[0.28, 0.42]	[0.42, 0.72]	[0.72, 1]
x	10	24	40	60

（2）组合法

组合法是利用某些容易产生随机数数列的随机变量，通过组合得到所要求的随机变量的一种方法。

例 18 产生泊松分布的模拟随机数列。

解 若相继两个事件出现的间隔时间服从负指数分布，则在某一时间间隔内事件出现的次数服从泊松分布。根据此关系，可以用负指数分布的随机变量来组合产生泊松分布的随机数序列。

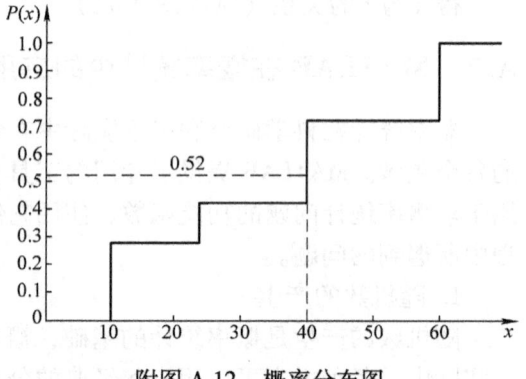

附图 A-12 概率分布图

设 $y_1, y_2, \cdots, y_n$ 是参数为 λ 的负指数分布的随机数序列，因为有
$$y_i = -\dfrac{1}{\lambda}\ln R_i$$
所以将 y_i 值按序累加，使其满足关系式
$$\sum_{i=0}^{x} y_i \leq 1 \leq \sum_{i=0}^{x+1} y_i$$

则求得的 x 就是参数为 λ 的泊松分布的随机数。

2. 产生随机数的 MATLAB 命令

在 MATLAB 中,可以直接产生满足各种分布的随机数,命令如下:

(1) 均匀分布的随机数据的产生

- R = unifrnd(A,B)　　　　% 返回区间[A,B]上的连续型均匀分布
- R = unifrnd(A,B,M,N)　　% 返回一个 M×N 的矩阵
- R = unidrnd(N)　　　　　% 返回一个离散性连续分布,R 和 N 同维数

(2) 指数分布的随机数据的产生

- R = exprnd(MU)　　　　 % 返回一个以 MU 为参数的随机指数分布矩阵,R 和 MU 同维数
- R = exprnd(MU,M,N)　　 % 返回一个 M×N 的矩阵

(3) 二项分布的随机数据的产生

- R = binornd(N,P)　　　　% 返回服从参数为 N、P 的二项分布随机数,N 和 P 大小相同
- R = binornd(N,P,M)　　　% M 指定随机数的个数,与 R 同维数

(4) 正态分布的随机数据的产生

- R = normrnd(MU,SIGMA)　 % 返回均值为 MU,标准差为 SIGMA 的正态分布的随机命令数据,R 可以是向量或矩阵
- R = normrnd(MU,SIGMA,M,N) % 返回一个 M×N 的矩阵

附录 A　习　　题

1. 已知矩阵 A、B 如下

$$A = \begin{bmatrix} 3 & 4 & -1 & 1 \\ 6 & 5 & 0 & 7 \\ 1 & -4 & 7 & -1 \\ 2 & -4 & 5 & -6 \end{bmatrix}, B = \begin{bmatrix} 1 & 2 & 4 & 6 \\ 7 & 9 & 16 & -5 \\ 8 & 11 & 20 & 1 \\ 10 & 15 & 28 & 13 \end{bmatrix}$$

在磁盘上建立一个名为 AB.m 的文件,将矩阵 A、B 输入其中,并完成下列计算

(1) x11 = A′,x12 = A + B,x13 = A − B,x14 = AB;

(2) x21 = | A | ,x22 = | B | ;

(3) x31 = R (A),x32 = R (B)。

2. 求下列线性方程组的解。

$$\begin{cases} 2x_1 + x_2 - x_3 = 5 \\ 3x_1 - 2x_2 + 2x_3 = 5 \\ 5x_1 - 3x_2 - x_3 = 16 \end{cases}$$

3. 设 $A = \begin{bmatrix} 3 & 1 & 0 \\ -1 & 2 & 1 \\ 3 & 4 & 2 \end{bmatrix}$,$B = \begin{bmatrix} 1 & 0 & 2 \\ -1 & 1 & 1 \\ 2 & 1 & 1 \end{bmatrix}$,求满足关系 $3A - 2X = B$ 的矩

阵 X。

4. 已知矩阵 C、D 如下：

$$C = \begin{bmatrix} 3 & 4 & -1 & 1 & 0 \\ 2 & 1 & 9 & 2 & 1 \\ 9 & 6 & 1 & 0 & 1 \end{bmatrix}, D = \begin{bmatrix} 1 & 2 & -1 & 2 & 4 \\ 7 & 3 & 16 & -5 & 0.2 \\ 10 & 9 & 28 & 13 & 6 \end{bmatrix}$$

（1）取出 C 中的第 3 行元素；

（2）计算 CD；

（3）取出 D 中的元素 -5；

（4）将 C 与 D 合并成一个 6 行 5 列的矩阵。

5. 已知 $f(x) = \ln(x^2)$，求 $f(1)$（用 MATLAB 建立函数文件求函数值）。

6. 在区间 $[-3, 3]$ 上绘制函数 $f(x) = x^4 + x^2 - 1$ 的图形，并把画图用的点在图形行描绘出来。

7. 在区间 $[-5, 5]$ 上绘制函数 $f(x) = x^2 \exp(-x^2)$ 的图形。

8. 在区间 $[-3, 3]$ 上绘制函数 $f(x) = \lg(x + \sqrt{1+x^2})$ 的图形。

9. 在区间 $[-2, 8]$ 上绘制 $y = 10^x$ 的图形（注意对数坐标系的应用）。

10. 已知函数 $f(x) = \begin{cases} -1, & x < -1, \\ x, & -1 \leq x \leq 0, \\ \sin x, & x > 0, \end{cases}$ 求 $f(2)$，$f(-1)$。

11. 有一组实验数据，如附表 A-12 所示，请在同一窗口中绘出时间与三组实验数据的二维图形，并加注图例"自变量 x""自变量 y"，以及格栅。

附表 A-12　三组实验数据

时　间	数据 1	数据 2	数据 3
1	12.51	9.87	10.11
2	13.54	20.54	8.14
3	15.60	32.21	14.17
4	15.92	40.50	10.14
5	20.64	48.31	40.50
6	24.53	64.51	39.45
7	30.24	72.32	60.11
8	50.00	85.98	70.13
9	36.34	89.77	40.90

12. 在某山区测得一些地点的高程如附表 A-13 所示（平面区域 $1200 \leq x \leq 4000$，$1200 \leq y \leq 3600$），试做出该山区的地貌图。

附表 A-13　山区的高程数据　　　　　　　　　（单位：m）

y \ x	1200	1600	2000	2400	2800	3200	3600	4000
3600	1480	1500	1550	1510	1490	1490	1221	980
3200	1500	1550	1600	1550	1600	1600	1600	1550
2800	1500	1200	1100	1550	1600	1550	1380	1070
2400	1500	1200	1100	1350	1450	1200	1150	1010
2000	1390	1500	1500	1400	900	1100	1060	950
1600	1320	1450	1420	1400	1300	700	900	850
1200	1130	1250	1280	1230	1040	900	500	700

13. 将屏幕分割为 4 块，并分别画出区间 $[0, 2\pi]$ 上 $y = \sin(x)$、$y = \cos(x)$、$y = \sin\left(\dfrac{x}{2}\right)$、$y = \cos\left(\dfrac{x}{2}\right)$ 的图形。

14. 在同一窗口分别用不同的颜色或线型画出区间 $[0, 2\pi]$ 上 $y = \sin(x)$、$y = \cos(x)$、$y = \sin\left(\dfrac{x}{2}\right)$、$y = \cos\left(\dfrac{x}{2}\right)$ 的图形，并加上坐标轴和图例。

15. 在某海域测得一些点 (x, y) 处的水深 z 由附表 A-14 给出

附表 A-14　海域的水深

x	129	140	103.5	88	185.5	195	105
y	7.5	141.5	23	147	22.5	137.5	85.5
z	4.1	8.1	6	8	6	8	8
x	157.5	107.5	77	81	162	162	117.5
y	-6.5	-81	3	56.5	-66.5	84	-33.5
z	9	9	8	8	9	4	9

试在坐标系中描出这些点。

16. $y = \tan^2 \sqrt{x + \sqrt{x + \sqrt{2x}}}$，求 y'。

17. 求积分 $\int_0^\pi \sqrt{\sin x - \sin^3 x}\, \mathrm{d}x$。

18. 求积分 $\int \dfrac{1}{x}\sqrt{\dfrac{x+1}{x-1}}\, \mathrm{d}x$。

19. 绘制 $z = x\mathrm{e}^{-(x^2+y^2)}$ 形成的立体图（注意 meshgrid 的用法）。

20. 电影院屏幕高 25ft[一]，下边缘距地面高 10ft，第一排座位（点 A 处）与屏幕的水平距离为 9ft，相邻两排座位间的距离为 3ft，座位所在区域的地板线倾角 $\alpha = 20°$，人所在的位置为点 B，点 B 到点 A 的距离为 x，电影院共有 21 排座位，$0 \leq x \leq 60$。假设电影院的最佳位置在视角 θ（观众眼睛到屏幕上、下边距离相等的视线的夹角）最大的那一排，并假设人坐下时眼睛点 O 到座位点 B 的距离是 4ft。影院的剖面示意图如图 A-13 所示。

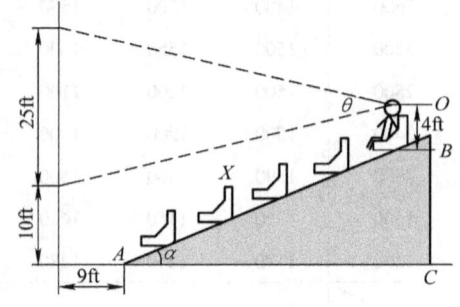

附图 A-13　电影院剖面示意图

已知 θ 与 x 的关系如下式：

$$\theta = \arccos\left(\frac{a^2 + b^2 - 625}{2ab}\right)$$

其中，

$$a^2 = (9 + x\cos\alpha)^2 + (31 - x\sin\alpha)^2$$
$$b^2 = (9 + x\cos\alpha)^2 + (x\sin\alpha - 6)^2$$

（1）画出视角 θ 随 x 的变化曲线，估计 θ 最大时，x 的值。观众应该坐在哪一排？这一排座位的视角 θ 是多大？

（2）用 MATLAB 计算 θ 的导数，并求出方程 $\frac{d\theta}{dx} = 0$ 的解。进一步验证问题（1）中结果的正确性。

（3）用 MATLAB 计算 θ 在区间 $0 \leq x \leq 60$ 上的平均值，并与 θ 的最大值和最小值作比较。

附录 B　LINGO 软件使用简介

在进行数学建模时遇到的许多优化问题都可以归结为数学规划问题。当遇到变量比较多或者约束条件表达式比较复杂等情况时，想用手工计算求解这类问题几乎是不可能的，编程计算虽然可行，但工作量大、程序长而繁琐，稍不小心就会出错，并需要花费大量的时间和精力。可行的办法是用现成的软件求解，LINGO 是专门用来求解数学规划问题的软件包，其功能十分强大，是目前求解优化模型的最佳选择。

LINGO 软件是美国 LINDO 公司开发的产品，主要用来求解优化问题，包括

[一] 英尺（ft）是非法定计量单位，1ft = 0.3048m。——编辑注

线性规划、整数规划、非线性规划、二次规划等，是目前全球应用最广泛的优化软件之一。目前的版本有 Demo、Solve Suite、Super、Hyper、Industrial、Extended 等 6 类不同版本。LINGO 的不同版本对模型的变量总数、非线性变量数目、整型变量数目和约束条件的数量作出不同的限制（其中 Extended 版本无限制）。LINGO 内置了一种建立最优化模型的语言，可以简便地表达大规模问题，利用 LINGO 的高效求解器可快速求解并分析结果。本附录主要介绍它的基本使用方法。

B.1 LINGO 操作界面简介

1. LINGO 快速入门

在 Windows 操作系统下开始运行 LINGO 软件时，屏幕上会显示如附图 B-1 所示的窗口。

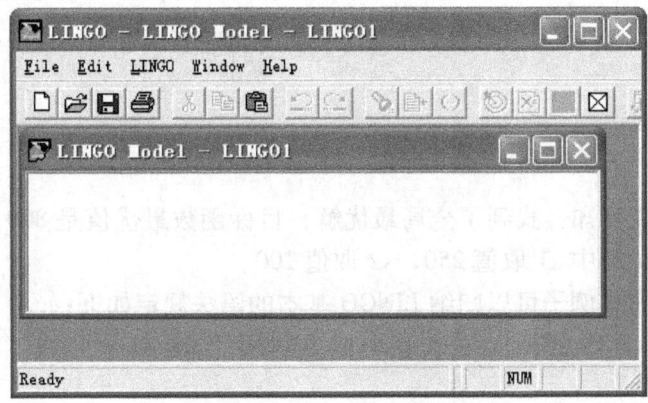

附图 B-1 LINGO 初始界面

外层是 LINGO 软件的用户界面，包含了所有菜单命令和工具条，其他所有的窗口将被包含在主窗口之下。主窗口内的标题为 LINGO Model-LINGO1，它是 LINGO 的默认模型窗口，建立的模型都要在该窗口内编码实现。下面举例说明 LINGO 的基本用法。

例 1 在 LINGO 中求解如下的线性规划问题：

$$\min 2x_1 + 3x_2$$

$$\text{s. t.} \begin{cases} x_1 + x_2 \geqslant 350 \\ x_1 \geqslant 100 \\ 2x_1 + x_2 \leqslant 600 \\ x_1, \ x_2 \geqslant 0 \end{cases}$$

解 在模型窗口中输入如下代码：

```
min = 2* x1 + 3* x2;
x1 + x2 > = 350;
```

```
x1 >=100;
2* x1 + x2 <=600;
```

注意：LINGO 默认所有决策变量都非负，因而变量非负条件可以不必输入。

然后点击工具条上的按钮 🔘 即可，也可以单击 LINGO→Solve 进行求解。求解结果所在窗口如附图 B-2 所示。

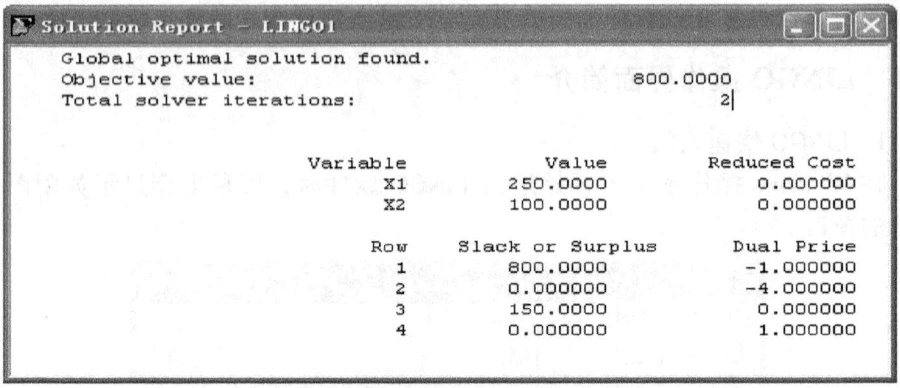

```
Solution Report — LINGO1
Global optimal solution found.
Objective value:                          800.0000
Total solver iterations:                         2

              Variable        Value          Reduced Cost
                    X1     250.0000              0.000000
                    X2     100.0000              0.000000

                   Row  Slack or Surplus         Dual Price
                     1       800.0000             -1.000000
                     2       0.000000             -4.000000
                     3     150.0000              0.000000
                     4       0.000000             1.000000
```

附图 B-2　LINGO 求解结果

由附图 B-2 可知：找到了全局最优解，目标函数最优值是 800，总共进行了两步迭代，最优解中 x1 取值 250，x2 取值 100。

由上面的简单例子可以归纳 LINGO 基本的语法规定如下：

1) 求目标函数的最大值或最小值分别用"max = ⋯"或"min = ⋯"来表示；

2) 每个语句必须以分号";"结束，每行可以有多个语句，语句可以跨行；

3) 变量名称必须以字母（A~Z）开头，由字母、数字（0~9）和下画线组成，长度不超过 32 个字符，不区分大小写；

4) 可以给语句加上标号，例如 [1] max = 2*x1 + 3*x2；

5) 以"!"开头，以";"结束的语句是注释语句；

6) 如果对决策变量的取值范围没有作特殊说明，则默认所有决策变量都非负；

7) LINGO 模型以语句"MODEL:"开始，以"END"结束，对于比较简单的模型，这两个语句可以省略；

8) 在 LINGO 程序中，目标函数以及约束函数中不能出现括号，而且不等号左端必须是含有变量的表达式，右端必须是常量。

2. LINGO 菜单

（1）求解模型

在 LINGO 菜单下选择并单击"Slove"命令，或按 <Ctrl + U> 组合键可以将当前模型送入内存求解。

（2）求解结果

在 LINGO 菜单下选择并单击"Solution…"命令，或直接按 < Ctrl + W > 组合键，可以打开求解结果的对话框。这里可以指定查看当前内存中求解结果的相应内容。

（3）查看

在 LINGO 菜单下选择并单击"Look…"命令，或直接按 < Ctrl + L > 组合键可以查看全部的或选中的模型文本内容。

（4）灵敏性分析

在 LINGO 菜单下选择并单击"Range"命令，或按 < Ctrl + R > 快捷键可以产生当前模型的灵敏性分析报告。研究当目标函数的费用系数和约束右端项在什么范围（此时假定其他系数不变）时，最优基保持不变。灵敏性分析是在求解模型时作出的，因此在求解模型时灵敏性分析是激活状态，但是默认是不激活的。为了激活灵敏性分析，依次单击 LINGO→Options，弹出参数设置对话框，选择 General Solver 选项卡，然后在 Dual Computations 下拉列表框中，选择"Prices & Ranges"选项（见附图 B-3）。灵敏度分析会耗费相当多的求解时间，因此当速度很关键时，就没有必要激活它。

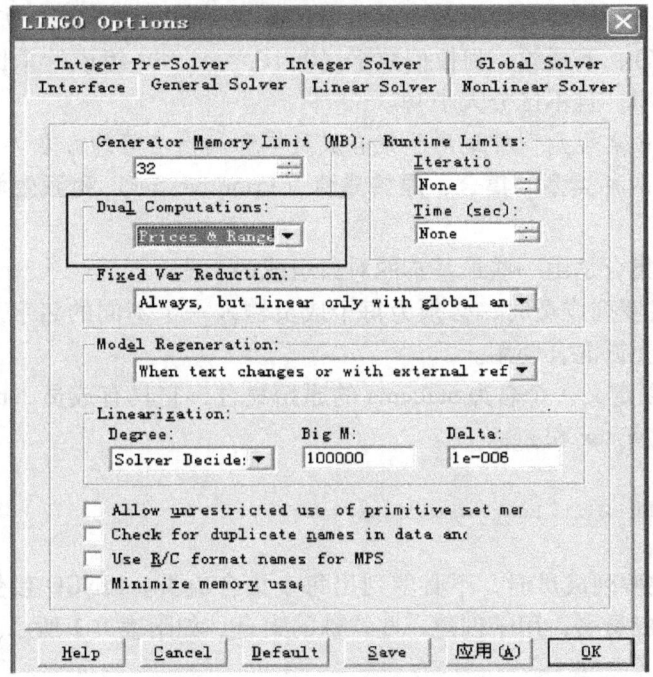

附图 B-3　灵敏度分析设置图

B.2 LINGO 模型的程序框架

对实际问题进行建模时,建立的数学规划模型规模一般比较大,约束条件的个数非常多,一般有上百上千个,如果按照例 1 的方式在 LINGO 中编写代码进行求解,就会比较繁琐。这时,必须引入"集合"这个概念来解决问题。LINGO 模型(程序)以语句"MODEL:"开始,以语句"END"结束,对于比较简单的模型,这对关键词也可以省略。一个 LINGO 程序一般会包括以下几个部分:集合部分、数据部分、模型部分、模型的初始部分、数据预处理部分、目标和约束函数部分等,下面将逐一对其进行介绍。

1. 集合部分

集合是一群相联系的对象,这些对象也称为集合的**成员**。一个集合可能是一系列产品、卡车或雇员。每个集合成员可能有一个或多个与之相关联的特征,我们把这些特征称为**属性**。例如,产品集合中的每个产品都可以有一个价格属性;雇员集合中的每位雇员都可以有一个薪水属性,也可以有一个生日属性,等等。

集合部分是 LINGO 模型的一个可选部分。在 LINGO 模型中使用集合之前,必须在集合部分事先定义。集合部分以关键字 "sets:" 开始,以 "endsets" 结束。集合名字必须严格符合标准命名规则:以拉丁字母或下画线为首字符,其后由字母(A~Z)、下画线、阿拉伯数字(0,1,…,9)组成的总长度不超过 32 个字符的字符串,且不区分大小写。

注意:该命名规则同样适用于集合成员名和属性名等的命名。

LINGO 有两种类型的集合:**原始集合**(Primitive Set)和**派生集合**(Derived Set)。

一个原始集合是由一些最基本的对象组成的。

1)当显式罗列成员时,必须为每个成员输入一个不同的名字,中间用空格或逗号隔开,允许混合使用。

例 2 可以定义一个名为 students 的原始集合,它具有成员 John、Jill、Rose 和 Mike,属性有 sex 和 age。

```
sets:
    students/John  Jill, Rose  Mike/: sex, age;
endsets
```

2)当隐式罗列成员时,不必罗列出每个集合成员。LINGO 接受一些特定的首成员名和末成员名,用于创建一些特殊的集合。如附表 B-1 所示。

附表 B-1　隐式成员列表举例

隐式成员列表格式	示例	所产生集合成员
1...n	1...5	1, 2, 3, 4, 5
StringM..StringN	Car2..car14	Car2, Car3, Car4, …, Car14
DayM..DayN	Mon..Fri	Mon, Tue, Wed, Thu, Fri
MonthM..MonthN	Oct..Jan	Oct, Nov, Dec, Jan
MonthYearM..MonthYearN	Oct2001..Jan2002	Oct2001, Nov2001, Dec2001, Jan2002

一个派生集合是用一个或多个其他集合来定义的，也就是说，它的成员来自于其他已存在的集合。

例3 定义两种产品分别在两种机器上加工的集合如下。

```
sets:
product/A B/;
machine/M N/;
allowed(product,machine):x;
endsets
```

LINGO 生成了两个原始集合的所有组合共 4 组作为派生集合 allowed 的成员。列表如下：

编号	成员
1	(A, M)
2	(A, N)
3	(B, M)
4	(B, N)

2. 数据部分

数据部分以关键字"data:"开始，以关键字"enddata"结束。在这里，可以指定集合成员、集合的属性。其语法如下：

$$object\_list = value\_list;$$

对象列（object_list）包含要指定值的属性名或要设置集合成员的集合名，用逗号或空格隔开。一个对象列中至多有一个集合名，而属性名可以有任意多个。如果对象列中有多个属性名，那么它们的类型必须一致。如果对象列中有一个集合名，那么对象列中所有的属性的类型就是这个集合。

3. 模型的初始部分

初始部分是 LINGO 提供的另一个可选部分。在初始部分中，可以输入初始声明，这和数据部分中的数据声明相同。在初始部分输入的值仅被 LINGO 求解器作为初始点来用，并且仅仅对非线性模型有用。和数据部分指定变量的值不同，LINGO 求解器可以自由改变初始部分初始化的变量的值。

一个初始部分以"init:"开始,以"endinit"结束。初始部分的初始声明规则和数据部分的数据声明规则相同。也就是说,我们可以在声明的左边同时初始化多个集合属性,可以把集合属性初始化为一个值,可以用问号实现实时数据处理,还可以用逗号指定未知数值。

4. 数据预处理部分

这一部分是以关键字"CALC:"开始,以关键字"ENDCALC"结束。它的作用是把原始数据处理成程序模型需要的数据,它的处理是在数据段输入完以后、开始正式求解模型之前进行的,程序语句是按顺序执行的。

5. 目标和约束函数部分

这部分用来定义目标函数和约束条件等。该部分没有开始和结束的标记,主要是要用到 LINGO 的内部函数,尤其是与集合有关的求和与循环函数等。

B.3 LINGO 的运算符和函数

LINGO 有以下 9 种类型的函数。

基本运算符:包括算术运算符、逻辑运算符和关系运算符;

数学函数:三角函数和常规的数学函数;

金融函数:LINGO 提供两种金融函数;

概率函数:LINGO 提供大量与概率相关的函数;

变量界定函数:这类函数用来定义变量的取值范围;

集合操作函数:这类函数为对集合的操作提供帮助;

集合循环函数:遍历集合的元素,执行一定的操作的函数;

数据输入输出函数:这类函数允许模型和外部数据源相联系,进行数据的输入输出;

辅助函数:各种杂类函数。

下面选择几类数学建模中应用比较多的函数进行介绍。

1. 基本运算符

这些运算符是非常基本的,甚至可以不认为它们是一类函数。事实上,它们在 LINGO 中是非常重要的。

(1) 算术运算符

算术运算符是针对数值进行操作的。LINGO 提供了 5 种二元运算符。

^ 乘方
* 乘
/ 除
+ 加
− 减

LINGO 唯一的一元算术运算符是取反函数"-"。

这些运算符的优先级由高到低为

高   -（取反）

        ^

        * /

低   +(-减号)

运算符的运算次序为从左到右按优先级高低来执行。运算的次序可以用圆括号"（ ）"来改变。

（2）逻辑运算符

在 LINGO 中，逻辑运算符主要用于集合循环函数的条件表达式中，来控制在函数中哪些集合成员被包含，哪些被排斥。而在创建稀疏集合时，则用在成员资格过滤器中。

LINGO 具有 9 种逻辑运算符：

#not#   否定该操作数的逻辑值，#not#是一个一元运算符；

#eq#   若两个运算数相等，则为 true，否则为 flase；

#ne#   若两个运算符不相等，则为 true，否则为 flase；

#gt#   若左边的运算符严格大于右边的运算符，则为 true，否则为 flase；

#ge#   若左边的运算符大于或等于右边的运算符，则为 true，否则为 flase；

#lt#   若左边的运算符严格小于右边的运算符，则为 true，否则为 flase；

#le#   若左边的运算符小于或等于右边的运算符，则为 true，否则为 flase；

#and#   仅当两个参数都为 true 时，结果为 true，否则为 flase；

#or#   仅当两个参数都为 false 时，结果为 false，否则为 true。

这些运算符的优先级由高到低为

高   #not#

        #eq#   #ne#   #gt#   #ge#   #lt#   #le#

低   #and#   #or#

（3）关系运算符

在 LINGO 中，关系运算符主要被用在模型中，来指定一个表达式的左边是否等于、小于等于、或者大于等于右边，形成模型的一个约束条件。关系运算符与逻辑运算符#eq#、#le#、#ge#截然不同，前者是模型中该关系运算符所指定关系的为真描述，而后者仅仅判断一个该关系是否被满足：满足为真，不满足为假。

LINGO 有三种关系运算符："="" <="和" >="。LINGO 中还能用" <"表示小于等于关系，" >"表示大于等于关系。LINGO 并不支持严格小于和严格大于关系运算符。然而，如果需要严格小于或严格大于关系时，比如让 A

严格小于 B，即
$$A < B$$
那么，可以把它变成如下的小于等于表达式
$$A + \varepsilon <= B$$
这里 ε 是一个任意小的正数，它的值依赖于模型中 A 小于 B 多少才算不相等。

下面给出以上三类操作符的优先级：

```
高    #not#   - （取反）
       ^
       * /
       + -
       #eq#  #ne#  #gt#  #ge#  #lt#  #le#
       #and# #or#
低    <=    =    >=
```

2. 数学函数

LINGO 提供了大量的标准数学函数。

@abs (x)　　　返回 x 的绝对值；
@sin (x)　　　返回 x 的正弦值，x 采用弧度制；
@cos (x)　　　返回 x 的余弦值；
@tan (x)　　　返回 x 的正切值；
@exp (x)　　　返回常数 e 的 x 次方；
@log (x)　　　返回 x 的自然对数；
@lgm (x)　　　返回 x 的 gamma 函数的自然对数；
@sign (x)　　　如果 x<0 返回 −1，否则，返回 1；
@floor (x)　　　返回 x 的整数部分（当 x>=0 时，返回不超过 x 的最大整数；当 x<0 时，返回不低于 x 的最大整数）；
@smax (x1, x2, …, xn)　　　返回 x1, x2, …, xn 中的最大值；
@smin (x1, x2, …, xn)　　　返回 x1, x2, …, xn 中的最小值。

3. 变量界定函数

变量界定函数实现对变量取值范围的附加限制，共 4 种。

@bin (x)　　　　　限制 x 为 0 或 1；
@bnd (L, x, U)　　限制 $L <= x <= U$；
@free (x)　　　　 取消对变量 x 的默认下界为 0 的限制，即 x 可以取任意实数；
@gin (x)　　　　　限制 x 为整数。

在默认情况下，LINGO 规定变量是非负的，也就是说下界为 0，上界为 $+\infty$。

@free 取消了默认的下界为 0 的限制，使变量也可以取负值。@bnd 用于设定一个变量的上、下界，它也可以取消默认下界为 0 的约束。

4. 集合循环函数

集合循环函数遍历整个集合进行操作，其语法为

@function(setname[(set_index_list)[| conditional_qualifier]] :expression_list) ;

其中，@function 相应于下面罗列的 4 个集合循环函数之一 <@for、@sum、@min、@max>；setname 是要遍历的集合；set_ index_ list 是集合索引列表；conditional_ qualifier 是用来限制集合循环函数的范围，当集合循环函数遍历集合的每个成员时，LINGO 都要对 conditional_ qualifier 进行评价，若结果为真，则对该成员执行@function 操作，否则跳过，继续执行下一次循环；expression_ list 是被应用到每个集合成员的表达式列表，当用的是@for 函数时，expression_ list 可以包含多个表达式，其间用逗号隔开。这些表达式将被作为约束加到模型中。当使用其余的 3 个集合循环函数时，expression_ list 只能有一个表达式。如果省略 set_ index_ list，那么在 expression_ list 中引用的所有属性的类型都是 setname 集合。

（1）@for 函数

@for(集合(下标):关于集合的属性的约束关系)

该函数用来产生对集合成员的约束。即对"："前面的集合的每个元素，"："后面的约束关系式都要成立。基于建模语言的标量需要显式输入每个约束，不过@for 函数允许只输入一个约束，然后由 LINGO 自动产生每个集合成员的约束。

（2）@sum 函数

@sum(集合(下标):关于集合的属性的表达式)

该函数返回遍历指定的集合成员的一个表达式的和。即对"："后面的表达式，按照"："前面指定的下标元素进行求和。

（3）@min 函数

@min(setname[(set_index_list)[| conditional_qualifier]] :expression_list)

返回指定的集合成员的一个表达式的最小值。

（4）@max 函数

@max(setname[(set_index_list)[| conditional_qualifier]] :expression_list)

返回指定的集合成员的一个表达式的最大值。

5. 与外部文件接口函数

（1）@file 函数

该函数用于从外部文件中输入数据，可以放在模型中任何地方。该函数的格式为

@file('filename')

这里 filename 是文件名,可以采用相对路径或绝对路径两种表示方式。@file 函数对同一文件的两种表示方式的处理和对两个不同的文件处理方式是一样的,这一点必须注意。

(2) @text 函数

该函数被用在数据部分用来把解输出至文本文件中,它可以输出集合成员和集合属性值。其语法为

$$@\text{text}(['filename'])$$

这里 filename 是文件名,可以采用相对路径或绝对路径两种表示方式。如果忽略 filename,那么数据就被输出到标准输出设备(大多数情形都是屏幕)。@text 函数仅能出现在模型数据部分的一条语句的左边,右边是集合名(用来输出该集合的所有成员名)或集合属性名(用来输出该集合属性的值)。

(3) @ole 函数

@OLE 是从 EXCEL 中引入或输出数据的接口函数,它是基于传输的 OLE 技术。OLE 传输直接在内存中传输数据,并不借助于中间文件。当使用 @OLE 时,LINGO 先装载 EXCEL,再通知 EXCEL 装载指定的电子数据表,最后从电子数据表中获得范围(Ranges)。为了使用 @OLE 函数,必须有 EXCEL 5 及其以上版本。@OLE 函数可在数据部分和初始部分引入数据。

@OLE 函数可以同时读集合成员和集合属性,集合成员最好用文本格式,集合属性最好用数值格式。原始集合每个集合成员需要一个单元(Cell),而对于 n 元的派生集合,每个集合成员需要 n 个单元,这里第一行的 n 个单元对应派生集合的第一个集合成员,第二行的 n 个单元对应派生集合的第二个集合成员,依此类推。

6. 辅助函数

$$@\text{if}(logical\_condition, true\_result, false\_result)$$

@if 函数将评价一个逻辑表达式 logical_ condition,如果为真,返回 true_ result,否则返回 false_ result。

例:@if (x>0, 2*x, x^2),该语句表示如果 x>0,就返回 2*x,否则,就返回 x^2。

B.4 LINGO 软件使用案例

1. 背包问题

背包问题是典型的 0-1 型整数规划问题,在大多数的运筹学类的教材中都会有所介绍,背包问题的一般的描述如下。

一个旅行者,为了准备旅行的必备物品,要在背包里装一些最有用的东西。但有限制,最多只能携带 b (kg) 的物品,而每件物品又只能整件携带,这样旅

行者给每件物品规定了一定的价值,以表示其有用程度。如果共有 n 件物品,第 j 件物品重 a_j (kg),其价值为 c_j。问题就变成:在携带的物品总重量不超过 b (kg) 的条件下,携带哪些物品,可使总价值最大。

背包问题的数学规划模型建立如下。

设 x_j 为决策变量,且 x_j 还有如下限制:

$$x_j = \begin{cases} 1, & \text{当携带第} j \text{件物品时} \\ 0, & \text{当不携带第} j \text{件物品时} \end{cases}$$

则问题的数学规划模型为

$$\max z = \sum_{j=1}^{n} c_j x_j$$

$$\text{s. t.} \begin{cases} \sum_{j=1}^{n} a_j x_j \leq b \\ x_j = 0 \text{ 或 } 1 \end{cases}$$

当物品个数较多时,编写程序约束条件个数太多,程序会比较繁琐,所以需要引入"集合"的概念来简化程序编写,把所有的物品放在一个集合里。

假设有 8 件物品可供选择,每一件物品的重量分别为 1,3,4,3,3,1,5,10(单位:kg),每件物品的价值分别为 2,9,3,8,10,6,4,10。背包允许携带物品的总重量不超过 15kg,携带哪些物品,可使总价值最大。

相应的 LINGO 求解程序如下。

```
Sets:
Items/1..8/:include,weight,rating;
Endsets
Data:
Weight = 1 3 4 3 3 1 5 10;
Rating = 2 9 3 8 10 6 4 10;
Capacity=15;
Enddata
Max = @ sum(items:rating* include);
@ sum(items:weight* include) < = capacity;
@ for(items:@ bin(include));
```

求解结果如下:

```
Global optimal solution found.
Objective value:                    38.00000
Extended solver steps:                     0
Total solver iterations:                   0

       Variable           Value        Reduced Cost
       CAPACITY        15.00000            0.000000
     INCLUDE(1)         1.000000           -2.000000
```

```
INCLUDE(2)      1.000000      -9.000000
INCLUDE(3)      1.000000      -3.000000
INCLUDE(4)      1.000000      -8.000000
INCLUDE(5)      1.000000      -10.00000
INCLUDE(6)      1.000000      -6.000000
INCLUDE(7)      0.000000      -4.000000
INCLUDE(8)      0.000000      -10.00000
```

求解结果表明：携带前 6 种物品，可使总价值最大，总价值为 38。

2. 运输问题

假设某公司有 6 个仓库，存储着 8 个分厂生产所需要的原材料。要求每个仓库的供应量不能超过存储量，而且每一个分厂的需求又必须能够得到满足，问：如何组织运输，使总运输费用最小？供应量、需求量及运输费用如附表 B-2 所示。

附表 B-2 运输费用表

	V1	V2	V3	V4	V5	V6	V7	V8	供应量
WH1	6	2	6	7	4	2	5	9	60
WH2	4	9	5	3	8	5	8	2	55
WH3	5	2	1	9	7	4	3	3	51
WH4	7	6	7	3	9	2	7	1	43
WH5	2	3	9	5	7	2	6	5	41
WH6	5	5	2	2	8	1	4	3	52
需求量	35	37	22	32	41	32	43	38	

运用 LINGO 求解运输问题的具体步骤如下：

1) 首先要紧扣集合及其属性的定义，来研究这个问题应引入的集合。

考察的基本对象是 6 个仓库、8 个分厂，所以我们应定义两个原始集合，仓库集合命名为 WAREHOUSES，里面有 6 个元素 WHi，每个元素都有一个共同属性，那就是供应量，命名为 CAPACITY。分厂集合命名为 VENDORS，其中包含 8 个元素 Vi，每个元素都有一个共同属性，那就是需求量，命名为 DEMAND。运输集合是由前两个集合派生出来的，用 LINKS（WAREHOUSES，VENDORS）来表示这种派生关系，它中间包含 48 个元素，表示了从 6 个仓库到 8 个分厂的运输情况，其中每一个元素有两个属性，运输费用 COST 和运输量 VOLUME，这样我们就把模型中所需要的变量都定义过了。具体程序如下。

```
SETS:
WAREHOUSES /WH1 WH2 WH3 WH4 WH5 WH6/: CAPACITY;
VENDORS/ V1 V2 V3 V4 V5 V6 V7 V8/: DEMAND;
```

```
LINKS( WAREHOUSES, VENDORS): COST, VOLUME;
ENDSETS
```

2) 按照所定义的变量输入数据,格式如下。

```
DATA:
  CAPACITY = 60 55 51 43 41 52;
  DEMAND = 35 37 22 32 41 32 43 38;
  COST = 6 2 6 7 4 2 5 9
         4 9 5 3 8 5 8 2
         5 2 1 9 7 4 3 3
         7 6 7 3 9 2 7 1
         2 3 9 5 7 2 6 5
         5 5 2 2 8 1 4 3;
ENDDATA
```

3) 首先将目标函数表示为我们熟悉的数学语言

$$\min \sum_{i,j} COST_{ij} \times VOLUME_{ij}$$

然后将其转化为 LINGO 模型语言

  MIN = @SUM(LINKS(I, J):COST(I, J) * VOLUME(I, J));

数学语言和 LINGO 模型语言之间的关系如下。

数学语言	LINGO 模型语言
min ⟶	min =
$\sum_{i,j}$ ⟶	@SUM (LINKS (I, J):)
$COST_{ij}$ ⟶	COST (I, J)
× ⟶	*
$VOLUME_{ij}$ ⟶	VOLUME (I, J)

下面构造约束函数。

第 j 个分厂的需求为

$$VOLUME_{1j} + VOLUME_{2j} + \cdots + VOLUME_{6j} = 35$$

则每一个分厂的需求用数学语言描述为

$$\sum_i VOLUME_{ij} = DEMAND_j \quad (\text{对所有} j \text{分厂})$$

LINGO 模型语言描述为

@FOR(VENDORS(J):@SUM(WAREHOUSES(I):VOLUME(I, J)) = DEMAND(J));

数学语言和 LINGO 模型语言之间的关系如下。

数学语言	LINGO 模型语言
对所有 j 分厂 ⟶	@FOR(VENDORS(J):)

$$\sum_i \longrightarrow \text{@ SUM(WAREHOUSES(I) :)}$$

$$VOLUME_{ij} \longrightarrow \text{VOLUME(I, J)}$$

$$DEMAND_j \longrightarrow \text{DEMAND(J)}$$

每一个仓库的供应能力约束为

$$\sum_j VOLUME_{ij} = CAPACITU_i \quad (\text{对所有 } i \text{ 仓库})$$

LINGO 模型语言描述为

@ FOR(WAREHOUSES(I) :@ SUM(VENDORS(J) :VOLUME(I, J)) < = CAPACITY(I)) ;

这样我们就得到一个完整的 LINGO 文件

```
MODEL:
! A 6 Warehouse 8 Vendor Transportation Problem;
SETS:
    WAREHOUSES/WH1 WH2 WH3 WH4 WH5 WH6/: CAPACITY;
    VENDORS/V1 V2 V3 V4 V5 V6 V7 V8/: DEMAND;
    LINKS( WAREHOUSES, VENDORS): COST, VOLUME;
ENDSETS
! Here is the data;
DATA:
    CAPACITY = 60 55 51 43 41 52;
    DEMAND = 35 37 22 32 41 32 43 38;
    COST = 6 2 6 7 4 2 5 9
           4 9 5 3 8 5 8 2
           5 2 1 9 7 4 3 3
           7 6 7 3 9 2 7 1
           2 3 9 5 7 2 6 5
           5 5 2 2 8 1 4 3;
ENDDATA
! The objective;
    MIN = @ SUM( LINKS( I, J): COST( I, J) * VOLUME( I, J));
! The demand constraints;
    @ FOR( VENDORS( J): @ SUM( WAREHOUSES( I): VOLUME( I, J)) = DEMAND( J));
! The capacity constraints;
    @ FOR( WAREHOUSES( I): @ SUM( VENDORS( J): VOLUME( I, J)) <= CAPACITY( I));
END
```

附录 B 习 题

1. 用 LINGO 求解下列线性规划问题：

(1) $\max z = 6x_1 + 2x_2 + 10x_3 + 8x_4$

s. t. $\begin{cases} 5x_1 + 6x_2 - 4x_3 - 4x_4 \leqslant 20 \\ 3x_1 - 3x_2 + 2x_3 + 8x_4 \leqslant 25 \\ 4x_1 - 2x_2 + x_3 + 3x_4 \leqslant 10 \\ x_i \geqslant 0 \quad (i = 1, \cdots 4) \end{cases}$

(2) max $z = -5x_1 + 5x_2 + 13x_3$

s. t. $\begin{cases} -x_1 + x_2 + 3x_3 \leqslant 20 \\ 12x_1 + 4x_2 + 10x_3 \leqslant 90 \\ x_1, x_2, x_3 \geqslant 0 \end{cases}$

(3) min $2x + y$

s. t. $\begin{cases} 7x - 5y - 23 \leqslant 0 \\ x + 7y - 11 \leqslant 0 \\ 4x + y + 10 \geqslant 0 \end{cases}$

2. 用 LINGO 求解如下整数规划问题：

(1) max $z = 5x_1 + 10x_2 + 3x_3 + 6x_4$

s. t. $\begin{cases} x_1 + 4x_2 + 5x_3 + 10x_4 \leqslant 20 \\ x_1, x_2, x_3, x_4 \text{ 均是整数} \end{cases}$

(2) min $z = 2x_1 + 5x_2 + 3x_3 + 4x_4$

s. t. $\begin{cases} -4x_1 + x_2 + x_3 + x_4 \geqslant 0 \\ -2x_1 + 4x_2 + 2x_3 + 4x_4 \geqslant 1 \\ x_1 + x_2 - x_3 + x_4 \geqslant 1 \\ x_1, x_2, x_3, x_4 = 0 \text{ 或 } 1 \end{cases}$

(3) 求解使 $x + y$ 取最大值的整数 x 和 y，且满足约束

$\begin{cases} 2x - y - 3 > 0 \\ 2x + 3y - 6 < 0 \\ 3x - 5y - 15 < 0 \end{cases}$

3. 用 LINGO 软件求解如下非线性规划问题：

min $z = x_1 - 1 + (x_1 - x_2)^2 + (x_2 - x_3)^3 + (x_3 - x_4)^4 + (x_4 - x_5)^5$

s. t. $\begin{cases} x_1 + x_2^2 + x_3^3 = 3\sqrt{2} + 2 \\ x_2 - x_3^2 + x_4 = 2\sqrt{2} - 2 \\ -5 \leqslant x_i \leqslant 5 \quad (i = 1, 2, 3, 4, 5) \end{cases}$

4. 用 LINGO 软件求解：

$$\max z = c^T x + \frac{1}{2} x^T Q x$$

$$\text{s.t.} \begin{cases} -1 \leq x_1 x_2 + x_3 x_4 \leq 1 \\ -3 \leq x_1 + x_2 + x_3 + x_4 \leq 2 \\ x_1, x_2, x_3, x_4 \in \{-1, 1\} \end{cases}$$

其中 $c = (6, 8, 4, -2)^T$, Q 是三对角线矩阵, 主对角线上元素全为 -1, 两条次对角线上元素全为 2。

5. 某商业集团公司在 A_1, A_2, A_3 三地设有仓库, 它们分别库存 40, 20, 40 个单位产品, 而其零售商品分布在地区 B_i ($i=1, \cdots, 5$), 它们需要的产品数量分别是 25, 10, 20, 30, 15 个单位。产品从 A_i 到 B_j 的单位装运费列于附表 B-3。

附表 B-3 仓库与销售地之间的产品单位运费表

仓库＼销售地	B_1	B_2	B_3	B_4	B_5
A_1	55	30	40	50	40
A_2	35	30	100	45	60
A_2	40	60	95	35	30

试建立装运费最省的调运方案的数学模型并运用 LINGO 编程求解。

附录 C 数学建模论文范例

艾滋病疗法的评价与疗效的预测

摘 要

美国艾滋病医疗试验机构 ACTG 通过试验得到了有效治疗艾滋病的 4 种疗法的一些样本数据。首先, 本文在此数据基础上主要运用统计的方法建立模型, 通过对回归模型的求导运算, 寻找各类病人病危指数的极大值所对应的时间, 得到了病人达到最佳治疗效果的终止时间。其次, 考虑到治疗效果可能会受到治疗时间和年龄的影响, 通过数据处理, 消除年龄因素的影响, 并对数据进行多项式拟合, 建立了病人体内 CD4 细胞数量经数据处理后的结果关于治疗时间的函数关系, 进行了 4 种治疗方法疗效的优劣对照。最后, 考虑治疗费用的因素, 再次建立数学模型, 对 4 种疗法进行评价及效果预测。

关键词: 艾滋病; 多项式拟合; 回归模型; 病危指数

1 问题概述

艾滋病是当前人类社会最严重的瘟疫之一, 它的医学全名为"获得性免疫缺损综合征", 英文简称 AIDS, 它是由艾滋病毒(医学全名为"人体免疫缺损病毒",英文简称 HIV)引起的。这种病毒破坏人的免疫系统,使人体丧失抵抗各种疾病的能力,从而严重危害人的生命。人类免疫系统的 CD4 细胞在抵御 HIV 的入侵中起着重要作用,当 CD4 被 HIV 感染而裂解时,其数量会急剧减少,HIV 将迅速增加,导致艾滋病发作。从 1981 年发现艾滋病以来的 20 多年间,它已经吞噬了近 3000 万人的生命。因此,急需找到一种能够治疗艾滋病的最好方法。

艾滋病治疗的目的,是尽量减少人体内 HIV 的数量,同时产生更多的 CD4,至少要有效地降低 CD4 减少的速度,以提高人体免疫能力。

但迄今为止人类还没有找到能够治疗艾滋病的方法,目前的一些 AIDS 疗法不仅对人体有副作用,而且成本也很高。现在得到了美国艾滋病医疗试验机构 ACTG 公布的两组数据。一组数据是同时服用 zidovudine(齐多夫定)、lamivudine(拉美夫定)和 indinavir(茚地那韦)这 3 种药物的 300 多名病人每隔几周测试的 CD4 和 HIV 的浓度(每毫升血液里的数量),如附表 C-1 所示。

第一组数据(部分):

附表 C-1 病人 CD4 的测量日期与浓度

PtID	CD4Date	CD4Count	RNA Date	VLoad
23424	0	178	0	5.5
23424	4	228	4	3.9
23424	8	126	8	4.7
23424	25	171	25	4
23424	40	99	40	5
23425	0	14	0	5.3
23425	4	62	4	2.4
23425	9	110	9	3.7
23425	23	122	23	2.6
23425	40	320	—	—
23426	0	101	0	4.5
⋮	⋮	⋮	⋮	⋮

注:第 1 列是病人编号,第 2 列是测试 CD4 的时刻(周),第 3 列是测得的 CD4,第 4 列是测试 HIV 的时刻(周),第 5 列是测得的 HIV。

另一组数据是将 1300 多名病人随机地分为 4 组,每组按下述 4 种疗法中的一种服药,大约每隔 8 周测试的 CD4 数目(这组数据缺 HIV 浓度,它的测试成本很高)。4 种疗法的日用药分别为:600mg zidovudine 或 400mg didanosine(去羟基苷),这两种药按月轮换使用;600 mg zidovudine 加 2.25mg zalcitabine(扎西他滨）；600mg zidovudine 加 400mg didanosine；600 mg zidovudine 加 400mg didanosine，再加 400mg nevirapine（奈韦拉平），如附表 C-2 所示。

第二组数据（部分）：

附表 C-2　分别按 4 种疗法服药后的 CD4 数量

ID	疗法	年龄	时间	ln(CD4 count+1)
1	2	36.4271	0	3.1355
1	2	36.4271	7.5714	3.0445
1	2	36.4271	15.5714	2.7726
1	2	36.4271	23.5714	2.8332
1	2	36.4271	32.5714	3.2189
1	2	36.4271	40	3.0445
2	4	47.8467	0	3.0681
2	4	47.8467	8	3.8918
2	4	47.8467	16	3.9703
2	4	47.8467	23	3.6109
2	4	47.8467	30.7143	3.3322
2	4	47.8467	39	3.091
⋮	⋮	⋮	⋮	⋮

注：第 1 列是病人代码，第 2 列是 4 种疗法的代码，第 3 列是病人年龄，第 4 列是测试 CD4 的时刻（周），第 5 列是测得的 CD4，取 ln(CD4+1)。

解决以下问题：

（1）由附表 C-1 的数据预测继续治疗的效果，或者确定最佳治疗终止时间（继续治疗指在测试终止后继续服药，如果认为继续服药效果不好，则可选择提前终止治疗）。

（2）根据附表 C-2 中的数据，评价 4 种疗法的优劣（仅以 CD4 为标准），并对较优的疗法预测继续治疗的效果，或者确定最佳治疗终止时间。

（3）艾滋病药品的主要供给商对不发达国家提供的药品价格如下：600mg zidovudine 1.60 美元，400mg didanosine 0.85 美元，2.25mg zalcitabine 1.85 美元，400mg nevirapine 1.20 美元。如果病人需要考虑 4 种疗法的费用，对疗效的评价和预测（或者提前终止）将会有什么改变。

2　数据预处理分析

2.1　数据预处理的分析

要求对疗效进行预测，但所提供的数据信息并非很完整，数据结构的规范性不强，存在一部分缺失值，因此必须首先对初始数据进行预先处理。在这种情况下，利用 CD4 的浓度和 HIV 的浓度的线性模型，计算出 95 个观测量的缺失值，并填入初始数据中，从而保证了数据信息的完整性。若要对所有病人疗效进行预测，不符合逻辑也不符合实际情况，毕竟对严重感染病人与轻度感染病人的治疗效果存在较大差异。基于此，就必须对病人进行分类，然后对不同类型的病人进行不同的预测。

2.2 概念的界定

病危指数 ξ：

根据题目已知，病人的 CD4 和 HIV 的浓度与疗效存在显而易见的关系。病人在服药后，CD4 浓度越高，HIV 浓度越低，证明治疗效果越好。然而，在对治疗效果进行预测，以及评价疗法的优劣时，还需要综合考虑其他影响因素，根据原始数据具体情况，确定符合实际量化指标。故问题（1）与问题（2）都分别定义了不同的量化指标来预测疗效。对于问题（1），疗效这个指标必须加以量化，这里将 CD4 的浓度（n_c）与 HIV 的浓度（n_h）两个变量之间的比值定义为病危指数 ξ，即

$$\xi = \frac{n_c}{n_h}$$

病人在服药后的各个时期的病危指数则能反映在该时期的治疗效果。因此，预测的病危指数越高则说明疗效越好；反之，则认为疗效不显著。

满意度 η：

问题（3）中又引入了价格变量，药品提供的对象为不发达的国家。根据相关资料，发达国家比如美国的人均收入为 37610 美元，而艾滋病发病率最高的非洲国家，比如布隆迪的人均收入仅为 100 美元。因此，对于不发达国家来说，固然不适合使用价格昂贵的药品，而倾向于使用价格低廉，且疗效相对较差的药品。故我们这里引入满意度这个概念，对不同的疗法重新加以评价和预测。CD4 的对数浓度与治疗费用（M）之间的比值，即

$$\eta = \frac{\ln(n_c + 1)}{M}$$

满意度越大，说明该种疗法的市场占有率越高，使用的人数越多，其经济价值也越大，当然，对该种疗法的改进和发展具有积极意义。

3 治疗效果预测模型

3.1 模型假设

1) 所给的样本数据合理；

2）艾滋病患者是理性人，政治、文化等社会非病理因素对其无影响；

3）治疗期间病人不选用其他方法，而只使用题目所给的疗法；

4）单独考虑 CD4 指标时，能够很好地反映艾滋病患者的病情；

5）信息是完全对称的，即患者很清楚地知道自己的病情，并能理智地作决定；

6）艾滋病患者在治疗期间不感染其他疾病。

3.2 符号的定义与说明

n_c：CD4 的浓度；

n_c'：CD4 细胞数目经过 ln（CD4 + 1）的计算结果；

N_{ic}：病人 i 体内 CD4 细胞的数量；

N_{ic}'：病人 i 体内 CD4 细胞数量经数据处理后的结果；

n_h：HIV 的浓度；

m：第 m 种疗法；

t：治疗时间；

a：病人的年龄；

η_m：第 m 种疗法的满意度；

M_m：第 m 种疗法的费用；

t_0：达到最佳疗效的时刻；

ξ：病危指数。

3.3 模型的建立

（1）CD4 数目与 HIV 浓度之间的关系

利用 Eviews 软件（见附件 1），对 CD4 的浓度与 HIV 的浓度做一元线性回归分析，可以得到以下结果（见附表 C-3）。

附表 C-3 CD4 的浓度与 HIV 的浓度一元线性回归分析

Variable	Coefficient	Std. Error	t-Statistic	ProB-
C	4.217008	0.054738	77.03927	0.0000
CD4	-0.005324	0.000307	-17.36853	0.0000
R-squared	0.161434	Mean dependent var		3.451625
Adjusted R-squared	0.160899	S. D. dependent var		1.404112
S. E. of regression	1.286201	Akaike info criterion		3.342537
Sum squared resid	2592.309	Schwarz criterion		3.349367
Log likelihood	-2620.220	F-statistic		301.6557
Durbin-Watson stat	1.300353	Prob(F-statistic)		0.000000

由此，可以建立 CD4 的浓度与 HIV 的浓度的线性模型
$$n_h = 4.2170 - 0.0053 n_c$$

从附表 B-6 可以看出，CD4 的系数和常数 C，其标准误差分别为 0.000307 和 0.054738，t 检验值分别为 −17.36853 和 77.03927，Pr 值都小于 0.0001。整个方程的 F 检验 P 值也是小于 0.0001。由此，说明 CD4 的浓度与 HIV 的浓度之间存在着非常显著的线性相关性，可以用这种模型进行进一步分析。

(2) 原始数据的预处理

根据对已知观测值建立的线性模型，我们对初始数据中的缺失值进行估计。比如：编号为 23425 的病人，在第 40 周的 CD4 浓度的观测值为 320，但 HIV 的浓度却为缺失，因此我们必须利用以上所做的线性模型进行估计：将 $n_c = 320$ 代入到 $n_h = 4.2170 - 0.0053 n_c$ 中，得到 $n_h = 2.5$，初始数据中的 96 个缺失值都可以同理求得。

在估计出 96 个缺失值后，将估计值还原到初始数据中，即对数据进行预处理。

(3) 对病人的分类

由于 CD4 浓度的差异以及 CD4 的浓度与 HIV 的浓度之间的强相关关系，不同的病人具有不同的免疫力，药品的治疗效果也必然存在一定的差异。我们根据每个病人的 CD4 浓度初值（第一次被检查时的 CD4 浓度），把所有病人按照 CD4 浓度初值的高低分为 3 类：高危病人、中危病人和低危病人。高危病人第一次被检查时的 CD4 浓度区间为 [0，75]，中危病人的 CD4 区间为 [75，150]，低危病人的 CD4 区间为 (150，+∞)，如附表 C-4 所示。

附表 C-4　病人分类表

病人分类	高危病人	中危病人	低危病人
CD4 数目初值	[0，75]	[75，150]	(150，+∞)
人数	155	95	106

(4) 建立病危指数的回归模型

基于 CD4 的浓度与 HIV 的浓度之间具有很强的相关性，在做变量影响的分析时，没有必要对两者同时进行考虑。从简化问题的角度出发，在没有考虑量纲的情况下，可以用病危指数 ξ（$\xi = n_c / n_h$）来评价药品的疗效。对病危指数 ξ 进行回归分析，数据中自变量的影响程度不确定，包括治疗时间、病人等，回归分析是选择最佳回归方程的优越方法。由于自变量之间存在着不同程度的相关关系，回归分析法从一个自变量开始，按其对因变量作用的显著程度，对自变量进行筛选，保留与之有密切相关的变量，剔除与之无关紧要的变量，直到显著自变量都包括在回归方程以内为止。在进行回归分析时，考虑到因变量 ξ 始终在 [0，

$+\infty$] 的范围内, 并假设 ξ 在某一时刻存在极值。如果我们仅利用二次函数回归分析, 就有可能使 ξ 取得极大值后继续下降至负值, 这样就不符合实际情况。本文选用对指数函数做二次响应面回归分析, 即 $\ln\xi = \varphi(t)$, 其中, $\ln\xi$ 是对 ξ 取自然对数, $\varphi(t)$ 是关于治疗时间 t 的二次函数。这样, 就使得 ξ 既存在极值, 又在 $[0, +\infty]$ 的范围内无限逼近 0 值 (以 ξ 轴为渐近线), 非常符合实际情况。通过 Eviews 软件分别对 3 种病人的因变量 ξ 和自变量 t 建立二次响应面回归分析模型。ξ 与 t 的非线性关系。$\ln\xi = \varphi(t)$, 即 $\xi = e^{\varphi(t)}$。

附表 C-5 病危指数回归分析 (高危)

Variable	Coefficient	Std. Error	t-Statistic	ProB-
C	1.697802	0.064640	26.26563	0.0000
T1	0.068022	0.012406	5.482865	0.0000
T1^2	-0.001401	0.000310	-4.526472	0.0000
R-squared	0.070890	Mean dependent var		1.971943
Adjusted R-squared	0.066894	S. D. dependent var		1.014561
S. E. of regression	0.980040	Akaike info criterion		2.803943
Sum squared resid	446.6225	Schwarz criterion		2.830536
Log likelihood	-653.1227	F-statistic		17.73947
Durbin-Watson stat	1.395325	Prob (F-statistic)		0.000000

由附表 C-5 可以看出, 截距的估计值为 1.697802, t 与 t^2 的回归系数的估计值分别为 0.068022 和 -0.001401, 三者的 t 检验值分别为 26.26、5.48 和 -4.52, 而且都通过了 $\Pr < 0.0001$ 的检验。整个方程也通过了 F 检验。据此, 建立高危病人病危指数 ξ 的二次回归分析模型为

$$\ln\xi = 1.697802 + 0.068022t - 0.001401t^2$$

即

$$\xi = e^{1.697802 + 0.068022t - 0.001401t^2}$$

同理, 对于中危病人, 各参数和方程都通过 $\Pr < 0.0001$ 的检验 (结果见附件 1 中的附表 C-13), 二次回归分析模型为

$$\ln\xi = 3.267203 + 0.043953t - 0.000819t^2$$

即

$$\xi = e^{3.267203 + 0.043953t - 0.000819t^2}$$

对于低危病人, 各参数和方程都通过 $\Pr < 0.0001$ 的检验 (结果见附件 1 中的附表 C-14), 二次回归分析模型为

$$\ln\xi = 4.024525 + 0.050157t - 0.000811t^2$$

即

$$\xi = e^{4.024525 + 0.050157t - 0.000811t^2}$$

(5) 疗效的预测

根据微积分学的极值定理，$\frac{d\xi}{dt}>0$ 表示 ξ 随时刻 t 增大而增大；$\frac{d\xi}{dt}<0$ 表示 ξ 随时刻 t 增大而减小；$\frac{d\xi}{dt}\bigg|t=t_0=0$ 对应稳定点（即驻点），当 $t=t_0$ 时，ξ 值最大。

对高危病人的回归分析模型做求导运算，求得 $t_0=24.27$，此时，$\xi_{max}=12.34$。

因此，当服药时间为 24.27 周时，对高危病人的治疗达到最佳效果，最高病危指数为 12.34；如果超过这个时间 t_0 即使继续服药，高危病人的健康状况也将开始恶化，治疗效果已经不明显。以此类推，对中危和低危病人得到最佳停药时间分别为 26.83 周和 30.92 周，最高病危指数分别为 47.32 和 120.58。利用 MATLAB 6.5 软件（程序见附录 2 中的 liaoxiao.m），通过编写程序分别画出三类病人的疗效预测图（见附图 C-1a~c）。

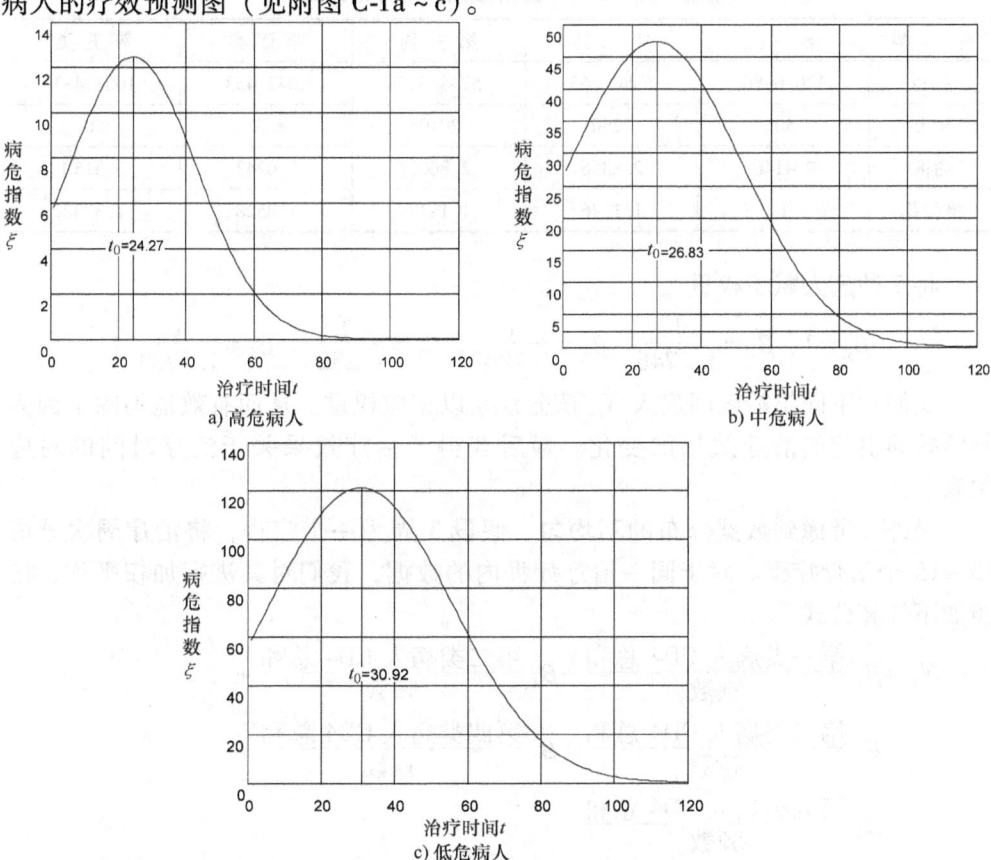

附图 C-1 三类病人的疗效示意图

4 不考虑费用因素的现有疗法疗效比较与最优疗法疗效预测

4.1 模型的建立

根据所给数据，我们发现，对于不同年龄的病人在接受相同治疗后，体内 CD4 细胞数量变化有很大差异，这说明年龄对治疗效果有一定影响。现将病人按照年龄划分为以下 5 类，第一类：20 周岁以下，第二类：21～35 周岁，第三类：36～45 周岁，第四类：46～60，第五类：60 周岁以上。

为了消除年龄因素对治疗效果的影响，我们对各种年龄类别群体接受治疗后的 n_c' 值进行综合对比、分析，为各种年龄对疗效的影响给出一定权重，再利用对应权重处理数据，从而使年龄对治疗效果影响得以消除。

首先，将所有 5 个年龄段的人在不同治疗时间下的治疗效果指标 N_{ic}' 进行加权平均，得到 5 种年龄对治疗效果的影响见附表 C-6。

附表 C-6　5 种年龄阶段病人治疗效果分布

种　类	第 一 类	第 二 类	第 三 类	第 四 类	第 五 类
总和	120.6986	6380.163	5748.317	2047.453	165.7487
频数	50	2250	2010	677	50
均值	2.4140	2.8356	2.8600	3.0243	3.3150
单位化	1	1.1746	1.1847	1.2528	1.3732

将 5 种病人赋予权重

$$\beta_1 = 1, \ \beta_2 = \frac{1}{1.1746}, \ \beta_3 = \frac{1}{1.1847}, \ \beta_4 = \frac{1}{1.2528}, \ \beta_5 = \frac{1}{1.3732}$$

我们对不同年龄区间病人 N_{ic} 值分别乘以相应权重，从而有效地消除了因为年龄差异引起的治疗效果的变化。最后获得了治疗效果关于治疗时间的对应关系。

另外，考虑到数据分布的不均匀，假设 3 周为一个疗程，将治疗周次分成 13～15 个治疗疗程。对于同一治疗疗程内的数据，我们对其进行加权平均，按照如下计算公式

$$N_{ic} = \beta_1 \frac{\text{第一类病人 CD4 总和}}{\text{频数}} + \beta_2 \frac{\text{第二类病人 CD4 总和}}{\text{频数}} + \beta_3 \frac{\text{第三类病人 CD4 总和}}{\text{频数}} + \beta_4 \frac{\text{第四类病人 CD4 总和}}{\text{频数}} + \beta_5 \frac{\text{第五类病人 CD4 总和}}{\text{频数}}$$

从而获取该治疗疗程中的 N_{ic}' 平均数值，如附表 C-7～附表 C-10 所示。

附表 C-7　治疗方法 1 的疗程与 N_{ic}' 分布

疗　程	1	2	3	4	5	6	7	8
N_{ic}'	2.3160	2.3187	2.3137	2.3131	2.3186	2.3101	2.3116	2.3206
疗　程	9	10	11	12	13	14	15	16
N_{ic}'	2.3107	2.3165	2.3163	2.3094	2.3167	2.3173	/	/

附表 C-8　治疗方法 2 的疗程与 N_{ic}' 分布

疗　程	1	2	3	4	5	6	7	8
N_{ic}'	2.3490	2.3895	2.3502	2.3502	2.3709	2.3513	2.3563	2.3533
疗　程	9	10	11	12	13	14	15	16
N_{ic}'	2.3664	2.3818	2.3543	2.3471	2.3714	2.3546	/	/

附表 C-9　治疗方法 3 的疗程与 N_{ic}' 分布

疗　程	1	2	3	4	5	6	7	8
N_{ic}'	2.4576	2.4692	2.4548	2.4567	2.4546	2.4519	2.4547	2.4494
疗　程	9	10	11	12	13	14	15	16
N_{ic}'	2.4485	2.4568	2.4527	2.4504	2.4567	2.4612	/	/

附表 C-10　治疗方法 4 的疗程与 N_{ic}' 分布

疗　程	1	2	3	4	5	6	7	8
N_{ic}'	2.5315	2.5384	2.5323	2.5394	2.5286	2.5313	2.5377	2.5327
疗　程	9	10	11	12	13	14	15	16
N_{ic}'	2.5263	2.5233	2.5281	2.5231	2.5275	2.5392	/	/

4.2　问题二模型求解

首先，由数据统计处理后的结果得到其治疗疗程与 n_c' 的散点图，我们发现，数据呈波状分布，如附图 C-2 所示。

考虑用多项式来对以上数量关系进行曲线拟合并进行不断调试、分析，我们发现，当多项式次数为 3 时，曲线拟合效果最佳，从而确定了 n_c' 关于治疗疗程的函数关系式。

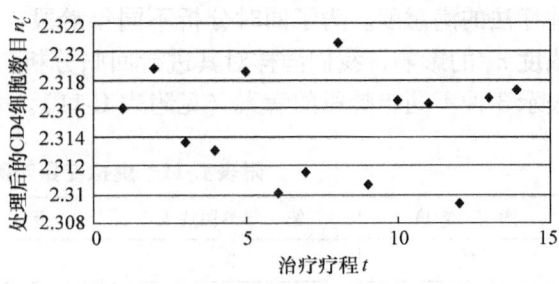

附图 C-2　CD4 细胞数目的散点图

对于 4 种不同的治疗方法，对数据进行多项式拟合后得到体内 CD4 细胞含量关于治疗疗程的函数关系如下：

$n'_{c1} = -0.0001t^3 + 0.0008t^2 - 0.0036t + 2.3203$

$n'_{c2} = -0.0003t^3 - 0.0029t^2 + 0.0089t + 2.3539$

$n'_{c3} = -0.0001t^3 - 0.0009t^2 + 0.0016t + 2.4604$

$n'_{c4} = -0.0001t^4 + 0.0009t^3 - 0.0055t^2 + 0.0141t + 2.5229$

对于以上 4 个函数表达式，在同一坐标系中，用 MATLATB6.5 软件（程序见后面附件 3 中的 xiaoyong.m）画出它们的图像（见附图 C-3）。可以发现对于 4 种治疗方法疗效依次为 4 > 3 > 2 > 1。对于最优治疗方法，我们发现当经过大约 48 周治疗后效果显著增加，这说明第四种疗法不但能够有效治疗艾滋病，而且在后期效果更加明显。

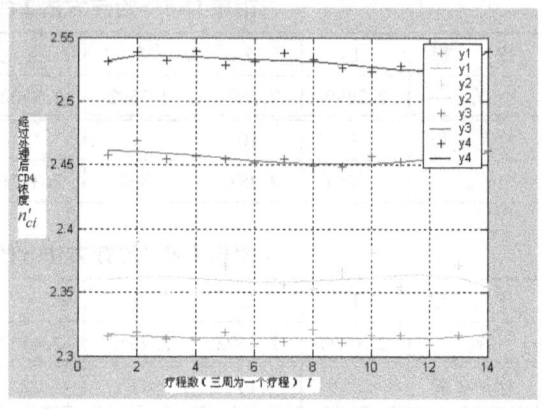

附图 C-3　4 种疗法不考虑费用因素的效用函数

5　考虑费用因素的现有疗法疗效比较与最优疗法疗效预测

由于提供对象是不发达国家，所以价格成为影响选择疗法的又一重要影响因素。因此，引入满意度 $\eta_m = \dfrac{\ln(n_c + 1)}{M_m}$（$m = 1, 2, 3, 4$），表示第 m 种疗法的满意度。通过对各种疗法满意度的比较来评价药品的优劣。众所周知，随着年龄的增长，人的体质、机能、抗病能力等必然会受到一定的影响。对于每种疗法，这里根据不同年龄将病人分成：$(0, 35)$ 为第一年龄段病人，$(35, 40)$ 为第二年龄段病人，$(40, \infty)$ 为第三年龄段病人。在不同的年龄层次上，具体分析四种疗法的满意度。为了同时分析不同年龄段、治疗时间及其他因素对 CD4 对数浓度 n'_c 的影响，我们同样对其进行回归分析。其中，引入虚拟变量 D_1 和 D_2 来表示 3 种不同年龄段的病人（见附表 C-11）。

附表 C-11　虚拟变量对病人的分类

虚拟变量	第一年龄段病人	第二年龄段病人	第三年龄段病人
D_1	0	1	0
D_2	0	0	1

对于第 1 种疗法，在引入年龄段虚拟变量之后，对因变量 n_c' 做关于自变量 D_1、D_2 的回归分析（见附表 C-12）。

附表 C-12　虚拟变量回归分析（疗法 1）

Variable	Coefficient	Std. Error	t-Statistic	ProB-
D1	1.808182	0.099255	18.21745	0.0000
D2	1.988413	0.051374	38.70471	0.0000
T	0.239155	0.014741	16.22376	0.0000
T^2	-0.011456	0.001082	-10.58552	0.0000
T^3	0.000156	1.99E-05	7.834368	0.0000

从附表 C-12 中的 P 值可以发现各参数的 t 检验都通过了，说明关系显著。根据附表 C-12 得疗法 1 的回归关系：

$$f_1 = \ln(n_c + 1)$$
$$= 1.808182 D_1 + 1.988413 D_2 + 0.239155 t - 0.0114568 t^2 + 0.000156 t^3$$

同理可得（见附录 4 中的附表 C-15）疗法 2 的回归关系：

$$f_2 = \ln(n_c + 1)$$
$$= 1.498501 D_1 + 1.624607 D_2 + 0.330895 t - 0.015865 t^2 + 0.000218 t^3$$

疗法 3 的回归关系（见附件 4 中的附表 C-16）：

$$f_3 = \ln(n_c + 1)$$
$$= 1.446985 D_1 + 1.459852 D_2 + 0.375929 t - 0.018837 t^2 + 0.000274 t^3$$

疗法 4 的回归关系（见附件 4 中的附表 C-17）：

$$f_4 = \ln(n_c + 1)$$
$$= 1.289227 D_1 + 1.384804 D_2 + 0.403858 t - 0.019187 t^2 + 0.000266 t^3$$

$$（治疗费用）=（日用药价格）\times（治疗周数）\times 7$$

疗法 1 是 zidovudine 与 didanosine 两种药品搭配使用，它们的费用不同。由于它们是按月轮换使用，日用药价格取两者的均值。其他三种疗法的日用药价格均取药品日用价格之和。于是

$$M_1 = 8.575 t,\ M_2 = 24.15 t,\ M_3 = 17.15 t,\ M_4 = 25.55 t$$

根据满意度的定义，建立 4 种疗法的满意度模型：

$$\eta_1 = \frac{f_1}{8.575 t},\ \eta_2 = \frac{f_2}{24.15 t},\ \eta_3 = \frac{f_3}{17.15 t},\ \eta_4 = \frac{f_4}{25.55 t}$$

利用 MATLAB 6.5 软件（程序见附件 5 中的 manyidu.m）分别画出 3 个年龄层次的病人对 4 种疗法的满意度与治疗时间之间的关系图（见附图 C-4 ~ 附图 C-6）。

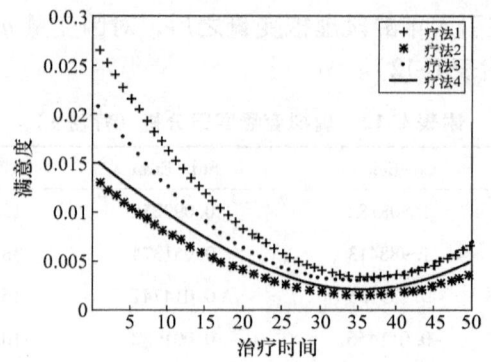

附图 C-4　第一年龄段病人对各疗法的满意度比较

由附图 C-4 可以看出，第一年龄段病人对疗法 1 的满意度明显地高于对其他疗法的满意度。

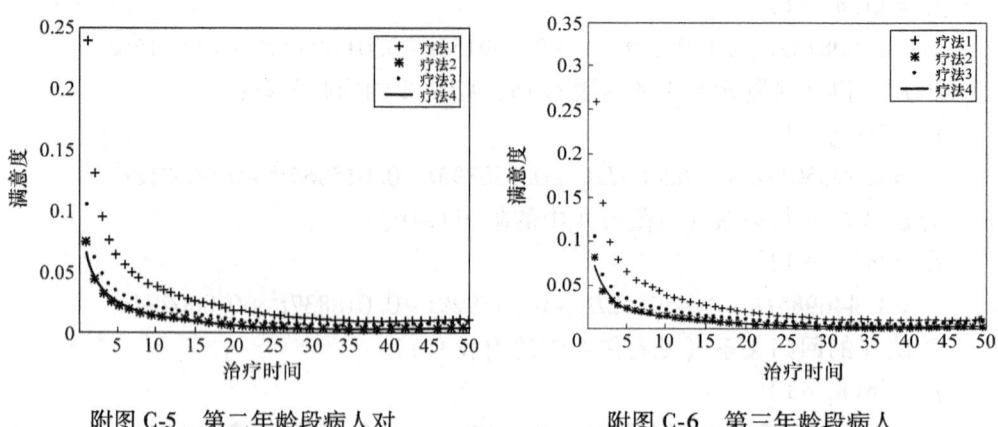

附图 C-5　第二年龄段病人对
各疗法的满意度比较

附图 C-6　第三年龄段病人
对各疗法的满意度比较

由附图 C-4～附图 C-6 可以看出，各年龄层病人对疗法 1 的满意度都明显地高于对其他疗法的满意度，因此，如果考虑费用等因素，疗法 1 优于其他疗法。对使用疗法 1 的所有病人的 CD4 的对数浓度进行求导运算：

$$\frac{df_1}{dt}\bigg|t=t_0 = 0.239155 - 2\times 0.0114568 t_0 + 3\times 0.000156 t_0^2 = 0$$

此时解出 $t_0 = 15.085$，故疗法 1 的治疗费用为

$$M_1 = 8.575t = 15.085 \times 8.575 \approx 129.35 \text{（美元）}$$

因此，在考虑价格因素的影响下，使用疗法 1 的所有病人的 CD4 的对数浓度在 $t = 15.085$ 时取极大值，即疗法 1 在第 15 周时达到最佳治疗效果，如果病人继续用药，可能效果将不显著。

6 模型的评价及优缺点分析

6.1 预测中值得注意的一些问题

1）试验中，给出了 4 种治疗方法，可以对其进行优劣比较。然而，我们发现这 4 种疗法的药物搭配方案并未进行完全考虑，当然也不排除在本题外已做另外分析。总之，在进行药物疗法试验时，应当充分考虑不同药物的搭配方案，然后再来比较所有搭配方案疗效的优劣。

2）艾滋病作为一种非常特殊的疾病，其感染者的分布、特征等可能与其他普通的疾病存在差异，治疗方法还不是很成熟，不能排除某些特殊的情况，比如，可能某些药物的治疗对病人的恢复不仅没有起到积极的效果，反而会加重其病情，应当考虑在这种情况下又应采取怎样的措施进行挽救。因此，在探索阶段必须充分分析各种疗法的优势和弊端。

3）不论是利用回归分析进行预测，还是用支撑向量机等方法进行预测，预测的结果都具有很高的可信度，一般都在 95% 以上。当然，即使可信度很高，也不能就此断定疗法的效果，因为试验并不能保证对影响因素的控制一定周全，而且很多人为或客观的变量都会或多或少地影响试验的效果。

6.2 模型评价

1. 合理性分析

对于治疗效果预测模型，首先我们在数据分析时发现总体中 HIV 浓度和 CD4 浓度具有很强的线性关系，于是采用线性回归模型对缺失数据进行补齐，而并不对其进行剔除，从而保证了数据来源的完整性和准确性；然后对总体按照 CD4 浓度初值进行分类，从而减少因个体差异不同而导致的预测误差；最后建立病危指数的多项式回归分析模型。一般关于时间 t 的函数都可以用多项式进行拟合，通过回归分析的方法得出选用二次型效果较好。

对于不考虑费用因素的现有疗法疗效比较与最优疗法疗效预测模型，我们通过对数据统计、处理得到 n_c' 相对治疗疗程的对应分布，并根据这些点对 n_c' 关于治疗时间的函数进行多项式拟合。最后得到 4 种不同疗法的函数关系表达式，通过比较发现，各函数表达式系数都比较小，其 n_c' 值都在一定范围平缓变化。这说明这些治疗方法的药效都很稳定。而对于第四种疗法的函数，因为其系数相对较大，所以当治疗时间延长后，治疗效果就会比其他 3 种明显。

对于考虑费用因素的现有疗法疗效比较与最优疗法疗效预测模型，治疗费用影响病人选择治疗的方法，但不会影响最佳终止时间，我们就需要评价各种疗法的性价比，即实际的治疗效果与所花的费用的比值应尽量的大，基于此，定义满意度为实际的治疗效果与所花的费用的比值，并以此衡量各种疗法的优劣。由于不同年龄的人在不同时间他的 CD4 浓度可能不同,但在某一年龄阶段 CD4 浓度差异不是很大,因此,将各个年龄的人分成 3 个年龄阶段,第一年龄段病人 (0, 35),第二年龄段病人 (35, 40),第三年龄段病人 (40, ∞),引入虚拟变量考虑不同区间段,作 CD4 浓度关于年龄段和时间的回归模型,建立 CD4 浓度与时间的关系,分别考虑各个年龄阶段的各个疗法的满意度与时间的关系,因而很容易得出结论。

2. 优缺点分析

病危指数的多项式回归分析模型的优点在于,回归分析法从一个自变量开始,按其对因变量作用的显著程度,对自变量进行筛选,保留与之有密切关系的变量,剔除与之无关紧要的变量。

对于第二种模型的第 4 个函数,根据曲线,我们发现之后的变化是加速上升。这一方面说明该药对于治疗艾滋病有一定疗效,另一方面,根据实际情况 CD4 数量不会持续上升,到达一定水平后将不再上升,这就说明对于更长时间的变化,如果用这种曲线拟合是会产生误差的。这也是我们的模型需要改进的地方。

满意度模型充分考虑了价格因素的影响,同时也考虑到药品的疗效,符合不发达国家的实际情况。当然,我们考虑的问题过于理想化,对于发达国家可能不适用。

3. 模型推广与改进

回归分析模型还可以用于经济、生物等领域中一些指标的预测,但如果回归次数更高,可能精度更高;对于二次响应面模型,如果有丰富的数据来源,我们可以考虑更多的因素,这样使模型更能反映现实;如果满意度模型能够考虑艾滋病的住院时间、工作、收入等因素,可能更符合实际。

附　件

附件 1　利用 Eviews 做线性回归分析

将数据导入 Eviews 的工作表,在 object 菜单下依次单击 New object→equation,在对话框中输入 "hiv　c　cd4",然后单击 "确定" 按钮,就能获得前面介绍过的附表 C-3。

将得到的新的数据导入 Eviews 工作表,同样在 equation 的对话框中输入 "logξ　c　t　t^2",单击 "确定" 按钮,得到附表 C-13 和附表 C-14。

附表 C-13 病危指数回归分析（中危）

Variable	Coefficient	Std. Error	t-Statistic	ProB-
C	3.267203	0.032554	100.3613	0.0000
T2	0.043953	0.004652	9.447259	0.0000
T2^2	-0.000819	0.000109	-7.494082	0.0000
R-squared	0.200489	Mean dependent var		3.543265
Adjusted R-squared	0.196998	S.D. dependent var		0.476797
S.E. of regression	0.427260	Akaike info criterion		1.143636
Sum squared resid	83.60825	Schwarz criterion		1.170535
Log likelihood	-260.6082	F-statistic		57.42504
Durbin-Watson stat	1.609821	Prob (F-statistic)		0.000000

附表 C-14 病危指数回归分析（低危）

Variable	Coefficient	Std. Error	t-Statistic	ProB-
C	4.024525	0.037223	108.1188	0.0000
T3	0.050157	0.004770	10.51421	0.0000
T3^2	-0.000881	0.000109	-8.109058	0.0000
R-squared	0.195989	Mean dependent var		4.442413
Adjusted R-squared	0.193689	S.D. dependent var		0.534097
S.E. of regression	0.479592	Akaike info criterion		1.372501
Sum squared resid	160.7758	Schwarz criterion		1.391963
Log likelihood	-478.7480	F-statistic		85.19560
Durbin-Watson stat	1.408722	Prob (F-statistic)		0.000000

附件 2 疗效预测图程序（liaoxiao.m）

```
t = 1:120;
e1 = exp(1.697802 + 0.068022* t - 0.001401* t.^2);
e2 = exp(3.267203 + 0.043953* t - 0.000819* t.^2);
e3 = exp(4.024525 + 0.050157* t - 0.000811* t.^2);
figure(1);
plot(t,e1);
grid on;
figure(2);
plot(t,e2);
grid on;
figure(3);
```

```
plot(t,e3);
grid on;
```

附件3 四种疗法不考虑费用因素的效用函数图程序（xiaoyong.m）

```
x = 1:14;
y1 = [
2.316018797
2.318734591
2.313657932
2.313081822
2.318636763
2.310100857
2.311589345
2.320553586
2.310654238
2.316485929
2.316274435
2.309356842
2.316653022
2.317286464
]';
y2 = [2.349019457
2.389540455
2.350157052
2.350175923
2.37090584
2.351330824
2.356264382
2.353278332
2.36635408
2.381824576
2.354306382
2.347094749
2.371411577
2.354647701
]';
y3 = [2.457607314
2.469245115
2.454792382
2.456719274
2.454553418
```

```
2.451933545
2.454724699
2.449433799
2.448484666
2.456832144
2.452724326
2.450447266
2.456696287
2.461201933
]';
y4 = [2.531535698
2.538428619
2.532280931
2.53943803
2.528636163
2.531318971
2.537708331
2.532717364
2.526270538
2.523297013
2.528053338
2.523093828
2.527533549
2.539213098
]';
A1 = polyfit(x,y1,4)
z1 = polyval(A1,x);
A2 = polyfit(x,y2,4)
z2 = polyval(A2,x);
A3 = polyfit(x,y3,4)
z3 = polyval(A3,x);
A4 = polyfit(x,y4,5)
z4 = polyval(A4,x);
plot(x,y1,'r+',x,z1,'r',x,y2,'g+',x,z2,'g',x,y3,'b+',x,z3,'b',x,y4,'k+',x,z4,'k
');
legend('y1','y1','y2','y2','y3','y3','y4','y4');
grid on
```

附件4 疗法2~疗法4的虚拟变量的回归分析

同样将数据都导入Eviews的工作表,包括"$\log(n_c+1)$ D1 D2 t",然后在equation的对话框中输入"$\log(n_c+1)$ D1 D2 t t^2 t^3",单击"确

定"按钮，得到前面介绍的附表 C-12。

另外 3 种疗法的结果如下（见附表 C-15 ~ 附表 C-17）。

附表 C-15 虚拟变量回归分析（疗法 2）

Variable	Coefficient	Std. Error	t-Statistic	ProB-
D21	1.498511	0.103874	14.42622	0.0000
D22	1.624607	0.094466	17.19778	0.0000
T2	0.330895	0.022572	14.65961	0.0000
T2^2	−0.015865	0.001697	−9.349020	0.0000
T2^3	0.000218	3.12E−05	6.981516	0.0000

附表 C-16 虚拟变量回归分析（疗法 3）

Variable	Coefficient	Std. Error	t-Statistic	ProB-
D31	1.390012	0.102804	14.42622	0.0000
D32	1.523007	0.094466	15.87721	0.0000
T3	0.310812	0.022572	13.30751	0.0000
T3^2	−0.013802	0.001597	−8.347020	0.0000
T3^3	0.000202	3.12E−05	6.307013	0.0000

附表 C-17 虚拟变量回归分析（疗法 4）

Variable	Coefficient	Std. Error	t-Statistic	ProB-
D41	1.289227	0.113241	11.38482	0.0000
D42	1.384804	0.093530	14.80599	0.0000
T4	0.403858	0.022602	17.86855	0.0000
T4^2	−0.019187	0.001700	−11.28358	0.0000
T4^3	0.000266	3.13E−05	8.479444	0.0000

附件 5 满意度与治疗时间之间的关系图程序（manyidu.m）

```
D1 = [0,0];
D2 = [1,0];
D3 = [0,1];
t = 1:50;
n11 = (1.808182* D1(1) +1.988413* D1(2) +0.239155* t −0.0114568* t.^2 +0.000156* t.^3)
./(8.575* t);
n12 = (1.498501* D1(1) +1.624607* D1(2) +0.3300895* t −0.015865* t.^2 +0.000218* t.^3)
./(24.15* t);
```

```
n13 = (1.446985* D1(1) +1.459852* D1(2) +0.375929* t -0.018837* t.^2 +0.000274* t.^3)./
(17.15* t);
n14 = (1.289227* D1(1) +1.384804* D1(2) +0.403858* t -0.019187* t.^2 +0.000266* t.^3)./
(25.55* t);
n21 = (1.808182* D2(1) +1.988413* D2(2) +0.239155* t -0.0114568* t.^2 +0.000156* t.^3)
./(8.575* t);
n22 = (1.498501* D2(1) +1.624607* D2(2) +0.3300895* t -0.015865* t.^2 +0.000218* t.^3)
./(24.15* t);
n23 = (1.446985* D2(1) +1.459852* D2(2) +0.375929* t -0.018837* t.^2 +0.000274* t.^3)./
(17.15* t);
n24 = (1.289227* D2(1) +1.384804* D2(2) +0.403858* t -0.019187* t.^2 +0.000266* t.^3)./
(25.55* t);
n31 = (1.808182* D3(1) +1.988413* D3(2) +0.239155* t -0.0114568* t.^2 +0.000156* t.^3)
./(8.575* t);
n32 = (1.498501* D3(1) +1.624607* D3(2) +0.3300895* t -0.015865* t.^2 +0.000218* t.^3)
./(24.15* t);
n33 = (1.446985* D3(1) +1.459852* D3(2) +0.375929* t -0.018837* t.^2 +0.000274* t.^3)./
(17.15* t);
n34 = (1.289227* D3(1) +1.384804* D3(2) +0.403858* t -0.019187* t.^2 +0.000266* t.^3)./
(25.55* t);
figure(1);
plot(t,n11,'k+',t,n12,'r*',t,n13,'B-',t,n14,'g');
xlabel('治疗时间');
ylabel('满意度');
legend('疗法1','疗法2','疗法3','疗法4');
grid on;
figure(2);
plot(t,n21,'k+',t,n22,'r*',t,n23,'B-',t,n24,'g');
xlabel('治疗时间');
ylabel('满意度');
legend('疗法1','疗法2','疗法3','疗法4');
grid on;
figure(3);
plot(t,n31,'k+',t,n32,'r*',t,n33,'B-',t,n34,'g');
xlabel('治疗时间');
ylabel('满意度');
legend('疗法1','疗法2','疗法3','疗法4');
grid on;
```

参考文献

[1] 姜启源，谢金星，叶俊. 数学模型 [M]. 3 版. 北京：高等教育出版社，2003.

[2] 赵静，但琦. 数学建模与数学实验 [M]. 2 版. 北京：高等教育出版社，2003.

[3] 周义仓，赫孝良. 数学建模实验 [M]. 西安：西安交通大学出版社，2003.

[4] 刘来福，曾文艺. 数学模型与数学建模 [M]. 北京：北京师范大学出版社，2000.

[5] 徐全智，杨晋浩. 数学建模 [M]. 北京：高等教育出版社，2003.

[6] 谢金星，薛毅. 优化建模与 LINDO/LINGO 软件 [M]. 北京：清华大学出版社，2005.

[7] 杨启帆，方道元. 数学建模 [M]. 杭州：浙江大学出版社，2003.

[8] 张宏伟，牛志广. LINGO 8.0 及其在环境系统优化中的应用 [M]. 天津：天津大学出版社，2005.

[9] 袁新生，邵大宏，郁时炼. LINGO 和 Excel 在数学建模中的应用 [M]. 北京：科学出版社，2006.

[10] 边馥萍，侯文华，梁冯珍. 数学模型方法与算法 [M]. 北京：高等教育出版社，2005.

[11] 任善强，雷鸣. 数学模型 [M]. 2 版. 重庆：重庆大学出版社，1998.

[12] C Henry Edwards, David E Penney. 微分方程及边值问题：计算与建模 [M]. 张友，等译. 北京：清华大学出版社，2007.

[13] 齐欢. 数学模型方法 [M]. 武汉：华中科技大学出版社，1996.

[14] 胡守信，李柏年. 基于 MATLAB 的数学实验 [M]. 北京：科学出版社，2005.

[15] James Stewart. Calculus：Concepts and Contexts [M]. Brooks/Cole Publishing Company, 1998.

[16] 胡运权，郭耀煌. 运筹学教程 [M]. 2 版. 北京：清华大学出版社，2004.

[17] 刘焕彬，库在强，等. 数学模型与实验 [M]. 北京：科学出版社，2008.

[18] 任永昌，马雨时，赵颖. 报童问题计算机模拟的研究 [J]. 渤海大学学报自然科学版，2005，26（1）：57-60.

[19] 欧宜贵，李志林，洪世煌. 计算机模拟在数学建模中的应用 [J]. 海南大学学报自然科学版，2004，22（1）：45-48.

[20] 唐云. 关于中国人口预测的数学模型 [J]. 工程数学学报，2007，24（增刊二）：79-82.

[21] 吴喜之. 统计学：从数据到结论 [M]. 北京：中国统计出版社，2006.

[22] 贾俊平. 统计学 [M]. 北京：清华大学出版社，2006.

[23] 范金城，梅长林. 数据分析 [M]. 北京：科学出版社，2002.

[24] 胡平，崔文田，徐青川. 应用统计分析教学实践案例集 [M]. 北京：清华大学出版社，2007.

[25] 韩中庚. 长江水质综合评价与预测的数学模型 [J]. 工程数学学报，2005，22（7）：65-75.

[26] 边馥萍，姜启源. 艾滋病疗法评价及疗效预测问题评析 [J]. 工程数学学报，2006，23（增刊）：101-108.

[27] 方沛辰，吴孟达．"乘公交，看奥运"参考解答［J］．工程数学学报，2007，24（增刊二）：110-114.

[28] 蔡志杰．表层土壤中重金属污染分析［J］．工程数学学报，2011，28（增刊一）：43-48.

[29] 但琦，韩中庚，杨廷鸿．交警服务平台的设置与调度模型［J］．工程数学学报，2011，28（增刊一）：105-115.

[30] 周凯，宋军全，邬学军．数学建模竞赛入门与提高［M］．杭州：浙江大学出版社，2012.

[31] 徐长发，李洪．实用偏微分方程数值解［M］．武汉：华中科技大学出版社，2003.

[32] 卓金武．MATLAB 在数学建模中的应用［M］．北京：北京航空航天大学出版社，2011.

[33] 宋兆基，徐流美．MATLAB 6.5 在科学计算中的应用［M］．北京：清华大学出版社，2005.

[34] 严喜祖，宋中民，毕春加．数学建模及其实验［M］．北京：科学出版社，2009.

[35] 司守奎，孙玺菁．数学建模算法与应用［M］．北京：国防工业出版社，2013.

[36] 张杰，周硕，郭丽杰．运筹学模型与实验［M］．北京：中国电力出版社，2007.

[37] 2013 北京工业大学太和顾问杯数学建模竞赛赛题及解答［OL］．http：//wenku.baidu.com/link？url = hijs7XXqT9YuDdR1tbkoQGflxP8Wm5DRc_ tfxTfW10qUdZ9dcqal-0kCXN lz-via8WXzcFhWIX3hd1bSINteIXHEw5vvKP1CdK8Z0U7q. 2013.

[38] 赣南师院数学建模协会．数学建模知识篇．［OL］．http：//wenku.baidu.com/link？url = hassaSeWqnhYMzna3uIFKnrExNmjIxHzfD_ nahvg45ykaEryWOl2XAUbG6V4RK55I191HWYTTY-sD0nCPzToYd89jbZC3zsPdlsYqyroO. 2014.

[39] 钟平，李龙．篮球比赛出场阵容的模糊多目标优化模型［J］．中国体育科技，2004，40（6）：28-34.

[40] 舒毅潇，陈超，王宇辉，等．医疗卫生保健体系的评估［C］//西北工业大学数学建模培训论文．西安：西北工业大学，2013.

[41] 西北工业大学数学建模课题组．美国大学生数学建模竞赛题解析与研究（第 1 辑）［M］．北京：高等教育出版社，2012.